物种起源

[英] 查尔斯 · 罗伯特 · 达尔文　著
王之光　译

中国科学技术出版社
·北　京·

图书在版编目（CIP）数据

物种起源 /（英）查尔斯・罗伯特・达尔文著；王之光译 . -- 北京：中国科学技术出版社，2024.3

ISBN 978-7-5236-0226-3

Ⅰ . ①物… Ⅱ . ①查… ②王… Ⅲ . ①物种起源 Ⅳ . ① Q349

中国国家版本馆 CIP 数据核字 (2023) 第 075379 号

策划编辑 周少敏 胡 怡
责任编辑 胡 怡
封面设计 黄 琳
正文设计 张 珊
责任校对 张晓莉
责任印制 马宇晨

出　　版 中国科学技术出版社
发　　行 中国科学技术出版社有限公司发行部
地　　址 北京市海淀区中关村南大街16号
邮　　编 100081
发行电话 010-62173865
传　　真 010-62173081
网　　址 http://www.cspbooks.com.cn

开　　本 880mm × 1230mm 1/16
字　　数 307千字
印　　张 24.75
版　　次 2024年3月第1版
印　　次 2024年3月第1次印刷
印　　刷 北京世纪恒宇印刷有限公司
书　　号 ISBN 978-7-5236-0226-3 / Q・250
定　　价 78.00元

目 录

引言

我在搭乘皇家“贝格尔”号周游世界时，身为博物学者，对南美洲的生物分布以及现存生物和古生物的地质关系颇为留意。某些情况似乎让我对物种起源略有所悟——这是个谜中之谜，正如一位极伟大的哲学家说过的。回国后的 1837 年，我灵机一动，耐心地深入搜集有关的资料，加以融会贯通，这个问题也许可以让我有所心得的。经过五年的努力之后，我斗胆对该主题进行了思辨，并记了些简短的笔记；我又于 1844 年把它扩充为一份结论提纲，在当时看来算是有点眉目了。从那以后，我始终不渝，孜孜以求。希望读者原谅我扯个人的琐事，说出来是为了表明，我的决定并非草率作出。

如今，我的研究工作即将告一段落，但离彻底完成还需投入两三年的时间，而且我的身体现在不算强壮，便有人劝我先发表了这份摘要再说。促使我这样做的，是研究马来群岛博物学的华莱士先生（Mr. Wallace）对于物种起源所做的一般结论，竟几乎和我不谋而合。去年，他把一份有关本主题的研究报告寄给了我，并托我转交查尔斯 · 赖尔（Charles Lyell）爵士，爵士把它交给了林奈学会，刊登在该学会学报的第三卷上。赖尔爵士和胡克博士都了解我的研究，胡克还读过我 1844 年写的纲要，他们认为最好把我的原稿中的若干章节和华莱士先生的优秀论文同时发表。我不胜荣幸。

现在发表的这个摘要必定不够完善。这里无法为我的若干论述提出参考文献和权威典籍，有必要拜托读者对我的论述精确性有所信任。我虽然自认一贯小心谨慎，只信赖可靠的典籍，但错误在所难免。本书仅仅能给出我所得到的一般结论，用少量事实来做实例，希望在大多数情况下这就足够了。今后有必要把我做结论所依据的全部事实以及参考资料一五一十地发表出来，这一点我比谁都念念不忘；希望我能在将来的著作中能做到。我很清楚，本书所讨论的，几乎没有一点不能用事实来举证，而绝不会引出同我的结论直接背道而驰的东西。只有对每一个问题的正反两方面事实和论点加以充分论述，反复权衡，才能得出公平的结果，但这里做不到。

我得到了许多学者的慷慨相助，其中有些素不相识；很遗憾，由于篇幅的限制，无法一一鸣谢。然而，机会难得，我一定要对胡克博士深切致谢，最近十五年来，他以丰富的学识和卓越的判断力，竭尽全力地鼎力相助。

关于物种起源，学者们如果对生物的相互亲缘关系、胚胎关系、地理分布、地质演替等加以思考，那就可以想见会得出如下结论：物种不是独立创造出来的，而是与变种一样，是从其他物种传承下来的。然而，这一结论即使有根有据，也不能令人信服，除非我们能够证明，这个世界的无数物种如何变异，才获得了令人赞不绝口的完善构造和相互适应性。学者们始终把可能的变异仅仅归因于外界条件，如气候、食物等。从某一狭义的角度来说，正如后文即将看到的，这可能是正确的；但是，例如把啄木鸟的结构，它的脚、尾、喙、舌，如此绝妙地适应于捉取树皮下的昆虫，也仅仅归因于外界条件，则是十分荒谬的。再如槲寄生，它从某些树木吸取营养，种子必须由某些鸟来传播，而且是雌雄异花，绝对需要借助某些昆虫来完成异花授粉。用外界条件、习性或植株本身的意志作用来解释这种寄生生物的结构以及它和若干种不同生物的关系，也同样荒谬绝伦。

我想,《创世遗迹》(*Vestiges of Creation*) 论者会断言，经过不计其数的世代，某只鸟生下了啄木鸟，某植物生下了槲寄生，且创造得如我们所见的一样完美；但依我看，这种假设无法自圆其说，未触及和解释生物的相互适应性，以及对其生活条件的适应性。

因此，弄清变异和适应的途径至关重要。刚开始观察时，我就觉得仔细地研究驯养动物和栽培植物，也许会为解决这个难题提供最好的机会。果然功夫不负有心人，通过分析这种和所有其他的复杂个例，我发现有关驯养变异的知识即使不完善，也能提供最好、最可靠的线索。我在此斗胆声明，我坚信这种研究价值很高，尽管它往往被学者们忽视。

有鉴于此，本书的第一章讨论驯养变异。我们将看到，大量的遗传变异至少是可能的；更有甚者，我们将会看到，人类通过选择积累连续的微小变异，能耐是何等巨大。然后，我将讨论物种在自然状况下的变异；不幸的是，讨论这个问题不得不简而又简，因为只有罗列长篇的事实才能加以妥当处理。尽管如此，我们仍将能讨论什么环境条件最有利于变异。第三章要讨论全世界所有生物之间的生存斗争，这是以几何级数高速增殖的必由之路。这就是马尔萨斯学说（doctrine of Malthus）在整个动物界和植物界的应用。每一个物种所产生的个体数量，大大超过其可能生存的数量，于是生存斗争反复出现，结果任何生物所发生的变异，无论多么微小，只要在复杂多变的生活条件下以任何方式有利于自身，就会有较好的生存机会，这样便被自然选择了。根据强有力的遗传原理，任何被选中的变种都倾向于繁殖其变异了的新形态。

自然选择（Natural Selection）的基本问题将在第四章详述；我们将看到，自然选择几乎不可避免地导致较少改进的生物大量灭绝，并且引发我所谓的“性状分歧”（divergence of character）。第五章将讨论复杂的、不为人知的变异法则和相关生长法则（laws of variation and of correlation of growth）。接下来的四章将对本学说所存在的最明显、最重大的难点加以讨论：第一，过渡的难点，也就是难以了解简单生物或简单器官如何变化和改善成高度发展的生物或构造精密的器官；第二，本能的问题，即动物的精神力；第三，杂交现象，即物种杂交的不育性和变种杂交的能育性；第四，地质记录的不完全。第十章将考察生物在整个时间上的地质演替。第十一章和第十二章将讨论生物在整个空间上的地理分布。第十三章将论述生物的分类或相互的亲缘关系，包括成熟期和胚胎期。最后一章将对全书做一扼要的复述，加上简短的结束语。

只要我们愿意承认对周围全部生物的相互关系是多么无知，关于物种和变种的起源至今还不甚了了，就不足为奇了。谁能解释某一个物种为什么分布范围广而且为数众多，而另一个近缘物种为什么分布范围狭而为数稀少？这种关系至关重要，决定着世界上一切生物现在的繁盛，并且我相信这也决定着它们未来的成功和变异。至于世界上无数生物在史上诸多既往的地质时代里的相互关系，我们就所知甚少了。虽然诸多问题至今模糊不清，而且还会长期如此，但经过尽可能从容的斟酌研究和冷静判断，我毫不怀疑，许多学者还保持着的和我以前所持的观点——即每一个物种都是独立创造出来的——是错误的。我完全相信，物种不是一成不变的。那些所谓同属的物种都是其单元属已然灭绝的另一个物种的直系后裔，正如任何一个物种的公认变种乃是那个物种的后裔一样。另外，我还相信自然选择是变异的主要而非唯一的途径。

第一章

驯化变异

变异性的原因——习性的效果——相关生长——遗传——家养变种的性状——难以区别变种和物种——来自一个及以上物种的家养变种起源——各种家鸽及其差异和起源——古代依据的选择原理及其效果——有计划选择和无意识选择——家养产品的未知起源——有利于人工选择的情况。

对于古老的栽培植物和驯养动物来说，我们观察其同一变种或亚变种时，最先注意到的要点之一，便是个体差异一般远比自然状况下的任何物种或变种要来得大。栽培植物和驯养动物品种繁多，古往今来在千差万别的气候和待遇下发生了变异，我们只消对此加以思索，势必得出结论：这种巨大的变异性，是由于家养生物所处的生活条件，不像亲本（parent-species）在自然状况下的生活条件那么千篇一律，而是有所不同。依我看，奈特（Andrew Knight）提出的观点亦有一定的可能性；他认为这种变异性也许在某种程度上与食料过量相关。似乎很明显，生物必须在新条件下生长数世代才能发生任何可察觉变异；并且，生物体制一旦开始变异，一般能够继续变异许多世代。能变异的有机体在培育下停止变异的个案，尚未见于记载。最古老的栽培植物，例如小麦，至今还在经常性地产生新变种；最古老的驯养动物，至今还能迅速地改良或变异。

无论何种原因的变异性，一般是在生命的什么阶段发生作用的，是胚胎发育的前期还是后期，还是在受孕的时刻，这一直存在争论。乔弗罗伊·圣提雷尔（Geoffroy St. Hilaire）的实验结果表明，胚胎的不自然处理可致畸，而畸形与普通的变异没有任何清晰的界线分开。可是我强烈怀疑，变异性的最常见原因，可能归结于雌雄生殖质在受孕之前就受到了影响。我这么认为，原因有若干，而主要原因是圈养或者栽培对生殖系统功能的影响非同小可；对于生活条件的任何变化，生殖系统似乎远比任何其他器官易感得多。驯养动物易如反掌，而要让圈养的动物自由繁殖，即使雌雄交配的个案不少，也是难上加难。有多少动物，即使在原产地松散圈养，长期生活，也不能繁殖！人们一般把这种情形归因于本能缺陷，但许多栽培植物表现得极其茁壮，却极少结实，或从不结实！已经在少数这种个案中发现，很微小的变化，如在某一个生长期内，水分多些或少些，便能决定植物是否结实。关于这个奇怪的问题，我所搜集的细节洋洋洒洒，无法在此详述。要说明决定圈养动物繁殖的法则是多么奇妙，我只需提及食肉动物，即使是从热带来的，也能颇为自由地在英国圈养中繁殖，只有跖行动物即熊科动物例外；然而食肉鸟，除极少数例外，几乎都不会产下受精卵。许多外来的植物，花粉完全不中用，情况同最不能繁殖的杂种一模一样。一方面，我们看到多种家养的动植物，虽然常常体弱多病，却能在槛中自由生育；另一方面，我们看到一些个体虽然自幼就被从自然界中抓来，已经完全驯化，而且长寿和强健（关于这点，我可以举出无数事例），然而生殖系统由于未知原因而受到了严重影响，以致失去作用；那么，即使生殖系统在圈养中发生作用，其作用不规则，并且所生的后代同双亲不全相像，或者有变异性，就不足为奇了。

都说不育性是园艺学的毒药，但我们依同理将变异性归咎于产生不育性的同样原因，而变异性是园艺中所有精品的来源。我还要补充一下，正如有些生物能够在最不自然的条件下（例如养在箱内的兔及貂）自由繁殖，这表明其生殖系统未受损，有些动物和植物也能够经受住家养或栽培，而且变化轻微，不亚于在自然状况下所发生的变化。

关于“芽变植物”（sporting plants），我可以随便列成一个长表。这个园艺术语指的是，植株会突然生出一个芽，与同株的其他芽不同，具有新的有时是显著不同的性状。可用嫁接等方法来繁殖这种芽，有时候也可用种子。这种“芽变”在自然状况下极其少见，但在栽培状况下则不罕见。在这个个案中，我们看到处理亲本影响了一个枝芽，而不是胚珠或者花粉。但大多数生理学者认为，芽和胚珠在最初形成阶段并无本质区别，所以实际上，“芽变”支持了我的观点，即变异性大致可以归结于受精动作之前亲本处理对于胚珠或者花粉的影响，或者两者兼而有之。反正这些个案表明，变异不一定如某些作者假设的那样与生殖动作相关。

同一水果的幼苗，同胎中的幼体，有时彼此大不相同，尽管米勒（Muller）说过，幼体与亲本显然处于毫无二致的生活条件之中。这表明生活条件的直接影响相对于繁殖定律、生长定律、遗传定律来说是多么的微不足道。如果条件的作用是直接的，那么任何幼体一出现变异，全体也许会以同样方式变异的。对于任何变异，我们很难判断这在多大程度上归结于热量、水分、光线、食物等直接作用。我的印象是，对于动物，这种力量产生的直接影响微乎其微，但对于植物的影响看起来要更大一些。根据这一观点，巴克曼（Buckman）先生最近对植物做的实验似乎极有价值。当处于某种条件下的所有或者几乎所有个体受到同样方式的影响，乍一看变化似乎是直接受到这种条件的影响，但有时候可以说明，相反的条件会产生类似的结构变化。不过，依我看，少许的轻微变化可以归结为生活条件的直接影响，比如增加食量有时候就会使个头增大，某种食物能产生色彩，光线能产生色彩，气候变化也许能使皮毛增厚。

习性也具有决定性的影响，如植物从一种气候移植到另一种气候下，就可影响其开花期。动物则有更显著的影响，例如我发现家鸭的翅骨与整体骨骼的比重比野鸭轻，腿骨却比野鸭的腿骨重。我看这种变化可以稳妥地归结于家鸭比其野生的祖先少飞多走。奶牛和奶山羊的乳房，在惯于挤奶的地方就比其他地方发育得更大，而这种发育是遗传的，这是使用产生影响的另一例子。在某些地方，所有家养动物的耳朵都是下垂的，有人认为耳朵的下垂是由于动物很少受危险惊吓而耳朵肌肉长期不使用的缘故，这种观点似乎有道理。

许多法则支配着变异，少数几条依稀可见，容后略加讨论。这里只打算提一下所谓的相关生长现象。胚胎或幼虫发生任何变化，几乎肯定会引起成熟动物也发生变化。畸形生物身上不同部位之间的相关性是很奇怪的；关于这个问题，圣提雷尔的大作里记载了许多事例。饲养者们相信，四肢长几乎都伴随着长脑袋。有些相关的例子十分奇怪，例如蓝眼睛的猫一般都耳聋。体色和体质特性的关联，在动植物中都有许多显著的例子。据霍依辛格（Heusinger）所搜集的事实来看，白毛绵羊和白毛猪吃了某些有毒植物会受到损害，而深色毛的个体则不会。无毛的狗，牙齿不全；长毛和粗毛的动物，据说易于出长角或多角；毛脚的鸽，外趾间有皮；短喙的鸽，脚小；长喙的鸽，脚大。因此，人如果继续选择任何特性，就此加强它，那么由于神秘的相关生长法则，几乎肯定会在无意中改变身体结构的其他部位。

未知的或仅依稀可见的各种变异法则，造成了极其复杂、多种多样的结果。关于几种古老的栽培植物如风信子（hyacinth）、马铃薯，甚至大丽花等的若干论文，非常值得细读；看到变种和亚变种之间在结构和体质的无数点上的彼此轻微差异，的确令人感到惊奇。生物的全部体质似乎变成可塑的了，倾向于很轻微地偏离其亲本类型的体质。

凡是不遗传的变异，皆与我们无关。但是能遗传的结构上的偏差，不论在生理上是轻微的，还是重要的，其数量和多样性都是无限的。卢卡斯（Prosper Lucas）博士的两大卷论文，是关于这个问题的最充实、最优秀的著作。没有一个饲养者怀疑，遗传倾向有那么的强；类生类（like produces like）是基本的信念：只有空谈理论的人才会对这个原理有所怀疑。当偏差层出不穷，并且均见于父与子，我们说不清这是否由于同一原因作用于二者的结果。但是，在显然处于同样条件下的个体中间，由于环境条件的异常组合，而亲代出现任何很罕见的偏差（比如在数百万个体中，偶然出现一个），并且又重现于子代，那么我们光凭机缘说就几乎不得不把重现归结于遗传。大家想必都听说过白化病（albinism）、皮肤刺痛及身上多毛等出现在同一家庭中几个成员身上的情况。如果奇异而稀少的构造偏差确是遗传的，那么不大奇异的普通偏差，当然也可以认为是遗传的了。把各种性状的遗传看作规律，把不遗传看作异常，大概是看待整个问题的正道。

支配遗传的法则是未知的。没有人能说清，同种的不同个体间或者异种个体间，同一特性为什么有时候遗传，有时候不遗传；为什么子代常常返回去重现祖父母的某些性状，或者重现更远祖先的性状；为什么一种特性常常从一性传给雌雄两性，或只传给一性，比较普通的是传给同性，但并不排他。出现于雄性家畜的特性，常常排他或者更多地传给雄性，这对我们是颇为重要的事实。有一个更重要的规律，我想是可靠的，即一种特性不管在哪个年龄段初次出现，就倾向于在相当的年龄在后代身上重现，虽然有时候会提早一些。在许多个案中，这绝无例外。例如，牛角的遗传特性，仅在其后代将近成熟时才会出现；而蚕的各种特性，在相应的幼虫期或茧期中出现。但是，遗传病以及其他一些事实使我相信，这种规律适用于更大的范围，即一种特性虽然没有明显的理由应该在一定年龄出现，可是它在后代身上出现时，偏偏倾向于在父代初次出现的同一时期。我认为，这一规律对解释胚胎学的法则是极其重要的。这些话当然是专指特性的初次出现，而并非指可能作用于胚珠或雄性生殖质的主因而言；同理，短角母牛和长角公牛杂交后，其后代的角变长了，虽然长大了才出现，但显然是由于雄性生殖质的作用。

提起返祖问题，不妨说一说学者们时常提出的论点——家养变种放归到野生状态，就逐渐地但必然地要回归原始祖先的性状。所以，有人曾经说，不能从家养种族以演绎法来推论自然状况下的物种。我曾努力探求，人们是根据什么决定性事实而如此频繁地、大胆地提出上一论点的，但无功而返。要证明它的正确性是很困难的：我们可以稳妥地断言，绝大多数特征显著的家养变种无法在野生状况下生活。许多情况下，我们不知道原始祖先究竟是什么，也就说不清所发生的返祖现象是否近乎完全。为了防止杂交的影响，大概有必要只把单独一个变种放养在它的新家乡。不过，由于变种有时候的确会重现祖代类型的某些性状，所以我觉得这是不无可能的：如果我们能成功地在许多世代里使诸如圆白菜（cabbage）的若干族在极瘠薄土壤上（但在这种情形下，有些影响应归因于瘠土的直接作用）归化或进行栽培，它们大都甚至全部都会回归野生原始祖先的性状。实验能否成功，对于我们的论点并不是很重要；因为实验本身就改变了生活条件。如果能证明家养变种，如果圈养条件不变，如果大群圈养使之自由杂交，通过相互混合遏制构造上任何轻微的偏差，而仍然显示强劲的返祖倾向——即失去它们的获得性状，那么我会同意，不能从家养变种来推论有关物种的事情。但是有利于这种观点的证据毫无踪迹：要断定我们不能使驭马、赛马、长角牛和短角牛、各品种鸡、各种日常蔬菜无数世代地繁殖下去，是违反一切经验的。我还可以补充一句，自然状态下生活条件真的发生变化时，也许会发生性状的变异和返祖；不过，下一章将说明，自然选择将决定这样出现的新性状可保留多久。

当我们观察家养动物和栽培植物的遗传变种，即种族（race），并且把它们同亲缘近似的物种相比较时，如上所述，我们一般会觉察出各个家养族在性状上不如真实的种（true species）千篇一律。另外，同一物种的家养族的性状往往略带畸形；我是说，它们彼此之间，和同属的其他物种之间，虽然在若干方面大同小异，但是，当它们互相比较，尤其是同自然状况下亲缘最近的所有物种相比较时，往往身体的某一部分会有极端的差异。除了畸形性状（还有变种杂交的完全能育性——这一问题容后讨论），同种的家养族的彼此差异，和自然状况下同属的亲缘近似物种差异的方式相同，只是大多数情况下的差异更小而已。我想，必须承认这一点，因为动植物的家养族中，没有一种不曾被某些能干的鉴定家划作区区变种，同时被另一些能干的鉴定家划作原来不同的物种的后代。如果一个家养族和物种之间存在着显著区别，这个怀疑的源泉便不致如此旷日持久地反复出现了。常有人说，家养族之间的性状差异不具有属别价值。我看可以阐明这种说法是不正确的；但学者们确定究竟什么性状才具有属别价值时，意见千差万别；这种评价目前都是凭经验取得的。而且，根据我下面提出的属别起源，我们无权期望在家养族中常常遇到属别差异。

估计同种的家养族之间的构造差异量时，我们会很快陷入疑团，不知道它们究竟是从一个或几个亲种传下来的。这一点如果能澄清，倒是很有趣的。例如，阐明众所周知纯种繁殖后代的灵缇犬（greyhound）、嗅血警犬（bloodhound）、㹴犬（terrier）、长耳猎犬（spaniel）和斗牛犬（bulldog）都是某一物种的后代，就很有分量，使我们怀疑栖息在世界各地的许多密切近似的自然种（例如许多狐类）的不变性。我并不相信犬类是从一个野生亲种传下来的，这一点后面就要讲到；但是，关于其他某些家养物种的族，却是有推定的，甚至存在有力的证据支持这种观点。

常常有人设想，人类选择拿来家养的动植物，都具有非凡的内在变异倾向，也都易于经受住各种气候。这些能力大大地增加了大多数家养生物的价值，对此我并不争辩。但是，未开化的人类最初在驯养一种动物时，怎么知道是否会在连续世代中发生变异，并且经受住别种气候呢？驴和珍珠鸡（guinea-fowl）的变异性弱，驯鹿的耐热力小，普通骆驼的耐寒力小，难道这阻碍它们被家养了吗？我不能怀疑，若从自然状态中取来其他一些动植物，其数目、产地及分类纲目都相等于我们的家养生物，让其在家养状况下繁殖同样多的世代，那么它们平均发生的变异，会像现存家养生物的亲种一样多。

至于大多数自古驯化的动植物，究竟是一个还是多个野生物种传下来的，我认为不可能得到定论。驯养动物多源论的主要论点是，在上古记载中，特别是埃及石碑上，发现的家畜品种繁多，而其中有些品种与现存的种类大同小异。哪怕这一点证明属实，不折不扣，普遍适用，我也不以为然，除了某些品种在那里原产，有四五千年历史了，它又能说明什么呢？然而，霍纳（Horner）先生的研究证明，一万三四千年前，尼罗河谷存在开化到了制陶的人类是有一定的可能性的；谁会冒昧声称，在这个古代之前的多少年，埃及就不存在拥有半驯化狼犬的野人，就像火地岛、澳大利亚的原住民那样呢？

我想，这个问题肯定是一笔糊涂账。然而我可以在不涉及任何细节的情况下，在此声明，从地理等因素看，家犬从几个野生种遗传而来，我认为这种可能性很大。至于绵羊和山羊，我还没有看法。从布莱斯（Blyth）先生告诉过我的关于印度瘤牛的习性、叫声、体质及结构的事实看来，差不多可以确定它的原始祖先和欧洲牛是不同的；若干能干的鉴定家认为，欧洲牛有一个及以上的野生祖先。关于马，我同几个作者的意见相反，我有所保留地认为，所有的马族都来自一个野生祖先，理由无法在这里提出。布莱斯先生知识渊博，是我最敬重的，他认为所有鸡的品种都是野生印度鸡（*Gallus bankiva*，红原鸡）的后代。关于鸭和兔，有些品种彼此结构差异很大，我不怀疑，它们都是从普通野生鸭和野生兔传衍下来的。

某些作者把若干家养族起源于多个原始祖先的学说引入极端，颇为荒谬。他们认为，每一个纯系繁殖的家养族，即使区别性状极其轻微，也各有其野生的原始型（prototype）。照此说来，仅在欧洲一处，想必生存过不下于 20 个野牛种、20 个野绵羊种、若干个野山羊种，甚至在英国一地也有若干个物种了。还有一位作者认为，先前英国所特有的绵羊野生种竟有 11 个之多！如果记住，英国现在已没有一种特有的哺乳动物，法国和德国不同，只有少数哺乳动物，反之亦然，匈牙利、西班牙等也是这样，而这些国度各有若干特有的牛羊等品种，那么我们必须承认，许多家畜品种起源于欧洲；既然这些国家都没有拥有作为区别性亲本种源的若干特有物种，那是从哪里来的呢？印度也是这样。即使是全世界的家犬品种，我完全承认可能是从几个野生种传下来的，也不能怀疑有大量的遗传性变异。意大利灵缇犬、嗅血警犬、斗牛犬或布莱尼姆长耳猎犬（Blenheim spaniel）等等同一切野生犬科的动物如此不相像，有谁会相信与其酷似的动物在自然状态下自由生存过呢？常常有人信口说，所有的犬族都是由若干原始物种杂交而产生的，但是杂交只能获得好歹介于两个亲本之间的类型。如果用这一过程来说明几个家养族的起源，我们就必须承认一些极端类型，如意大利灵缇犬、嗅血警犬、斗牛犬等，它们都曾在野生状态下存在过。何况杂交产生不同族的可能性被过度夸大了。毫无疑问，辅助以对表现所需要的性状的个体杂种进行仔细选择，偶然的杂交可使一个族发生变异，但是要想从两个大相径庭的族群或者物种得到一个中间性的族，我难以置信。西布赖特（J. Sebright）爵士特意为了这一目的进行过实验，结果失败了。两个纯系品种第一次杂交后所产生的子代，其性状尚称一致，有时（如我在鸽子中所发现）非常一致，一切似乎很简单；但是当这些杂种互相进行数代杂交之后，简直没有两个是彼此相像的。由此可见，该项任务难上加难，甚至是毫无胜算了。当然，要从两个截然不同的品种得到折中品种，非得极端仔细，长期选择不可。我找不到任何记载，说明有由此形成永久族的个案。

关于家鸽的品种。我觉得用特殊类群进行研究总是最好的方法，考虑之后，便选取了家鸽。我养了每一个能买到、得到的品种，并且从世界若干地方得到了惠赠的各种鸽皮，特别是埃里奥特（W. Elliot）阁下从印度、默里（C. Murray）阁下从波斯寄来的。关于鸽类的研究，已经有许多论文，还有多种不同文字，其中有些十分古老，因此很重要。我曾和几位养鸽名家交往，并且被接纳加入了伦敦的两个养鸽俱乐部。家鸽品种之多，令人惊异。比较英国信鸽（English carrier）和短面翻飞鸽（short-faced tumbler），可以看出喙部的奇特差异，由此引起头骨的差异。英国信鸽，特别是雄鸽，头部周围的皮也具有奇特发育的肉突；与此相伴随的还有很长的眼睑、很大的外鼻孔以及阔大的口。短面翻飞鸽的喙部外形差不多和雀科鸣禽（finch）相像；普通翻飞鸽有一种奇特的纯属遗传的习性，密集成群地在高空飞翔并且连续翻筋斗。侏儒鸽（runt）身体巨大，喙粗且长，足亦大；有些大种家鸽的亚品种，颈项很长，有些翅和尾很长，有些尾特别短。巴巴里家鸽（barb）和英国信鸽的品种相近，但喙不长，而是短而阔。球胸鸽（pouter）的身体、翅、腿特别长，嗉囊异常发达，而且以膨胀为荣，很可以令人惊异，甚至发笑。浮羽鸽（turbit）的喙短，呈圆锥形，胸下有倒生的羽毛一列。它有一种习性，不断地微微膨胀食管上部。毛领鸽（*Jacobin*）的羽毛沿着颈背向前倒竖而呈兜状；从身体的大小比例看来，其翅羽和尾羽颇长。顾名思义，帚鸽（trumpeter，意思是喇叭）和笑鸽（laughter）的叫声与别的品种极不相同。扇尾鸽（fantail）有 30 支甚至 40 支尾羽，这不是庞大鸽科成员的正常数目—— 12 支或 14 支。它们的尾部羽毛都是展开的，并且竖立，优良的品种竟可头尾相触，尾脂腺颇为退化。此外还可举出若干差异比较小的品种。

这几个品种的骨骼，其面骨的长度、宽度、曲度的发育大有差异。下颚的枝骨形状以及长宽，都有极显著的变异。尾椎和荐椎的数目有变异；肋骨的数目也存在变异，它们的相对宽度和突起的有无，也有变异。胸骨孔的大小形状存在显著变异；叉骨两枝的开度和相对长度也是如此。口裂的相对阔度，眼睑、鼻孔、舌（不总是和喙的长度严格相关）的相对长度，嗉囊和上部食管的大小；尾脂腺的发育和退化；第一列翅羽和尾羽的数目；翅和尾的彼此相对长度及其和身体的相对长度；腿和脚的相对长度；趾上鳞板的数目，趾间皮膜的发达程度，这一切结构都是易于变异的。羽毛完全出齐的时期有变异，孵化后雏鸽的绒毛覆盖状态也是如此。卵的形状和大小有变异。飞行姿势有显著差异，某些品种的叫声和性情有显著差异。最后，还有某些品种，雌雄间彼此略有差异。

总共至少可以选出 20 种鸽，如果拿给鸟类学家去看，并且告诉他，这些都是野鸟，我想他一定会把它们列为明确定义的物种的。另外，我不相信任何鸟类学家会把英国信鸽、短面翻飞鸽、侏儒鸽、巴巴里家鸽、球胸鸽以及扇尾鸽列为同属；特别是把这些品种中每一个的若干个纯粹遗传的亚品种（他或许会称它们为物种）指给他看时。

鸽类品种间的差异固然很大，但我充分相信学者们的一般意见是正确的，即它们都是从野生岩鸽（*Columba livia*）传衍下来的，这个名称之下还包含几个彼此差异极细微的地方族，即亚种。鉴于我持这一信念的理由中有若干在某种程度上也适用于其他个案，就在这里概括说一说吧。如果这几个品种不是变种，不是来源于岩鸽，那至少必须是从七八种原始祖先传衍下来的；因为以更少的数目进行杂交，就不可能造成现今这样的家养品种。例如两个品种进行杂交，如果亲代之一不具有大嗉囊的性状，怎能产生球胸鸽呢？这些假定的原始祖先，必定都是岩鸽，它们不在树上繁衍，也不喜欢在树上栖息。但是，除了野生岩鸽及其地理亚种，所知道的其他岩鸽只有两三种，而它们都不具有家养品种的任何性状。因此，所假定的那些原始祖先要么在鸽子最初驯化的那些地方至今还生存着，只是鸟类学家不知道罢了，但考虑到它们的大小、习性和显著的性状而言，这似乎不会不为人知的；要么它们在野生状态下想必都灭绝了。但是，在岩崖上繁殖的善飞的鸟，不大可能被消灭；而具有家养品种同样习性的普通岩鸽，即使在英国的小岛、地中海的海岸上，也都没有消灭。因此，假定与岩鸽习性相似的这么多的物种已经灭绝，我认为这是十分轻率的推测。另外，上述若干家养品种曾被运送到世界各地，想必有几种会被带回原产地；但是，除了鸠鸽（dovecot-pigeon）这种稍微改变的岩鸽在若干地方变为野生，没有一个品种变为野生的。再者，最近的经验表明，使野生动物在家养状况下自由繁育极其困难；然而，根据家鸽多源说，必须假定至少有 7 个或 8 个物种在古代已由半开化人彻底驯化，所以能在笼养下大量繁殖。

有一个依我看似乎分量很重，并且适用于若干其他个案的论点是，上述诸品种虽然体质、习性、叫声、颜色以及大部分结构与野生岩鸽大体相同，但一部分结构是极异常的。在整个鸽大科里，找不到一种像英国信鸽、短面翻飞鸽、巴巴里家鸽的喙；像毛领鸽的倒羽毛；像球胸鸽的嗉囊；像扇尾鸽的尾羽。因此必须假定，不但半开化人成功地彻底驯化了几个物种，而且有意或无意地选出了特别异常的物种；此外，这些物种以后都完全灭绝了，或者湮没无闻了。看来，这许多奇怪的偶然性是绝对不会发生的。

有关鸽类颜色的一些事实很值得考察。岩鸽是深灰青色的，尾部呈白色［印度的亚种——斯特里克兰的青色岩鸽（*C. intermedia*）尾部呈青色］，尾端有一暗色横带，外侧尾羽的外缘基部呈白色，翅膀上有两条黑带。一些半家养的品种和一些看起来真正的野生品种，翅上除有两条黑带之外，更杂有黑色方条纹。全科的任何其他物种都不会同时出现这几种标记。而在每一个家养品种里，以良种鸽为例，所有上述标记，甚至外尾羽的白边，有时都是充分发育且同时出现的。而且，当两个完全不同品种的鸽子进行杂交，虽然都不呈青色，没有上述标记，其杂种后代却很容易突然获得这些性状。我用几只纯白色扇尾鸽同几只纯黑色巴巴里家鸽进行杂交，它们的杂种是斑驳的褐色和黑色。随后我用这些杂种再进行杂交，纯白色扇尾鸽同纯黑色巴巴里家鸽产生的一只孙辈鸽子，竟然具有任何野生岩鸽一样美丽的青色、白尾、两条黑翼带以及具有条纹和白边的尾羽！如果一切家养品种都是从岩鸽传下来的，根据众所周知的返祖遗传原理，我们就能够理解这些事实。但是，我们如果否认这一点，就必须做出下列两个很不可能的假设之一。第一，所有想象的各原始祖先，都具有岩鸽那样的颜色和标记，可是没有其他现存物种具有这样的颜色和标记，所以各个品种可能都有重现同样颜色和标记的倾向；第二，各品种，即使是最纯粹的，也曾在 12 代，最多在 20 代之内同岩鸽交配过，我说在 12 代或 20 代之内，是因为不曾见到有任何事实表明，杂种后代能够返祖到 20 代以上。只杂交过一次的品种重现从这次杂交中得到的任何性状的倾向，自然而然会越来越弱，因为在以后各代里外来血统将逐渐减少。但是，如果不曾杂交过，而两个亲种都有重现前几代已经消失了的性状的倾向，那么这一倾向能不减弱地遗传到无数代，尽管我们知道有相反的情况。关于遗传问题的论文常常把这两种不同的个案混淆在一起。

最后，所有鸽的家养品种间杂种都是完全能育的。这一点我有自己的观察结果，故意找了最不同的品种。然而两个明显不同动物物种的杂种，本身完全能育的，则很难找到个案，也许是根本不存在。有些作者认为，长期连续的家养可消除这种种间不育性的强烈倾向：根据犬类的历史来看，我看这种假设如果用于彼此密切亲缘的物种，有一定的可能性，尽管没有一例实验加以支持。但是，如果把该假设牵强附会，说始祖就具有像今日的英国信鸽、翻飞鸽、球胸鸽和扇尾鸽那样显著差异的物种，会产生完全能育的后代，我看未免过于唐突。

鉴于人类不可能曾使 7 个或 8 个所谓的鸽种在家养状况下自由繁殖；这些所谓的物种从未在野生状态下被发现过，而且也没有在何处变为野生的；这些物种在大多数方面很像岩鸽，但同鸽科的其他物种相比较，却有某些极异常的性状；无论是纯种繁育、杂交，所有品种都会偶尔出现青色和各种标记；杂种后代完全能繁殖，综上所述，毋庸置疑，所有家养品种都是从野生岩鸽及其地理亚种传衍下来的。

为了支持此观点，我补充如下：第一，欧洲和印度已发现野生岩鸽能驯养，并且在习性和大多数结构特点上和所有家鸽品种相一致。第二，虽然英国信鸽、短面翻飞鸽在某些性状上和岩鸽大不相同，但是，把这两个族的若干亚品种加以比较，特别是从远地带来的，可以在极端的构造之间组成几乎完整的系列。第三，每一品种的主要区别性状都是尤其易变异的，如英国信鸽的垂肉、长喙，翻飞鸽的短喙，扇尾鸽的尾羽数目，这一点的解释，等论到“选择”的时候便清清楚楚了。第四，鸽类受到许多人极细心的观察、照料和喜爱，它们在世界的若干地方被饲育了数千年。根据莱普修斯（Lepsius）教授向我指出的，关于鸽类的最早记载约在公元前 3000 年，在埃及第五王朝；但伯奇（Birch）先生告诉我说，在此前的一个王朝已有鸽名记载在菜单上了。普林尼（Pliny）说，在罗马时代，鸽的价格极高；“嗨，他们居然要核算它们的谱系和族群”。印度阿克巴汗（Akbar Khan）非常重视鸽子，大约在 1600 年，养在宫中的鸽子就不下两万只。宫廷史官写道：“伊朗王和图兰王曾送给他一些珍稀的鸽子；陛下通过杂交，惊人地改良了它们，前人从未用过这种方法。”差不多在同一时代，荷兰人也像古罗马人那样对鸽子趋之若鹜。这种关注对解释鸽类所发生的大量变异是极其重要的，详见“选择”一节。后文还可知道，为什么鸽种常常具有畸形的性状。雄鸽和雌鸽容易终身相配，这也是产生不同品种的有利条件；这样，就能把不同品种饲养在一个鸟棚里了。

我已对家鸽的可能起源做了若干论述，但仍然觉得不够。我最初养鸽并观察几类鸽子的时候，很清楚它们都是纯种，我也充分体会到，同样很难相信它们都起源于同一共同祖先，正如任何学者难于对自然界许多雀科鸣禽的物种或其他大类群的鸟做出同样的结论。有一种情形令我印象很深，就是所有的家养动物的饲养者和植物的栽培者——我曾经和他们交谈过或者读过他们的文章——都坚信他们所养育的若干品种是从各种不同的原始物种传下来的。请你也像我那样，向赫里福德（Hereford）牛的知名饲养者问一问，他的牛是否从长角牛（longhorns）传下来的，他一定会嘲笑你的。我遇见过的鸽、鸡、鸭或兔的饲养者，无不坚信各个主要品种是从某一个物种传衍下来的。范·蒙斯（Van Mons）关于梨和苹果的论文，全然不信几类苹果，如橘苹（*Ribston-pippin*）或尖头苹果（*Cocllin-apple*），能够从同一株树的种子生出来。其他的例子不胜枚举。我想，解释起来是简单不过的：根据长期不断地研究，他们对几个族间的差异印象深刻；他们熟知各族微有变异，因为选择这种轻微差异而得了奖，却无视所有的一般论点，而且也不肯在心里把许多连续世代累积起来的轻微差异总结一下。那些学者所知道的遗传法则，远不如饲养者，对于悠长的世代相传系统中的中间环节也不如饲养者熟悉，饲养者都承认许多家养族是从同一祖先传下来的——当他们嘲笑自然状态下的物种是其他物种的直系后代这个观念时，难道不会上一上“谨慎”这一课吗？

选择。现在简要地考虑一下，家养族从一个物种或从几个近似物种产生出来的步骤。有些微小的效果也许可以归因于外界生活条件的直接作用，有些微小效果可以归因于习性；但是若要用这等力量来说明驭马和赛马、灵缇犬和嗅血警犬、信鸽和翻飞鸽之间的差异，那就未免太胆大妄为了。家养族最显著的特色之一，是我们看中了它们的适应性，倒不是为了动植物自身的利益，而是为了人的使用或爱好。有些于人类有用的变异大概是突然发生的，一步到位的。例如，许多学者认为，生有刺钩的恋绒草（fuller' s teasel）—这些刺钩是任何机械装置所不及的—只是野生川续断草（*Dipsacus*）的变种而已，而这种变化量会在一株实生苗上突然冒出。转叉犬（turnspit dog）大概也是这样起源的；我们知道安康羊（Ancon sheep）的情形也是如此。但是，当我们比较驭马和赛马，单峰骆驼和双峰骆驼，适于耕地和适于山地牧场，以及羊毛用途各异的不同种类的绵羊时，当我们比较以各种用途为人类服务的许多犬类的品种时，当我们将争强好胜的斗鸡和很少争斗的品种比较，和从来不孵卵的蛋用鸡、小巧玲珑的矮脚鸡（bantam）比较时，当我们比较无数的农艺植物、蔬菜植物、果树植物以及花卉植物的族群时，它们在不同的季节以不同的目的有益于人类，或者美丽非凡、令人赏心悦目；我想，我们必须超越区区的变异性之外了。我们无法设想所有品种都是突然产生的，而一产生就像今日所看到的那样完善有用。其实，在若干个案上，我们知道它们的历史并不是这样的。关键就在于人类累积选择的力量：自然给予了连续的变异，人类在对自己有用的一定方向上积累了这些变异。在这种意义上，才可以说人类为自己制造了有用的品种。

这种选择原则的伟大力量不是凭空想象的。确实有几位优秀的饲养者，甚至在一生的时间里，就大大地改变了某些牛羊的品种。我们想要充分地认识到他们的作为，有必要阅读有关这个问题的论文，有必要考察那些动物。饲养者习惯说动物的体制是可塑的，可以几乎随心所欲地加以塑造。如果篇幅容许，可以从权威的著作中大量引述这种记载。尤亚特（Youatt）对农艺著作的通晓，几乎无人能比，自己就是一位极其优秀的动物鉴定者，称选择原则“可以使农学家不仅改变畜群性状，而且加以彻底改造。选择是魔杖，可以随心所欲地让任何形体和模式出生”。萨默维尔（Somerville）勋爵谈到养羊的成就时曾说：“好像饲养者用粉笔在墙壁上画出了完美无缺的形体，然后赋予它生命。”神乎其技的饲养者西布赖特（Sebright）谈到鸽子时曾说过：“他用 3 年就可以产生任何给定的羽毛，而获得脑袋和喙则需要 6 年。”在撒克逊，选择原则对于美利奴羊（merino sheep）的重要性已得到充分认识，人们以此为业：把绵羊摆在桌子上研究，就像鉴赏家鉴定绘画那样；一共研究 3 次，各间隔几个月，每次都在羊身上做记号进行分类，最后选择最优良的，作为繁育之用。

英国饲养者的实际成就，可以用优良谱系动物的高昂价格来证明，更何况现在已经出口到世界各地。这种改良，绝不是普遍归功于不同品种的杂交；最优秀的饲养者都强烈反对这种做法，除了有时杂交亲缘密切的亚品种。而在进行杂交以后，严之又严的选择甚至比普通个案更不可或缺。如果选择仅仅在于分离出某个很独特的变种加以繁殖，选择原则就显而易见，不值一提；但选择的重要性却在于鉴别未经训练的眼睛所绝对察觉不出的差异——例如我就实在察觉不出这些差异——并且使之在若干的连续世代里，向一个方向累积起来而产生极大的效果。若论准确的眼力和判断力，能成为饲养家的，何止千里挑一。一个人如果有此等天赋，潜心研究它多年，并且坚持不懈，奋斗终生，就会功成名就，可望做出巨大改良；不具备这种天赋的，必败无疑。很少人心悦诚服地相信，连成为熟练的养鸽者，也必须有天赋的才能和多年的实践。

园艺家也遵循相同的原则，但植物的变异常常更易突发。没有人会设想，最精选的生物是原始祖先一次变异产生的。我们有若干个案可资证明，存有精确的档案；如普通醋栗（common gooseberry）的果实是逐渐增大的，就是一个很小的例证。把今日的花同仅仅在二三十年前所画的花相比较，就可看到花卉栽培家对许多花做出了令人惊讶的改良。一旦植物的族群很好地固定下来，种子繁育者并不是采选最好的植株，而仅仅是巡视苗床，拔除那些劣种，人们把那些脱离标准型的劣种植株叫作“无赖汉”。实际上，对于动物也同样采用这种选择方法，毕竟没有人会粗枝大叶地用最劣的动物去繁殖。

关于植物，还有一种方法可以观察选择的累积效果，在花园里比较同种里不同变种的花所表现的多样性；在菜园里把植物的叶、荚、块茎或任何其他有价值部分，在与同一变种的花相比较时所表现的多样性；在果园里把同种的果实在与同一批变种的叶和花相比较时所表现的多样性。看看圆白菜的叶是何等相异，而花又是何等极其相似；三色堇的花是何等相异，而叶又是何等相似；各类醋栗果实的大小、颜色、形状、茸毛是何等相异，而它们的花所表现的差异却极微。倒不是说在某一点上差异很大的变种，在所有其他各点上就毫无差异；这种情况是绝无仅有的。相关生长法则的重要性决不应该忽视，它能保证某些差异的发生；但是，一般地说，我不能怀疑，无论对叶、花还是对果实的微小变异进行连续选择，就会产生主要在这些性状上有所差异的族群。

也许有人会唱反调说，选择原则沦落为循规蹈矩的做法，充其量也就才 75 年的光景。的确，近年来人们是对它更加关注了，就此问题发表了许多论文，我还要加一句，相应的，其成果也出得快，而且影响大。但是，你如果说该原则是近代的发现，就大错特错了。我可以引用古代著作中若干实例，说明那时已经充分认识到这一原则的重要性。英国历史上的蒙昧时期，常进口精选的动物，并且制定了防止出口的法律；明令规定，马的体量不到一定尺寸就要加以消灭，这相当于苗圃工人拔除植物的“无赖汉”。我看到中国古代的一部百科全书清楚记载着选择原则。有些罗马经典著作罗列了明确的选择规则。《圣经·创世记》里就阐明，早在那个时期已经注意家畜的颜色了。现在，未开化人有时使家犬和野生犬科动物杂交，以改良品种，古代也曾这样做过，有普林尼的文章为证。南非的未开化人依据挽牛的颜色配对，有些爱斯基摩人对于雪橇犬也这样做。利文斯通（Livingstone）说，未曾与欧洲人接触过的非洲内陆的黑人极重视优良的家畜。某些这种事实虽然并未说明实际的选择过程，但明确了古代人密切关注家畜的繁育，而现今最不开化的人也一样。既然优劣品质的遗传如此明显，若对动植物的繁育不重视，那的确是稀奇古怪了。

目前，饲养家们都按照明确的目的，试用循规蹈矩的选择，来形成优于国内现存种类的新品系或亚品种。但是，为了论述目的，我们更重视某一选择方式，或可称为无意识的选择，因为人人都想拥有最优良的动物个体并加以繁育。例如，打算养指示犬（pointer）的人自然会竭力搜求良种犬，然后用自己拥有的最优良的犬进行繁育，但他并没有持久改变这一品种的期望。然而，我并不怀疑，如果把这一程序继续若干世纪，将会改良并且改变任何品种，正如贝克韦尔（Bakewell）、科林斯（Collins）等人根据同样的程序，只是进行得更循规蹈矩，曾经在他们的一生中大大地改变了牛的体形和品质。除非在很久以前，对有关品种就进行实际的计量或细心的描绘以供比较，这种缓慢而不易察觉的变化就永远无法辨识。然而，在某些个案下，同一品种没有变化或略有变化的个体生存在文明落后的地区也是有的，在那里品种是很少改良的。我们有理由相信，查理王的长耳猎犬自从该朝代以来已经无意识地大大改变了。某些高级权威相信，塞特谍犬（setter）直接来自长耳猎犬，大概是缓慢改变而来的。我们知道，英国指示犬在18世纪内发生了大变，并且人们相信这次变化的发生，主要是和猎狐犬（fox-hound）杂交所致；但是我们所关心的是：这种变化是无意识地、缓慢地进行的，然而效果却非常显著，虽然以前的西班牙指示犬确实是从西班牙传来的，但博罗（Barrow）先生告诉我说，他没有看见过一只西班牙本地犬和我们的指示犬是相像的。

经过同样的选择程序和细心训练，全体英国赛马的体量和速度都已超过了亲种阿拉伯马，所以依照古德伍德赛马的规则，阿拉伯马的载重量被照顾减轻了。斯潘塞（Spencer）勋爵等人曾经指出，英格兰的牛同先前养在国内的原种相比较，其重量和早熟性都大大增加了。把关于信鸽、翻飞鸽旧论文中的各种论述与现存于英国、印度、波斯的品种加以比较，我认为，我们便可以清晰地追踪出它们那不被察觉地经过的各个阶段，从而达到和岩鸽如此大相径庭的地步。

尤亚特举了一个上好的例证，说明一种选择过程的效果，它可以被看作是无意识的选择，因为饲养者根本没有预期过，甚至没有希望过的结果产生了，这就是说，产生了两个不同的品系。尤亚特先生说，巴克利（Buckley）先生和伯吉斯（Burgess）先生所养的两群莱斯特绵羊（Leicester sheep）“都是从贝克韦尔先生的原种纯正繁殖下来的，持续了50多年。熟悉这一问题的任何人都根本不会怀疑，上述任何一个所有者曾任何一次脱离过贝克韦尔先生的羊群的纯粹血统，但是两位先生的绵羊彼此间的差异却很大，看起来就像不同的变种”。

如果现在有一种未开化人野蛮得很，从不顾及家畜后代的遗传性状，然而当他们遇到防不胜防的饥馑或其他不测时，还会把合乎任何特殊目的的、对他们特别有用的动物小心保存下来。因此这样选取出来的动物比起劣等动物一般都会留下更多的后代；所以在这个个案中，一种无意识的选择便在进行了。我们知道，连火地岛（Tierra del Fuego）的未开化人也重视动物，闹饥荒时他们甚至会吃人，认为其价值比犬低。

在植物方面，通过最优良个体的偶然保存可以进行同样的逐步改良过程；不论它们在最初出现时是否有足够的差异可列为独特的变种，也不论是否由于杂交把两个以上的物种或族混合在一起，这种过程都清晰可见。比起旧的变种或它们的亲种，改良就表现在现在所看到的诸如三色堇、蔷薇、天竺葵、大丽花等植物的一些变种，在大小和美观方面都有增益。从来没有人会期望从野生植株的种子得到上等的三色堇或大丽花。也没有人会期望从野生梨的种子培育出爽口的上等梨，但他可能把野生的瘦弱梨苗培育成良种，如果它本来是从果园砧木来的。梨在古代虽有栽培，但据普林尼的描述看，似乎果实品质极差。我曾看到园艺著作中对于园艺者的绝技表示惊叹，他们竟从如此低劣的材料里培育出如此优秀的结果。不过，这手艺无疑是简简单单的，就其最终结果来说，几乎都是无意识地进行的。这就在于永远是把最有名的变种拿来栽培，播种它的种子，碰巧有稍微好一些的变种出现时，便进行选择，如此这般，一直进行下去。但是，古代园艺者栽培所能得到的最好的梨树时，却从未想到我们要吃到什么样的优良果实；尽管我们吃的佳果在某种很小程度上归功于他们，他们是自然而然地选择和保存了他们所能寻获的最优良变种。

我认为，栽培植物这样缓慢地和无意识地累积起来的大量变化，解释了以下的熟知事实，即在大批个案中，我们对于花园和菜园里栽培悠久的植物，已无法辨认，无从知道其野生原种。如果说我们大多数的植物改进或改变到现今于人类有用的标准需要数百年、数千年，那么就能理解，澳大利亚、好望角等未开化人所居住的地方，为什么都不能向我们提供一种值得栽培的植物。拥有如此丰富物种的这些地区，并非由于奇异的偶然而没有任何有用植物的原种，只是因为该地植物还没有经过连续选择改良，以达到像古文明国家的植物那样完善的水平。

关于未开化人所养的家畜，有一点不可忽略，就是至少在某些季节里，几乎总要为吃食而斗争。在环境极其不同的两个地区，体质上或结构上微有差异的同种个体，在这一地区常常会比在另一地区日子好过些；这样，由于以后还要详述的“自然选择”的过程，便会形成两个亚品种。这或者可以部分说明某些作者说过的情况，也就是为什么未开化人所养的变种比文明国度里所养的变种具有更多的真种性状。

鉴于上述人工选择所起的重要作用不言自明，家养族的结构或习性为什么会适应于人类的需要或爱好，便顷刻可以得知。我想，我们还能进一步理解，家养族群为什么会屡屡出现异常的性状，为什么外部性状的差异如此巨大，而内部器官的差异却相对地如此微小。除了可以看得见的外部性状，人类几乎不能选择，或只能极其困难地选择结构上的任何偏差；其实对内部器官是很少计较的。除非大自然首先在轻微程度上向人类提供一些变异，人类永远不能动手选择。除非看到一只鸽子的尾巴在某种轻微程度上已经出现异常发育的情况，人不会去试育扇尾鸽；除非看到一只鸽子嗉囊的尺寸已经有些异乎寻常，人也不会去试育球胸鸽；任何性状，在最初露面时越异常，就越能引起人的注意。但是，人类试育扇尾鸽这样的说法，在大多数情况下毫无疑问是完全不正确的。

最初选择尾巴略大的鸽子的人，做梦也想不到经过长期连续的、半无意识、半循规蹈矩的选择之后，那只鸽子的后代会变成什么样子。所有扇尾鸽的始祖恐怕只有略微展开的 14 支尾羽，就像今日的爪哇扇尾鸽那样，或者像其他品种的个体那样具有 17 支尾羽。最初的球胸鸽嗉囊的膨胀程度也许并不比今日浮羽鸽食管上部为大，而所有养鸽者都不管浮羽鸽的这种习性，这并不是这个品种的看点之一。

不要以为只有结构上的某种大偏差才会引起养鸽者的注意，他能觉察极小的差异，而且人类的本性就在于珍视自家财物的任何新奇点，哪怕是轻微的。我们绝不可用若干品种已经固定后的现今价值标准，去评判以前对同一物种诸个体的任何轻微差异所给予的价值。我们知道鸽子现在还会发生许多轻微的变异，不过此等变异却被当作各品种的缺点或离开完善标准的偏差而舍弃。普通鹅没有产生过任何显著的变种；图卢兹（Toulouse）鹅和普通鹅只在颜色上有所不同，而颜色这种性状极不稳定，但近来却当作不同品种在家禽展览会上展览了。

我想，这些观点进一步解释了有时能注意到的事实——即我们对于任何家养品种的起源或历史一无所知。但是，在实际上，一个品种就好比语言里的一种方言一样，我们几乎无法说它有明确的起源。人保存了结构上微有偏差的个体加以繁育，或者格外小心地匹配优良动物从而改良它们，而改良的动物便慢慢地传播到邻近的地方去。但是它们尚无单独的名称，而且很少得到重视，所以它们的历史就遭到忽视。当通过同样的缓慢而逐渐的过程得到进一步改良的时候，它们将传播得更广，并且被承认是单独的有价值的种类，这时大概才首次得到一个地方名称。在半文明的国度里，交通不太发达，新亚种的传播过程是缓慢的，人们会慢慢了解它。一旦其价值点得到充分认识，我称之为无意识选择的原则就会一如既往地有助于慢慢添加这一品种的特性，什么特性都有可能；品种的盛衰依时尚而定，时多时寡；按居民的文明程度，此多彼少。但是，关于这种缓慢、飘忽不定、不易觉察的变化的记载，肯定很少有机会被保留下来。

现在得稍微谈谈有利于或不利于人工选择力的情况。高度的变异性显然是有利的，选择的材料随便供给，有利于选择发生作用；并不是否认哪怕一点点个体差异也是充分够用的，只要极其细心，也能向着几乎任何所希望的方向积累起大量变异。但是，对人们显著有用的或合意的变异只是偶然出现，所以个体如果饲养得多，变异出现的机会也就大量增加。因此，数量是成功的关键。关于这一原则，马歇尔（Marshall）针对约克郡各地的绵羊说过："因为绵羊一般为穷人所有，并且大部分只是小群圈养，所以从来不能改良。"与此相反，苗圃园艺师栽培着大量的同样植物，在培育有价值的新变种方面，一般远比业余者成功。一个人在任何国家养育一个物种的大群个体，就需要把它们安置在有利的生活条件下，它们才能自由繁育。如果个体稀少，不管其品质怎样，一般都得让其全部繁育，这样就会有效地妨碍选择。但最重要的一点也许是，动植物对人类应该十分有用，人类必须高度重视其价值，以致对每个个体的品质或结构上的最微小偏差都会给予密切注意。要是没有这样的注意，就会一事无成。我曾见到有人一本正经地指出，正好在园艺者开始注意草莓的时候，它开始变异了，真是极大的幸运。草莓自被栽培以来，无疑是经常发生变异的，只不过微小的变异不曾被注意罢了。然而，一旦园艺者选出一些个体植株，果实稍微大些，稍微早熟些，味道稍微好些，然后从它们培育出幼苗，再选出最好的幼苗进行繁育，于是（在少量种间杂交的辅助下），许多妙不可言的草莓变种就培育出来了。

这就是近三四十年来所种植的草莓变种。

至于雌雄各异的动物，防杂交的难易程度是能否形成新族的重要因素——至少在已经放养其他族类的地方是如此。在这方面，圈地能发挥起作用来。居无定所的未开化人和开阔平原的居民拥有的同一物种很少能超过一个品种。鸽子能终身配对，这对养鸽者大有便利，于是虽混养在一个鸽棚里，许多族群还能保纯。这样的条件想必有利于新品种的改良和形成。补充一下，鸽子能大量、快速地繁殖，劣鸽可杀掉食用，自由淘汰。相反，猫有夜游的习性，无法配对，虽然妇女和孩子喜爱，但很少看到独特的品种能长久保存；有时看到的那些独特品种，几乎都是从外国输入的，往往来自海岛。虽然我并不怀疑各种家养动物的变异有多有少，然而猫、驴、孔雀、鹅等的独特品种稀少或干脆没有，则主要归咎于选择未曾发挥作用：猫是由于难以配对；驴是由于只有穷人少量饲养，不重视其繁育；孔雀是由于不容易饲养，种群不大；鹅是由于只有两种用途价值，供食用和取羽毛，特别是由于鹅显示独特种类并不带来愉悦。

现把有关家养族动植物的起源总结一下。我认为，生活条件作用于生殖系统，具有高度的重要性，能造成变异性。某些作者认为，对于所有生物，变异性在一切条件下都是与生俱来的，是必然的可能性，这一点我并不苟同。变异性的效应由于遗传和返祖的不同程度而发生变化。变异性是由许多未知的法则所支配的，特别是相关生长法则。有的可以归因于生活条件的直接作用。有的必须归因于使用和不使用。于是，最终的结果便变得无限复杂了。在某些个案中，我并不怀疑，不同原种的杂交在家养品种的起源上起了重要的作用。在任何地方，若干家养品种一经形成之后，偶然的杂交，辅之以选择，无疑对于新亚种的形成大有帮助；但对于动物和实生植物，依我看变种杂交的重要性就过分地夸张了。对于用插枝、芽接等方法进行暂时繁殖的植物，物种和变种杂交的重要性是极大的，因为栽培者在这里可以不必顾虑杂种和混种的极度变异性以及杂种的不育性；可是非实生植物的个案对于我们不重要，因为其耐久性只是暂时的。我认为，选择的累积作用，无论是按部就班迅速地进行的，还是无意识地缓慢而更有效地进行的，都超出这些变化原因之上，远远是最具优势的“力量”。

第二章

自然变异

变异性——个体差异——存疑的物种——分布广、分散大和普通的物种变异最多——各地大属的物种比小属的物种变异更频繁——大属里许多物种就像变种，有很密切的、但不均等的相互关系，并且分布区域有限。

在把前一章所得到的各项原则应用到自然状况下的生物之前，我们必须简单地讨论一下，后者是否容易发生变异。要充分讨论这一问题，必须举出一长列枯燥无味的事实；不过这些我准备留到将来的著作里。这里也不讨论物种这个术语的各种定义。至今没有一项定义能使全体学者都满意；然而谈到物种的时候，他们都模糊地知道是什么意思。这个术语一般含有创世作用这一未知要素。“变种”这个术语几乎也是同样地难下定义；但是几乎普遍地蕴含世系群落的意义，虽然很少能够得到证明。还有所谓的畸形也难以解释，但它们逐渐变成变种。我认为畸形是指结构上某部分显著偏差而言，对于物种要么是有害的，要么是无用的，一般不加以传播。有些作者是在专门意义上来使用“变异”术语的，它的含义是直接由物理的生活条件所引起的一种变化；这种意义的“变异体”假定为不能遗传的；但是波罗的海半咸水里贝类的矮化状态、阿尔卑斯山顶的矮化植物、极北地区动物的增厚毛皮，谁能说在某些情形下至少不遗传数代呢？我认为这种情况下，该类型是可以称为变种的。

此外，还有许多微小差异，都可叫作个体差异。比如我们熟悉的经常在同父母的后代中所出现的，或者在同一局限区域内栖息的同种个体中所经常观察到的而且可以设想也是这样发生的差异。没有人会假设，同种的一切个体都是在相同的模型里铸造出来的。这种个体差异对于我们十分重要，因为这为自然选择提供了材料，可以积累，就像人类在家养生物里朝着一定的方向积累个体差异那样。这种个体差异，一般作用于学者们认为不重要的那些部分；但是我可以用一连串事实阐明，无论从生理学或分类学的观点来看，都必须称为重要的那些部分，有时在同种个体中也会发生变异。我相信，哪怕经验最丰富的学者也会对变异性个案之多感到惊奇，即使是结构的重要部分也不例外；只需花上若干年，就可以同我一样搜集到这种权威的材料。我们应该记住，分类学家很不乐意在重要性状中发现变异性，而且很少有人愿意费神去检查重要的内部器官，并在同种的许多标本间加以比较。我从来不会料到，昆虫的靠近大中央神经节的主干神经分枝，在同一个物种里会发生变异；本来还认为这种性质的变异只能缓慢地进行；然而最近卢伯克（Lubbock）爵士阐明，胭脂虫（coccus）的主干神经具有一定程度的变异，几乎可以与树干的不规则分枝相提并论。我补充一句，这位富有哲理的学者最近还阐明，某些昆虫幼虫的肌肉绝非千篇一律。有人说重要器官决不变异，这往往是循环论证，因为正是这些人实际上把不变异的性状当作重要的（少数学者老实坦白过）。在这种观点下，自然就找不到重要器官发生变异的例子了；但在任何其他观点下，却可以确凿地举出许多例子来。

同个体差异相关的，有一点使我非常困惑：我是指有人称为“变形的”（protean）或“多形的”（polymorphic）那些属，其中的物种表现了无节制的变异量。关于这些类型应列为物种还是变种，几乎没有两位学者的意见是一致的。我们可以列举植物里的悬钩子属（*Rubus*）、蔷薇属（*Rosa*）、山柳菊属（*Hieracium*）以及昆虫类和腕足类（Brachiopod shells）的几属为例。在大多数多形的属里，有些物种具有稳定的和一定的性状。除了少数例外，在一个地方为多形的属，似乎在别处也是多形的，并且从腕足类来判断，在早先的时代也是这样的。这些事实使人很困惑，因为它们似乎阐明这种变异是独立于生活条件之外的。我猜想，在某些多形的属里所看到的变异，处于对物种是无用的或无害的结构点，因此自然选择对于它们就不起作用，从而不能固定下来，详见后文的说明。

有些类型，在相当程度上具有物种的性状，但同其他类型密切相似，或者由中间级进而同其他类型密切相关，学者们不愿列为不同的物种；其实它们在若干方面对我们是极其重要的。我们很有理由相信，这些密切亲缘的存疑类型有许多曾在本地长久持续保存它们的性状，据我们所知，和良好的真种一样天长地久。实际上，学者们能够用具有中间性状的其他类型把两个类型连接在一起，就是把一个类型当作另一个的变种；他把最普通的一个，但常常是最初记载的类型作为物种，而把另一个作为变种。可是在决定是否把一个类型作为另一类型的变种时，哪怕两者被中间连锁紧密地连接在一起，也是有严重困难的，我并不准备在这里把这些困难列举出来；即使中间连锁具有一般所假定的杂种性质，也常常不能解决这种困难。然而在很多情形下，一个类型之所以被列为另一个的变种，并非因为确已找到了中间连锁，而是因为观察者采用了类推的方法，便假设中间连锁现在确在某些地方生存着，或者它们从前可能生存过；这样，就为疑惑、臆测打开了大门。

因此，当决定一个类型应列为物种还是变种的时候，有健全判断力、丰富经验的学者的意见，似乎是应当遵循的唯一指针。然而，在许多情况下，我们必须依据大多数学者的意见来决定，因为很少有标记显著而熟知的变种不曾被至少几位能干的鉴定者列为物种的。

具有这种存疑性质的变种所在皆是，无可争辩。把不同学者所著的几部英、法、美植物志比较一下，我们就可看出有何等惊人数目的类型，往往先后被列为真物种和区区变种。多方帮助我而使我感激万分的沃森（H. C. Watson）先生告诉我说，现在有 182 种英国植物一般被当作变种，但是过去统统都被列为物种；在他开列这张名单时，省略了许多细小的变种，然而它们也曾被列为物种，此外把若干高度多形的属完全省略了。在包含着最多形的类型的属之下，巴宾顿（Babington）先生列举了 251 个物种，而本瑟姆（Bentham）先生只列举了 112 个物种——就是说差额有 139 个存疑类型！在每次生育必须交配、具有高度移动性的动物里，分别被学者列为物种和变种的存疑类型，在同一地区很少看到，但在分隔的地区却很普通。在北美洲和欧洲，有多少鸟和昆虫，彼此差异很微，却分别被大学者或列为无可怀疑的物种，或列为变种，或常把它们称为地理族！多年前，我曾比较过、看别人比较过加拉帕戈斯群岛（Galapagos Archipelago）上鸟类的相互异同，以及这些鸟与美洲大陆的鸟的异同，深深感到物种和变种之间的区别是何等的含糊和任意。小马德拉群岛（Little Madeira group）的小岛上有许多昆虫，沃拉斯顿（Wollaston）先生的力作把它们看作变种，但许多昆虫学者毫无疑问地会将它们列为物种。甚至爱尔兰也有少数动物，曾被学者看作物种，但现在一般却被看作变种。若干经验丰富的鸟类学家认为英国的红松鸡只是挪威种的一个特性显著的族，然而大多数人则把它列为英国特有的非存疑物种。两个存疑类型的原产地如果相距遥远，许多学者就会把双方都列为物种；但是，有人问得好，多远的距离才算是足够遥远的呢？如果美洲和欧洲距离足够的话，那么欧洲到亚速尔群岛（the Azores）、马德拉群岛、加那利群岛（the Canaries）、爱尔兰之间的距离是否足够呢？必须承认，有许多被鉴定家认为是变种的类型，拥有着完美的物种性状，也就被另外一些鉴定家列为货真价实的物种了。但在这些术语的定义还没有得到普遍接受之前，就来讨论什么应该称为物种，什么应该称为变种，乃是无的放矢啊。

许多关于特征显著的变种或存疑物种的个案，很值得考虑；因为在试图决定它们的级位上，从地理分布、相似变异、杂交等方面已经展开了若干有趣的论据路线。我在这里只提出一个实例——众所周知的报春花属（*Primrose*）和樱草（cowslip）或黄花九轮草（*Primula veris*）和高报春（elatior）。这些植物外表大不相同，味道不同，气味不同，开花期略微不同，生境有点不同，上山高度不同，地理分布区不同，最后是仔细的观察者盖特纳（Gartner）多年来所做的大量实验表明，它们杂交非常困难。我们简直无法指望有更好的证据来证明两个类型是不同物种了。另外，它们由许多中间环节联合起来，而这些中间环节是否杂种是存疑的。依我看，铺天盖地的实验证据表明，它们从共同的亲种传衍下来，因此必须列为变种。

在大多数情形下，过细的调查可以使学者们对存疑类型的分级取得一致的意见。然而必须坦言，在研究得最透彻的地区，所见到的存疑类型的数目也最多。我惊异地发现，如果自然状况下的任何动植物对人极有用，或为了任何原因能引起人们的密切注意，那么它的变种就几乎普遍地记载下来了。而且这些变种往往被某些作者列为物种。看看普通的栎树（oak），研究得何等精细呀；然而，一位德国作者竟从其他学者普遍认为是变种的类型中确定了 12 个以上的物种；在英国，可以举出一些植物学的最高权威和实际工作者，有的认为无梗的和有梗的栎树是物种，有的仅仅认为它们是变种。

青年学者开始研究陌生的生物类群时，倍感困惑的首先就是决定什么是物种的差异，什么是变种的差异。他对这个生物类群所发生的变异量和变异种类一无所知；这至少可以表明，生物发生某种变异是多么普遍。但是，如果把注意力集中于一个地区里的某一类生物，就会很快决定如何去分级大部分的存疑类型。他一般倾向于定出许多物种，就像前文讲过的养鸽和养鸡爱好者那样，他所不断研究着的那些类型的差异量将会给他留下深刻的印象；而在其他地区和其他生物类群的相似变异方面，他缺少一般知识，无法用来校正他的最初印象。等到他扩大了观察范围，就会遇到更多困难；他将遇到数目更多的密切近似类型。但是，如果进一步扩大他的观察范围，最后将能够有所决定何谓变种，何谓物种；不过他要在这方面获得成功，代价是承认大量的变异，然而这样承认是否正确，往往会引起其他学者的争议。何况，如果从现今已不连续的地区找来亲缘类型加以研究，他就没有希望找到存疑类型的中间环节，于是不得不几乎完全依赖类推的方法，这就会使他的困难登峰造极。

在物种和亚种之间，当然还没有划出过明确的界限——亚种就是类型里面有些学者认为已很接近物种，但还没有完全达到物种那一级；还有，在亚种和显著的变种之间，在较不显著的变种和个体差异之间也是一笔糊涂账。这些差异被一个不易察觉的系列彼此混合，而该系列令人产生存在实际过渡的印象。

因此，我认为，个体差异虽对分类学家无足轻重，对我们却很重要，这是分辨轻度变种的第一步，而博物学著作认为不值得记载那些变种。我认为，任何程度上比较显著、比较永久的变种都是走向更显著、更永久变种的步骤；而后者是走向亚种、走向物种的步骤。从一个阶段的差异到另一个高级阶段的过渡，在某种情况下，可能仅仅是由于长久连续居于两个不同地区、不同物理条件之下的结果；但这种观点使我信心不足。我把一个变种从略不同于亲种的状态到更加不同的状态的过渡，归因于自然选择的累积（容以后详论）作用，在某个确定的方向积累构造的差异。所以我认为显著的变种可以理直气壮地叫作初始物种；但是这种观点是否合理，必须根据本书所举出的各种事实和论点，通盘权衡，加以判断。

不必设想一切变种或初始物种都能达到物种的一级。它们也许会在初始状态中绝灭，或者长时期地停留在变种的阶段，如沃拉斯顿先生所指出的马德拉地方的某些化石陆地贝类的变种便是这样。如果一个变种很繁盛，而超过了亲种的数目，那就会被列为物种，而亲种就当作变种了；或者它会淘汰消灭亲种；或者两者并存，都排列为独立的物种。我们以后还要回来讨论这一问题。

从上述可以看出，我认为物种这个术语是为了便利而任意加于一群互相密切类似的个体的，它和变种这个术语在本质上并没有区别，变种是指区别较少而波动较多的类型。还有，变种这个名词和个体差异比较，也是为了便利而任意取用的。

在理论的指导下，我曾经想，将若干编著完备的植物志中的所有变种排列成表，对于变化最多的物种的性质和关系，也许能获得一些有趣的结果。乍一看，这似乎是一件简单的工作；但是，不久沃森先生使我相信其中难点重重，我深深感谢他在这个问题上的宝贵忠告和帮助，以后胡克博士也这么说，甚至语气更重。这些难点和各变异物种的比例数目表，将留在将来的著作里再予讨论。胡克博士细读了我的原稿，检查了表格之后，他允许我补充说明，他认为下面的论述可以成立。然而，这里虽然讲得很简单，但整个问题是相当令人困惑的，并且不能不涉及“生存斗争”“性状的分歧”等问题，容以后讨论。

德康多尔（Alph. de candolle）等人阐明，分布很广的植物一般会出现变种；这在意料之中，因为暴露在不同的物理条件之下，还要和各类不同的生物进行竞争（以后将看到，这一点是更重要的条件）。但是我的表格进一步阐明，在任何有限制的地区里，越是普通的物种，即个体越多的物种，以及在自己的区域内分散越广的物种（这和分布广的意义不同，和普通也略有不同），往往发生特征足够显著的变种，记载在植物学著作中。因此，越是繁盛的物种，或者称为优势物种——它们分布最广，在本区域内分散最广，个体的数量最多——就越产生显著的变种，或我所称的初始物种。这也许在预料之中，因为作为变种，要在任何程度上变成永久，必定要和该区域内的其他居住者进行斗争；已经占优势的物种，最有可能产生特定后代，虽然有轻微变异，还是继承了使亲种战胜同地生物的那些优点。

如果把任何植物志上记载的某地方生长的植物分作相等的两个群，把所有大属的植物放在一边，所有小属的植物放在另一边，则可发现大属那边很普通的、极分散的物种或优势物种略多。这也在预料之中，仅仅因为在任何地域内栖息着同属的许多物种，就表明该地有机、无机的条件里存在有利于该属的东西；结果，在大属里，即含有许多物种的属里，可望发现比例数目较多的优势物种。但是，可使这种结果暧昧不明的原因实在多，真奇怪我的表格甚至表明大属这一边略占多数。我在这里只提出两个暧昧的原因。淡水产喜盐的植物一般分布很广且极分散，但这一点似乎和它们居住地方的性质有关，而和该物种所归的属之大小关系很少或没有关系。还有，体制低级的植物一般比高级的植物分散得更加广阔；而且这和属的大小也没有密切关联。体制低级的植物分布广的原因，将在“地理分布”一章讨论。

由于我把物种看作只是特性显著、定义明确的变种，所以预料各地大属的物种应比小属的物种更常出现变种；因为，无论哪里有许多密切近似物种（即同属的物种）形成，一般应有许多变种即初始物种正在形成。哪里有许多大树生长，哪里可望找到幼苗。哪里有属的许多物种因变异而形成，哪里的条件必有利于变异；因此，可望这些条件一般还会继续有利于变异。相反，我们如果把各个物种看作是特别创造出来的，就没有明显的理由来说明，为什么含有多数物种的类群比含有少数物种的类群会产生更多的变种。

为了测试这种预料的正确性，我把 12 个地区的植物及两个地区的鞘翅类（coleopterous）昆虫排列为差不多相等的两群，大属的物种的排一边，小属的物种排另一边；结果毫无例外地证明了，大属一边比小属一边产生变种的物种的比例更高。另外，产生任何变种的大属物种，一律比小属的物种所产生的变种平均更多。如果采用另一种分群方法，彻底排除表内只有一个到四个物种的最小属，同样得到了上述的两种结果。这些事实清楚地表明，物种仅是显著标记而永久的变种而已；无论哪里同属的物种大量形成，或者不妨说，哪里的物种制造厂活动过，我们一般应该可以发现这些工厂仍在活动，特别是我们可以有充分的理由相信，新物种的制造是一个缓慢的过程。如果把变种看作初始物种，上述这一点肯定属实；因为我的表格一般清楚地表明，无论哪里属的物种大量形成，这个属的物种产生的变种（即初始物种）就会在平均数以上。倒不是说所有大属现在变异都很大，因而都在增加物种数量，也不是说小属现在都不变异，不增加物种；否则我的学说就要受到灭顶之灾。地质学明白地告诉我们，小属随着时间的推移常常会大事增大；而大属常常已经达到顶点，衰落消失。我们所要阐明的仅仅是，哪里有属的物种大量形成，一般说来就有许多物种还在形成；这可谓言之有理。

大属的物种和其中有记载的变种之间，有值得注意的其他关系。我们已经看到，辨别物种和显著变种并没有颠扑不破的标准；在存疑类型之间没有找到中间环节的时候，学者就不得不依据它们之间的差异量来决定，用类推的方法来判断其差异量是否足够把一方或双方升到物种的等级。因此，差异量就成为解决两个类型究竟应该列为物种还是变种的极其重要的标准。弗里斯（Fries）曾就植物，韦斯特伍德（Westwood）曾就昆虫说明，大属里物种之间的差异量往往极小。我曾努力以平均数来测试这种情形，所得到的粗浅结果总是能证实这种观点。我还询问过几位睿智的、经验丰富的观察者，他们三思之后也赞同这种意见。所以，在这方面，大属的物种比小属的物种更像变种。这种情形可换一种说法，也就是说，在大属里，超过平均数的变种即初始物种现在还在制造中，许多已经制造成的物种在某种程度上还是和变种相似，因为这些物种彼此的差异不及普通的差异量大。

而且，大属内物种的相互关系，同任何一个物种的变种是相似的。没有一位学者宣称，属内的全部物种在彼此区别上是相等的；一般地可以把它们区分为亚属、组（sections）或更小的类群。弗里斯说得好，小群物种一般就像卫星环绕在其他物种的周围。因此，所谓变种，还不是一群类型，它们的彼此关系不均等，环绕在某些类型——即环绕在其亲种的周围？变种和物种之间无疑存在着一个极重要的不同点，即变种彼此之间的差异量，或与其亲种的差异量，比起同属的物种之间要小得多。但是，当我们讨论到我称为“性状的分歧”的原则时，将会看到如何解释这一点，变种之间的小差异将倾向于增大为物种之间的大差异。

我看还有一点值得注意。变种的分布范围一般都十分有限；这话确是不讲自明的，如果发现一个变种比它的假定亲种有更广阔的分布范围，那就应该把名称倒转过来了。但是，我们也有理由相信，同其他物种密切相似的并且类似变种的物种，常常有极有限的分布范围。例如，沃森先生曾把精选的《伦敦植物名录》(*London Catalogue of plants*，第四版）列为物种的 63 种植物指给我看，但他认为它们同其他物种太相似，所以价值存疑。根据沃森先生所做的英国区划，这 63 个所谓物种的分布范围平均为 6.9 区。在同一《名录》里，记载着 53 个公认的变种，分布范围为 7.7 区；而这些变种所属的物种的分布范围为 14.3 区。所以公认的变种和密切相似的类型具有几乎一样的有限平均分布范围，后者就是沃森先生指出的所谓存疑物种，但它们几乎普遍地被英国学者们列为货真价实的物种了。

最后，变种具有与物种相同的一般性状，无法和物种区别——除非，第一，发现了中间的连锁类型，而这种连锁的出现不能影响其所连接的类型的实际性状；第二，两者之间具有一定的差异量，因为两个类型如果差异很小，一般列为变种，虽然并没有发现中间的环节类型，但是给予两个类型物种地位所需要的差异量却是不确定的。在任何地方，含有超过平均数的物种的属，其中的物种也有超过平均数的变种。在大属里，物种易于密切但不均等地相互近似，环绕某些物种形成小群。与其他物种密切近似的物种显然具有有限的分布范围。在上述这些方面，大属的物种极类似于变种。如果物种曾经作为变种而生存过，并且是由变种产生的，我们便可以明白这种类似性；然而，如果各物种是独立创造的，这种类似性就完全不能解释了。

我们还看到，大属中越是繁盛的优势物种，平均变种越多；而我们以后也将看到，变种倾向于变成新物种。因此大属倾向于变得更大；在自然界中，现在占优势的生物类型由于留下了许多变异了的优势后代，倾向于更加占有优势。但是经过以后要说明的步骤，大属也有分裂为小属的倾向。这样，全世界的生物类型就在类群之下又分为隶属类群了。

第三章

生存斗争

对自然选择的影响——该术语的广义运用——几何级数的增加——归化动植物的迅速增加——抑制增加的性质——竞争的普遍性——气候的影响——个体数目的保护——全体动植物在自然界的复杂关系——同种的个体和变种间生存斗争最剧烈；同属的物种间也往往剧烈——生物与生物的关系是一切关系中最重要的。

进入本章的主题之前，我必须先说几句开场白，表明生存斗争对于“自然选择”的影响。前一章已经谈到，自然状况下的生物是有个体变异的；这一点从未听说有争论。把一群存疑类型叫作物种、亚种或变种，对于我们无关紧要。例如，只要承认有显著变种存在，把英国植物中二三百个存疑类型列入哪一级都没有关系。但是，仅仅有个体变异和少数显著变种的存在，虽然为本书打基础是必要的，但很少能够帮我们理解物种在自然状况下是怎样发生的。体制的这一部分对于另一部分及其对于生活条件的一切巧妙适应，生物之间的一切巧妙适应，是怎样完善的呢？在啄木鸟和槲寄生的身上，我们明显看到了这种美妙的相互适应；在依附兽毛、羽毛之上的最下等寄生物上，在潜水甲虫的构造上，在微风中飘荡的冠毛种子上，也差不多同样明显；简而言之，无论何地和生物界的每一部分，都能看到美妙的适应。

不妨再问一下，变种即我所谓的初始物种，最终怎样变成货真价实的物种了呢？在大多数情形下，物种间的差异，显然远远超过了同一物种的变种间的差异。那些组成所谓属的种群间的差异比同属物种间的差异为大，这些种群是怎样产生的呢？所有的这些结果都不可避免地是从生存斗争中得来的，下一章将充分论述。由于生存斗争，变异无论多么轻微，无论由于什么原因产生，只要任何物种的个体在与其他生物、与自然界的无限复杂关系中得益，就会倾向于保存该个体，并且一般会让后代继承下来。后代也因此有了较好的生存机会，因为任何物种间歇性产生的许多个体，只有少数能够生存。我把保存每一个有用的微小变异的这一原则称为“自然选择”，表明它和人工选择力的关系。我们已经看到，人类利用选择，确能产生伟大的结果，并且通过累积自然之手所给予的微小而有用的变异，能使生物适合于自己的用途。但是我们以后将看到，自然选择是一种不断随时激活的力量，它无比地优越于微弱的人力。天工无限优于人工。

现在就生存斗争稍加详论。我以后的著作还要大事讨论这个问题，完全值得讨论。老德康多尔（the elder de Candolle）和赖尔已经富于哲理性地阐明了，一切生物都暴露在剧烈的竞争之中。关于植物，曼彻斯特区监督牧师赫伯特（W. Herbert）以无人能及的气魄和才华进行了讨论，显然来源于渊博的园艺学知识。口头上承认生存斗争的普遍性，是再容易不过的事情，但至少我认为，对这一结论要念念不忘却难上加难。然而，我认为，除非在思想上彻底体会这一点，否则我们对于包含着分布、稀少、繁盛、灭绝以及变异等各种事实的整个自然系统，就是认识模糊或完全误解。我们看见自然界的外貌喜气洋洋，我们常常看见食物过剩，却看不见或者忘却安闲地在周围唱歌的鸟，多数是以昆虫或种子为生的，因而经常性地在毁灭生命。我们会忘记这些鸣禽，它们的蛋或幼鸟，会被猛禽猛兽所大批毁灭。我们并非总是记得，食物虽然现在是过剩的，但并不见得每年的所有季节都是这样的。

我应当先设定，术语生存斗争采取广义的比喻义，包含生物的相互依存关系，更重要的，不仅仅是个体保命且成功留下后代。两只犬动物在饥饿的时候，为了生存争食，可以说是在实实在在地互相搏斗。但是，生长在沙漠边缘的植物，可以说是在抗旱求生存，但适当地应该说，它是依存于潮气。一株植物，每年结一千粒种子，但平均只有一粒能成熟结籽，可以确切地说，它是在和覆被地面的同类和异类植物做斗争。槲寄生依存于苹果树和少数其他树木，但只能牵强附会地说它在和这些树木做斗争，一株树上这种寄生物过多会枯死。但是如果几株槲寄生苗密集地寄生在同一枝条上，就可以实实在在地说是在互相斗争。槲寄生是由鸟类散布的，所以生存便取决于鸟类；可以比喻地说，为了引诱鸟类来吞吃果实从而散布种子，就是在和其他结籽植物做斗争了。在这几种彼此交叉的意义中，我出于方便，采用了生存斗争这一通用术语。

所有生物都有高速增殖的倾向，生存斗争不可避免。各种生物在其自然寿命中都会产生若干卵或种子，在生命的某一时期、某一季节或者某一年，必定要遭到毁灭，否则按照几何级数增加的原则，数量就会很快多得泛滥，没有地方能够容纳。因此，由于产生的个体比能生存的多，无论如何一定会发生生存斗争，或者同种个体之间斗争，或者同异种的个体斗争，或者同外界的生活条件斗争。这是马尔萨斯学说成倍地应用于整个的动植物界；在这种情形下，既不能人为地增加食物，也不能谨慎地限制交配。虽然某些物种现在可以或快或慢地增加数目，但是所有的物种并不能这样，因为世界容纳不下它们。

毫无例外，各种生物都自然地高速增殖，如果不加以毁灭，一对生物的后代很快就会充满这个地球。即使生殖缓慢的人类，也在 25 年间增加了一倍，照此速率类推，几千年以后，其后代就没有立足之地了。林奈（Linnaeus）计算过，如果一株一年生的植物只结两粒种子（生殖力这样低的植物是没有的），幼株翌年也只各结两粒种子，这样下去，20 年后就会有一百万株了。大象在所有已知的动物中可谓是生殖最慢的，我曾费力去计算它在自然增殖方面最小的可能速率；可以保守地假定，它在 30 岁开始生育，直到 90 岁，在这期间共生 3 对小象；如果这样，500 年以后就会有 1500 万只象存在，它们都是第一对的后裔。

但是，这个问题除了理论计算，还有更好的证据；大量记载事例表明，自然状况下的各种动物如遇环境连续两三季都适宜的话，便会神速增殖。还有更触目惊心的证据，来自世界若干地方已返归野生状态的许多种类的家畜：生育慢的马和牛在南美洲以及近年来在澳洲的增殖率记录，若非确有实据，实难以置信。植物也是这样，以外地移入的植物为例，不到十年时间，就布满了全岛。现在阿根廷拉普拉塔（La Plata）广大平原上最普通的若干种植物，原来是欧洲引进的，可以密布数里格（1 里格 = 3 英里 ≈ 4.83 千米）的地面上，几乎排除了一切他种植物。还有，我听福尔克纳（Falconer）博士说，在美洲发现后从那里移入印度的一些植物，已从科摩林角（Cape Comorin）分布到喜马拉雅了。这些例子真是不胜枚举。在这些个案中，没有人假定这些动植物的能育性突如其来且暂时地明显增加了。解释不言而喻，生活条件是十分适宜的，结果，老幼动植物的毁灭减少了，几乎所有新生者都能生育。结果按几何级数增殖，令人瞠目结舌，这干脆地说明了归化动植物在新家为什么会神速增殖和广泛散布。

自然状况下，几乎每一植株都产生种子，而动物很少不是每年交配的。因此我们可以断定，一切动植物都有几何级数增殖的倾向，凡是能生存下去的地方，每一处都要迅速满员，而几何级数增加的倾向必须在生命某一时期加以毁灭抑制。我想，对大家畜熟门熟路，会把我们引入歧途，对大量毁灭视而不见，也就忘记了每年有成千上万家畜遭屠宰食用，而且在自然状况下好歹也得有相等的数目消灭掉。

生物有每年生产成千上万枚卵或种子的，也有只生产极少数卵或种子的，两者仅有的差别是，生殖慢的生物，在适宜的条件下需要稍稍长一些年限去布满整个地区，哪怕地方很大很大。秃鹰（condor）产两三枚卵，鸵鸟（ostrich）产二三十枚卵，然而在同一地区，秃鹰可能为数更多；管鼻鹱（*Fulmar petrel*）只产一枚卵，但公认是世界上数量最多的鸟。一种蝇产卵成百上千，另一种蝇，如虱蝇（*Hippobosca*）只产一枚卵，但生卵数量多少并不能决定两个物种在一个地区内可以生存下来多少个体。所依赖的食物大起大落的物种，多产卵是较重要的，因为可以迅速增殖。但是大量产卵或种子的真正重要性，却在于补偿生命某一阶段的大量毁灭；大多数情况下，这个阶段就是初始期。如果动物能设法保护住卵或幼仔，少量生产仍然能充分保持平均数量；如果卵或幼仔遭到大量毁灭，就必须大量生产，否则物种就要灭绝。假如有一种树平均能活一千年，哪怕千年产一粒种，假定种子不毁，又能保证在适宜的地方萌发，这就足以保持这种树的数目了。所以，在所有情况下，任何动植物的平均数目只间接地取决于卵或种子的数目。

我们在观察大自然的时候，千万要记住上述论点，千万不要忘记周围每一个生物都在竭力增殖，每一种生物在生命的某一时期要靠斗争而生活；千万不要忘记在每一世代或者间隔几代，大毁灭不可避免地要降临在幼者或老者的身上。只要少许减轻抑制作用，只要缓和毁灭，物种的数量几乎立刻就会大幅增加。大自然的面孔可以比作高产的表面，密密麻麻打入了万千尖利的楔子，不停地击打向内插，有时候击打一根楔子，然后会加大力气去击打另一根。

各个物种有增殖的自然倾向，其抑制因素极其含糊。看一看最生机勃勃的物种，其数量越是密密匝匝，进一步增殖的倾向也越强。抑制增殖的因素究竟是什么，我们连一个事例也弄不明白。这也不足为怪，只要想一想，我们在这方面是何等无知，哪怕对于远比任何其他动物更了解的人类也是如此。这一主题已有若干作者高论过了，我期望将来在自己的著作里详论抑制增殖的因素，特别是对于南美洲的野生动物。这里我只稍微谈一谈，需要让读者注意几个要点。卵或幼小动物一般看起来受害最多，但不能一概而论。植物的种子被毁的极多，但从我所做的某些观察得知，在已布满他种植物的土地上发芽时，幼苗受害最多。幼苗还会被各种敌害大量毁灭。例如，一块 3 英尺长、2 英尺宽的土地经翻耕除草后，不会再受其他植物的抑制，土著杂草出秧时，我在所有幼苗上做了记号，357 株中，不下 295 株毁灭了，主要是蛞蝓和一些昆虫吃掉了。草皮经过长期修剪，或被四脚兽细嚼慢咽过，如果让草任意生长，较强的植物会逐渐灭掉不强的，哪怕后者已经长大。例如在一小块草皮［3 英尺（计 91.44 厘米）乘 4 英尺（计 121.92 厘米）］上生长着 20 个物种，其中 9 个物种由于其他物种的自由生长而死亡了。

每个物种所能吃到的食物数量，当然为各物种的增殖划了极限；但决定一个物种的平均数量，往往不在于获得食物，而在于他种动物的捕食。例如，似乎很少有人怀疑，任何大庄园的鹧鸪、松鸡、野兔的数量主要决定于有害兽的消灭。如果在今后的 20 年中，英格兰不射杀一个猎物，同时也不消灭有害兽，那么猎物很有可能比现在还要来得少，虽然现在每年要射杀百十万只。相反，在某些情形下，例如象和河马，是不会被食肉兽捕杀的；在印度，甚至老虎也极少敢于攻击在母象保护下的小象。

气候在决定物种的平均数量方面至关重要，我认为极端寒冷或干旱季节的不时出现，是最有效的抑制因素。我估算过，1854—1855年的冬季，我的居住地的鸟类的死亡率可达 $\frac{4}{5}$；这真是重大的毁灭，我们知道，如果人类因传染病而死去10%，便是惨重的死亡率了。气候的作用乍看似乎同生存斗争无关，而由于气候的主要作用在于减少食物，便引发了同种、异种的个体间最激烈的斗争，因为它们靠同样的食物生存。哪怕是气候，例如严寒直接发生作用时，受害最大的还是最不健壮的个体，或者入冬后获得食物最少的个体。我们从南往北走，或从湿润地区到干燥地区，必定会看出某些物种渐次稀少，最后绝迹。气候的变化显而易见，我们不免把这整个的效果归因于它的直接作用。但这种见解大错特错了，我们忘记了，各个物种即使在其最繁盛的地方，也经常在生命的某一时期由于敌害或同一地方的同一食物的竞争者而大量毁灭。只要气候有轻微变化而稍有利于这些敌害或竞争者，它们便会增殖；由于各个地区都已布满了生物，其他物种便要减少。我们向南走，如果看见某一物种数量越来越少，就可以断定，其原因可以是别的物种受了益，也可以是这个物种受了损。向北走的情形也是这样，不过程度稍轻，因为各类的物种数量向北去都在减少，所以竞争者也减少了；因此向北走或登山时，往往就比向南走或下山时见到的植物矮小，这是由于气候的直接有害作用所致。我们到达北极区、积雪的山顶、纯粹的沙漠时，生物几乎单单是同自然环境进行生存斗争了。

花园里巨大数量的植物完全能够忍受我们的气候，但是永远不能归化，因为无法和土著植物进行斗争，也不能抵抗土著动物的侵害。显而易见，气候主要是间接起作用，有利于其他物种。

如果一个物种由于高度适宜的环境条件在一个小地域内过分增殖了，常常会引起传染病的发生，至少我们的猎物一般是如此。这里的限制性抑制因素同生存斗争不相干。但是，甚至有些所谓传染病似乎是由寄生虫所致，由于某原因，部分地可能是由于动物拥挤易于传播，寄生虫不对称地受益，这里就发生了某种寄生物和寄主间的斗争。

另一方面，在许多情形下，面对敌害，同种个体绝对需要大数量才能保存。例如，我们能轻易地在田间种植大量的五谷和油菜籽等，因为种子和以此为食的鸟类数量相比，大为过剩，鸟在这一季里虽然食物异常丰富，却不能按照种子供给的比例增殖，其数量在冬季受抑制。人们一试便知，要想从花园里的少量小麦这类植物获得种子是多么麻烦；我就曾颗粒无收。同种的大群个体对于自身保存是必要的，这一观点，我相信可以解释自然界某些奇特的事实，例如极稀少的植物有时会在所生存的少数地方长得极其繁盛；某些丛生性植物，甚至在分布范围的边缘还能丛生，这就是说，个体是繁盛的。在这种情形下，我们可以相信，只有在许多个体能够共存的有利生活条件下，一种植物才能生存，这样才能抱团互助，免于全部覆灭。我还要补充一句，频繁杂交的优良效果，近亲交配的不良效果，也许在这些个案中起了作用；不过这一问题太复杂，这里不预备详述。

记载下来的很多个案表明，在同一地方势必进行斗争的生物之间的抑制因素和相互关系，是何等的复杂和出人意料。我只想举一个例子，虽然简单，但我感兴趣。我亲戚在斯塔福德郡（Staffordshire）有一座庄园，我在那里可以进行大量的调查。那里有一大片极度荒芜的荒地，从来没有耕种过；但有数百英亩性质完全一致的土地，曾在 25 年前圈了起来，种上了欧洲赤松（Scotch fir）。荒地种植的部分土著植物群落发生了极其显著的变化，远非两片不同的土壤上可以见到的一般变化程度可比：不但荒地植物的比例数完全改变了，且有 12 个植物种（不算禾本草类及苔草类）在种植园内繁生，而它们根本不见于荒地。对于昆虫的影响想必更大些，有 6 种不曾见于荒地的食虫鸟，在种植园内却很普遍；而经常光顾荒地的却是两三种食虫鸟。这里我们看到，只是引进一种树便会发生多么大的影响，当时除了把土地圈起来防止牛踏进去，什么也没有做。但是，圈地这种要素的重要性，我曾在萨里郡（Surrey）的费勒姆（Farnham）邻近的地方清楚地看到了。那里有广袤的荒地，远处小山顶上生长着几片老龄欧洲赤松。最近 10 年内，大块地方已圈地了，于是自然播种的赤松树层出不穷，密密麻麻地挤着，无法全部存活。当我确定这些幼树并非人工播种或移植，对于它们的数量之多大感惊异，于是去了数处观测点，观察了未圈地的数百英亩荒地，除了旧时种植的几丛，简直看不到一株欧洲赤松。但在荒地灌木的茎干之间细察时，我发现了许多幼苗和小树不时地被牛吃掉了尖头。离一片老树百把码的地方，一平方码的地上，共计有 32 株小树；其中一株，有 26 圈年轮，看来多年来曾试图把树顶伸出荒地灌木的树干之上，但没有成功。难怪一经圈地，便有生气勃勃的幼龄松树密布在土地上面了。可是这片荒地曾经极其荒芜而且辽阔，没有人会想象到牛竟能这样细密地来觅食，而且颇有斩获。

由此可见，牛绝对决定着欧洲赤松的生存；但在若干地区，昆虫决定着牛的生存。大概巴拉圭在这方面有最奇异的事例；那里从来没有牛马或犬重返野生的现象，但南来北往都有这些动物在野生状态下成群行动；亚莎拉（Azara）和伦格（Rengger）阐明，这是由于巴拉圭的某种蝇过多所致，这种蝇就在初生幼畜的脐中产卵。此蝇虽多，但其增殖想必常遇到某种抑制，大概是鸟类吧。因此，如果巴拉圭某种食虫鸟（其数量大概受老鹰或猛兽调节）增多了，蝇就要减少——于是牛马可能成为野生的了，而这一定会使植物群落大为改变（我确在南美洲一些地方看到过这种现象）；同时这又会大大地影响昆虫；从而又会影响食虫鸟，恰如我们在斯塔福德郡所见，如此循环往复，复杂关系不断扩大。这个系列从食虫鸟始，又以食虫鸟终。倒不是自然界里的各种关系都可以这样简单。战斗之中套着战斗，必定反复发生，成败无常；尽管区区琐事往往能使一种生物战胜另一种生物，然而从长远看，各种势力是微妙平衡的，自然界可以长期保持划一的面貌。然而我们是多么无知，又是多么自说自话，一听到一种生物的灭绝就大惊小怪；又不知道其原因，就提出毁灭世界的灾变说，或者创造出一些法则来规定生物类型的寿命！

我想再举一个事例，说明自然界等级中相距甚远的动植物如何被复杂的关系网联结在一起。以后还有机会阐明，英格兰这个地区的外来植物亮毛半边莲（*Lobelia fulgens*）从来没有昆虫光顾，结果由于它的特殊结构，从不结籽。许多兰科植物都绝对需要蛾子的光顾，带走花粉块，从而使其受精。我还有理由相信，大黄蜂是三色堇（*Viola tricolor*）受精所不可缺少的，因为别的蜂类都不来光顾这种花。我从试验里发现，蜂类的光顾对于三叶草（clover）受精，哪怕不是不可或缺，也至少是高度有益的。只有大黄蜂才光顾红三叶草（苜蓿，*Trifolium pratense*），因为别的蜂类都不能接触到它的花蜜。因此，我不怀疑，如果英格兰的整个大黄蜂属都灭绝了或变得稀少，三色堇和红三叶草的数量也会变得稀少，或全部消失。任何地方的大黄蜂数量大都是由鼠的多少来决定的，田鼠毁灭蜂房蜂群。纽曼（H. Newman）先生长期研究过大黄蜂的习性，认为“全英格兰 $\frac{2}{3}$ 以上的大黄蜂都是这样消灭的”。众所周知，鼠的数量大多取决于猫的数量；纽曼先生说：“在村庄和小镇的附近，我看见大黄蜂窝比别的地方多，我把这一点归因于有大量的猫在捕鼠的缘故。”因此可以相信，一处地方有大量的猫科动物，先干预鼠，再干预蜂，就可以决定该地区内某些花的数量多少！

针对每一个物种，在不同的生命时期、不同的季节和年份，有多种不同的抑制因素会出现，对其发生作用；其中某一种或者某少数几种抑制作用一般最有力量，但在决定物种的平均数，乃至它的生存上，则需要共同发挥作用。有时候可以阐明，同一物种在不同地区所受到的抑制作用大相径庭。当我们看到纠缠在岸边的植物和灌木时，易于把它们的比例数和种类归因于所谓的偶然机会。但这是大错特错的！谁都听说过，美洲森林砍伐以后，便有很不同的植物群落生长起来；但已经有人谈到，美国南方的印第安古冢上现在生长的树木同周围的处女林相似，呈现了同样美丽的多样性和同样比例的各类植物。千百年来，在每年各自成千上万散播种子的若干树类之间，想必进行了十分激烈的斗争；昆虫和昆虫之间——昆虫、蜗牛等动物与猛禽、猛兽之间——进行了何等的战争啊，它们都努力增殖，彼此相食，或者吃树、吃树的种子和幼苗，或者吃最初密布于地面而抑制这些树木生长的其他植物！将一把羽毛抛出，都必须依照一定的法则落到地面上；但是这个问题比起无数动植物之间的关系，就显得非常简单了，动植物的作用和反作用在千百年里决定了现今生长在印第安废墟上各类树木的比例数和种类！

生物彼此间的依存关系，有如寄生物之于寄主，一般是在性状级别远的生物之间发生的。严格意义上，彼此进行着生存斗争的生物往往如此，例如飞蝗类和食草兽。不过同种个体之间的斗争几乎都是你死我活的，因为住同一区域，需要同样的食物，还遭遇同样的危险。同种的变种之间的斗争一般差不多都是同等剧烈的，而且我们有时看到争夺很快就见分晓。例如几个小麦变种混播，然后把混杂的种子再播种，那些最适于土壤气候的，或者天生最能育的变种，便会打败别的变种，结籽更多，几年之后就会淘汰其他变种。哪怕极度相近的变种，如颜色不同的香豌豆，在混合种植时，必须每年分别采收种子，播种时再照适当的比例混合，否则弱种类的数量会不断减少而最终消失。绵羊的变种也是这样：有人断言，某些山地绵羊的变种能使另外一些变种饿死，所以不能混养。不同变种的医用蛭混养，结果也是这样。让任何一种家养植物或家畜的一些变种，像在自然状况下那样相互进行斗争，假如不每年选种或拣选幼畜，那么甚至可以怀疑这些变种有没有一模一样的体力、习性和体质，足以让一个混合群的原始比例维持六代之久。

由于同属的物种通常在习性和体质方面是相似的，并且在结构方面总是相似（虽然不是绝对如此），所以之间如发生竞争，斗争一般要比异属的物种之间更剧烈。近来有一种燕子在美国局部地区拓展了，致使另一种燕子减量，可见这一点都不谬。近些年来，苏格兰一些地方的槲鸫（missel-thrush）增量，导致歌鸫（song-thrush）的减量。我们不是每每听说，在千差万别的气候下，一个鼠种代替了另一个鼠种！在俄罗斯，小型的亚洲种蟑螂（Asiatic cockroach）入境之后，赶着大型蟑螂到处跑。一种田芥菜（charlock）将淘汰另一种，如此种种，不一而足。我们能够隐约看到，大自然系统中填补近乎相同地位的近似类型之间的竞争为什么最为剧烈；但我们大概怎么也说不确切，在伟大的生存斗争中一个物种为什么战胜了另一个物种。

从上述可以演绎出高度重要的结论，即每一种生物的构造，以最基本、然而往往是隐蔽的方式和一切其他生物的结构相关联，竞争食物或住所，要么被迫躲避它们，要么捕杀它们。在虎牙或虎爪的结构上，这一点很明显，攀附在虎毛上的寄生虫的腿和爪的结构也是这样。但是蒲公英美丽的羽毛种子和水生甲虫扁平而生有排毛的腿，乍一看似乎仅仅和空气和水有关系，但羽毛种子的优点，无疑和密布他种植物的地面的关系最为密切；这样，种子才能广泛散布，落在空地上。水生甲虫的腿的结构，非常适于潜水，以便和其他水栖昆虫竞争，捕食食物，并逃避被捕食。

许多植物种子里贮藏养料，乍一看似乎和其他植物没有任何关系。但是这样的种子（例如豌豆和蚕豆）播种在高大的草丛中时，萌发的幼小植株就能茁壮生长。由此可以推知，种子中养料的主要用途是有利于幼苗的生长，以便和四周繁茂的其他植物作斗争。

看一看生长在分布范围中央的植物吧，为什么其数量没有翻一番或翻两番呢？我们知道它对于稍热或稍冷，稍潮湿或稍干燥的环境都能完全抵御，因为它能分布到稍热或稍冷、稍湿或稍干的其他地区。在此可以清楚地看出，如果我们指望这种植物有能力增殖，就必须使它对竞争者、对于吃它的动物占些优势。在它的地理分布范围的边缘，如果体质针对气候而发生变化，这显然有利于该植物；但我们有理由相信，只有少数的动植物能分布到仅仅严酷的气候就可加以消灭的远方。除非到达生活范围的极限，如北极地区或荒漠的边缘，否则竞争是不会停止的。有些地面可能极冷、极干，然而仍有少数几个物种或同种的个体之间为着争取最暖湿的地点而进行斗争。

由此可见，当一种动植物被放置在新的地方而处于新的竞争者之中时，虽然气候可能和原产地一模一样，但生活条件一般已经发生了质变。如果要它在新地方增加平均数，就得放弃在其原产地的做法，而使用不同的方法来改变它；必须使它对一批不同的竞争者和敌害占些优势。

因此，我们不妨去设想使任何类型对其他类型占有优势。也许事到临头，我们根本不知道应该如何下手才能如愿以偿。这使我们确信，我们对于一切生物之间的相互关系实在无知；此种信念似乎难以获得，所以是必要的。我们所能做到的，就是牢牢记住，每一种生物都在努力按照几何级数增殖；每一种都在生命的某一时期，一年中的某一季节，每一世代或隔代，必须进行生存斗争，并且遭受大量的毁灭。想到这种斗争，我们可以安慰自己，坚信自然界的战争不是无休无止的，恐惧是感觉不到的，死亡一般是在瞬间发生的，而较强的、健康的和幸运的个体则生存并繁殖下去。

第四章

自然选择

自然选择——其力量和人工选择的比较——对于不重要性状的力量——对于各年龄和雌雄两性的力量——性选择——论同种个体间杂交的普遍性——对自然选择有利和不利的条件，即杂交、隔离、个体数目——作用缓慢——自然选择所引起的灭绝——性状的分歧，与任何小地区生物多样性的关联以及与归化的关联——自然选择，通过性状的分歧和灭绝，对于共同祖先的后代的作用——解释一切生物分类。

上一章一笔带过的生存斗争，究竟如何对变异发生作用的呢？在人类手里发挥了巨大威力的选择原则，在自然界适用吗？我想我们将会看到，它是能够极其有效地发生作用的。请记住，家养生物有无数奇特变异，尽管在自然状况下的变异程度差一些；而且遗传倾向如此强烈。在家养状况下，可以说生物的整个体制好歹呈现可塑性了。请记住，一切生物的相互关系及其对于生活的物理条件的关系是何等的复杂而密切。既然对于人类有用的变异毫无疑问地发生过，那在广大而复杂的生存斗争中，对于各个生物好歹有用的其他变异，难道在连续的成千上万世代中就判定不可能偶尔发生吗？如果确能发生，那么我们能怀疑（必须记住产生的个体超过可能生存的个体）较其他个体具有任何优越性（即使微不足道）的个体具有最好的生存和繁育后代的机会吗？相反，我们可以确定，任何有害的变异，即使微不足道，也会遭到严格地消灭。我把这种有利变异的保存和有害变异的毁灭，叫作“自然选择”。无用也无害的变异则不受自然选择的影响，留作彷徨变异要素，如我们在所谓多态种里所看到的。

以经历某些物理变化，如气候变化的一个地方为例，我们就可以深入理解自然选择的大致过程。当地生物的比例数几乎即刻就发生变化，有些物种则会灭绝。从我们所知道的各地生物密切而复杂的关系来看，我们可以得出结论，即使撇开气候变化不谈，某些生物的比例数发生任何变化，也会严重影响许多其他生物。如果该地区的边界是开放的，则新类型势必要迁移进去，这也会严重扰乱某些原有生物之间的关系。请记住，引进一种树木或哺乳动物的影响，已经被证明是何等有力的。但是，对于一座岛，或障碍物部分环绕的地方，如果善于适应的新类型不能自由移入，则自然结构中就会腾出一些地方。这时如果某些原有生物正好发生了改变，肯定会更好地加以填充；因为如果那块区域允许自由移入，则外来生物早就占领那里的地方了。在这种孤岛，茫茫岁月，机缘凑巧，轻微的变异多少对任何物种的个体有利，使之更好地适应多变的外界条件，就有保存下来的倾向；于是，自然选择在改进生物上就有余地了。

正如第一章所阐明的，我们有理由相信，生活条件的变化通过特别影响生殖系统的作用而引起或者增加变异性；在上述的个案中，我们假定外界条件已变，改善了有利变异发生的机会，这对自然选择显然大大有利；不发生有利变异，自然选择便无能为力。依我看，倒不需要极端数量的变异性，人类当然可以把细小的个体差异按照任何既定的方向积累起来，产生巨大的结果，自然也能做得到，而且容易得多，它有无比长久的时间可以支配。我也不认为这真的需要任何巨大的物理变化，例如气候的变化，不需要异乎寻常的隔离以阻碍移入，来腾出新的空位，让自然选择改进某些变异着的生物，填充进去。由于各地区的全部生物都以微妙平衡的力量斗争在一起，一个物种的结构或习性发生极细微的变异，往往会因此占优势；同样的变异进一步发展，往往会使其优势进一步扩大。还没有一个地方，所有的土著生物现已完全相互适应，而且对于生活的物理条件也完全适应，以致其中没有一种能够少许改进。因为在一切地方，本地生物往往被归化生物压得抬不起头，最终听任外来者牢牢占据全境。外来生物既能这样在各地战胜某些本地生物，我们就可以稳妥地下结论：本地生物也可能已经发生有利的变异，以便更好地抵抗这种侵入者。

人类用按部就班而无意识的选择手段，能够产生出而且确已产生了伟大的结果，那么大自然何所不能呢？人类只能作用于外在的可见性状，而大自然并不关心外貌，除非外貌对生物是有用的。自然能对各种内部器官、各种微细的体质差异以及整个生命机器发生作用。人类只为自己的利益而进行选择，自然则只为它所照拂的生物的利益而进行选择。各种被选择的性状，都充分地受着自然的锤炼，而生物被置于合适的生活条件之下。人类把多种生长在不同气候下的生物养在同一处；很少用某种特有的适宜方法来锻炼各个被选择的性状；用同样的食物饲养长喙和短喙的鸽；不用特有的方法去训练长背的或长腿的四足兽；把长毛的和短毛的绵羊饲养在同一种气候里。人类不允许最强健的雄性为占有雌性而斗争；并不会严格地把所有劣质动物都消灭掉，而是在力所能及的范围内，在各个不同季节里良莠不分，保护所有生物。人类往往以某半畸形的类型开始选择；或者至少以足够引起自己注意的某显著变异，明显对自己有用的变异，才开始选择。在自然界，结构上或体质上的极微细差异，便能打破生活斗争的微妙平衡，使生物得以保存下来。人类是多么反复无常、朝三暮四啊！寿命又是何等短暂啊！因而，与大自然在整个地质时代的累积结果相比较，人类所得的结果是何等贫乏啊！所以，大自然的产物远比人类的产物在性状上更“真”，更无限地适应极其复杂的生活条件，并且明显地标有更高级技巧的烙印，这又有什么值得大惊小怪的呢？

可以说，自然选择在世界各地，每日每时都在仔细检查着每一个变异，哪怕它微细无比，并且去芜存菁，加以积累；无论何时何地，只要有机会，就不声不响、不知不觉地进行工作，针对有机的和无机的生活条件改良各种生物。这种缓慢变化的进行，我们一无所知，直到时间之手标出时代的长久流逝。而我们对于早已过去的地质时代所知有限，能看出的充其量也只是现在的生物类型和先前的并不相同罢了。

虽然自然选择只能通过各个生物而发生作用，并且要符合各个生物的利益，然而对于我们往往认为微不足道的性状和结构，也可以这样发生作用。我们看见吃叶子的昆虫是绿色的，吃树皮的昆虫是斑灰色的；高山松鸡（alpine ptarmigan）在冬季呈白色，而苏格兰雷鸟（red-grouse）是石南花颜色的，黑琴鸡（black-grouse）是泥灰色的，我们就必须相信这种颜色对这些鸟和昆虫有用是为了保身避险。松鸡（grouse）如果不在一生的某一时期被杀死，必然会增殖到无数；我们知道它们主要受猛禽的侵害；鹰依靠目力捕猎——问题严重到欧洲大陆某些地方的人被告诫不养白鸽子，因它极易受害。因此，我们没有理由怀疑，自然选择非常有效地给予各种松鸡以适当的颜色，并且让颜色在获得之后纯正而稳定地保存下来。我们不要以为，偶然除掉一只任何颜色的动物所产生的作用很小；我们应当记住，在白色绵羊群里，除掉一只略见黑色的羔羊是何等的重要。至于植物，植物学家们把果实的茸毛和果肉的颜色看作是微不足道的性状，然而优秀的园艺家唐宁（Downing）说过，在美国，梅锥象甲（curculio）对光皮果实的危害远甚于茸毛果实；某种疾病对紫色梅的危害远甚于黄色梅；而黄色果肉的桃比别种果肉颜色的桃更易染上某种病害。如果广泛借助人工的方法就能使若干变种在栽培时见微知著，那么，在大自然里，果树势必同其他树木和大量敌害作斗争，这种差异肯定会一锤定音，哪一变种得以千秋万代——是光果皮的还是毛果皮的，是黄果肉的还是紫果肉的。

观察物种间的许多细小差异（以我们的一管之见，这些差异都无关紧要），我们不可忘记气候、食物等因素也许能产生某种微小的直接效果。然而，我们更有必要记住，存在着众多不为人知的相关生长定律，如果一部分发生变异，并且变异有利于生物通过自然选择而累积起来，其他变异将会随之发生，并且常常具有意料不到的性质。

我们知道，在家养状态下，在生命的任何期间出现的那些变异，后代往往于相同期间重现。例如，蔬菜和农作物许多变种的种子，家蚕变种的幼虫期和蛹期，鸡蛋和雏鸡的绒毛颜色，绵羊和牛快成年时的角。同样，在自然状况下，自然选择也能在任何年龄时期激活，对生物发生作用，并使其改变，只需把这一时期的有利变异累积起来，并在相应年龄的时期加以遗传。如果植物得益于种子吹送得越来越远，那么依我看来，这通过自然选择就可以轻易实现，难度不会大于植棉者用选择的方法来增长和改进棉桃内的棉绒。自然选择能使昆虫的幼虫发生变异，以便适应跟成虫所遇大相径庭的许多不测。通过相关生长定律，这些变异无疑可以影响到成虫的结构。对于寿命只有几小时、一辈子不进食的昆虫，也许其大部分结构仅仅是幼虫结构连续改变的关联物。反过来也是这样，成虫的变异可能也常常影响幼虫的结构；但在所有的情况下，自然选择将保证因生命的其他时期变异而派生的变异一定不能丝毫有害，因为如果有害，物种就要灭绝了。

自然选择能使子体的结构根据亲体发生变异，也能使亲体的结构根据子体发生变异。在社会性动物里，自然选择能使各个体的构造适应群体的利益，如果各自最终得益于所选的变异。自然选择所不能做的是，改变一个物种的结构，而不给它一点好处，却是为了另一物种的利益。虽然博物学著作中找到过这种说法，但我还没有拿到过一个经得起调查的个案。动物毕生仅用过一次的结构，如果是极重要的，那么自然选择就能使之发生任何程度的变异。例如某些昆虫专门用以破茧的大颚，或者孵化的雏鸟用以啄破蛋壳的坚硬喙端等比比皆是。有人断言，最好的短喙翻飞鸽死在蛋壳里的比能够破壳而出的要多，所以养鸽者在它孵化时要给予协助。再说，大自然若是为了鸽子自身的利益，不得不使成年鸽子生有极短的嘴，变异过程就是极缓慢的，同时蛋内的雏鸽要受到严格选择，就要那些具有最坚硬鸽喙的雏鸽，所有弱喙的雏鸽必死无疑；或者，选择脆弱易破的蛋壳，我们知道，蛋壳的厚度也像其他各种结构一样是会发生变异的。

性选择。鉴于在家养状态下，有些特性常常只见于一性，而且只遗传给同性，自然状态下大概也是如此，那么，自然选择能够改变一性对异性的功能关系，或者涉及两性完全不同的生活习性，昆虫有时就是这样。为此，我要说明一下我称为“性选择”的概念。这并不取决于生存斗争，而取决于雄性之间为了占有雌性而做的斗争。其结果并不是竞争失败者死，而是少留或者不留后代，所以性选择不如自然选择来得剧烈。一般来说，最强健的雄性，最适于其在自然界中的位置，留下的后代数量也最多。但在许多情况下，胜利并不靠精力旺盛，而是靠雄性独有的特种武器。无角的雄鹿或无腿距的公鸡鲜有机会留下后代。性选择总是允许胜利者繁殖，确能激发不屈不挠的勇气、长距及拍击距脚的有力翅膀，它不亚于残酷的斗鸡者，总是知道把最会斗的公鸡仔细选择下来，以便改良品种。我不知道这种战斗定律在自然界中会下降到哪一等级；有人描述雄性鳄鱼（alligators）要占有雌性的时候，诉诸打斗、吼叫、打转，就像印第安人的战争舞蹈一样；有人观察雄性鲑鱼（salmons）整日在战斗；雄性锹形虫（stag-beetles）常常带着同性用巨型大颚咬伤的伤痕。多妻动物的雄性之间的战争大概最为剧烈，似乎总是生有特种武器。雄性食肉动物本已武装精良；但它们和别的动物，通过性选择的途径还可以生出特别的防御武器来，如狮子的鬃毛、野猪的垫肩和雄性鲑鱼的钩曲颚；为了取胜，盾和矛一样重要。

在鸟类中间，斗争的性质常常比较平和。所有关注此问题的人都认为，许多种类的雄鸟之间最剧烈的竞争是用歌喉引诱雌鸟。圭亚那的矶鸫（rock-thrush）、极乐鸟（birds of paradise）等鸟类聚集在一处，雄鸟依次展开美丽的羽毛，还在雌鸟面前做出奇怪滑稽的动作，而雌鸟作为观众站在一边，最后选择最有吸引力的配偶。密切观察过笼中鸟的人们都知道，鸟儿往往怀有个体的好恶，例如赫伦（R. Heron）爵士描述过一只杂色孔雀（pied peacock）鹤立鸡群，吸引了全部雌孔雀。将任何效果都归因于这种貌似无力的手段，未免显得幼稚可笑，这里无法讨论支持这种观点所必要的细节。但是，既然人类能在短时期内，依照自己的审美标准，使矮脚鸡获得美丽优雅的姿态，我实在没有充分的理由来怀疑雌鸟依照其审美标准，在成千上万的世代中，选择鸣声最好的或开屏最美的雄鸟，由此而产生了显著的效果。我强烈猜疑，关于雄鸟和雌鸟的羽毛不同于雏鸟的某些著名定律，可用性选择对于进入育龄或者交配季节的鸟类起作用，主要改变羽毛的观点来做解释；并且这种变异在相应的年龄或者季节要么单独遗传给雄性，要么两性均遗传。然而，这里没有多余的篇幅来讨论这个问题了。

就这样，任何动物的雌雄两者如果具有相同的一般生活习性，但在结构、颜色或装饰上有所不同，我认为，这种差异主要是由性选择所引起的；也就是说，雄性个体在连续世代中在武器、防御手段或者魅力方面，比别的雄性略占优势，而这些优越性状又遗传给了雄性后代。然而，我不愿把所有这种性别差异都归因于这种动因，因为我在家养动物身上看到有一些特性出现并为雄性所专有（例如雄信鸽的垂肉、某些雄家禽的角状瘤等），不能认为这些特性有利于战斗或者吸引异性。自然状态下也有类似的个案，例如野生雄火鸡（turkey-cock）胸前的毛丛，既没有任何用处，也没有装饰性；——其实，假如在家养状态下出现此种毛丛，是会被称为畸形的。

自然选择作用的事例。为了弄清自然选择如何起作用，请允许我举出一两个虚拟事例。以狼为例，捕食动物为生，有些是智取，有些是强攻，也有些是捷足先登。我们假设，最敏捷的猎物，例如鹿，由于那个地区的变迁而增殖了，或者在狼最缺粮的季节里，其他猎物减少了数量。在这样的情况下，我看不出有任何理由可以怀疑，只有最敏捷、最细长的狼才有最好的生存机会，因而被保存或被选择下来，——只要在这个或那个不得不捕食其他动物的季节里，仍能保持制服猎物的力量就行。这就像人类通过仔细的按部就班选择，或者通过无意识的选择（人人试图保存最优良的犬，但根本没有想到改变这个品种），就能够改进灵缇犬的敏捷性是一样的不容置疑。

即使狼所捕食的动物不改变比例数，也有可能生下天性喜欢抓某种猎物的崽子。而且这种可能性还不小，我们常常看到家畜的天性千差万别。例如，一只猫喜欢逮大鼠，另一只喜欢逮小家鼠。圣约翰（St. John）先生说，有一只猫逮飞禽回家，另一只逮兔子回家，还有一只去沼泽地捕食，几乎天天晚上抓回来丘鹬啊，半蹼鹬什么的。众所周知，喜欢大鼠不喜欢小家鼠的倾向可以遗传。假如习性、结构出现轻微的内在变化，有利于一匹狼个体，它就最有机会生存并留下后代。某些狼崽子也许能继承同样的习性、结构，如此循环往复，可形成新变种，淘汰亲代类型，或者与之和平共处。再说，山区的狼群和低地的狼群自然被迫捕猎不同的动物，持续保存最适合两处的个体，可能缓慢地形成两个变体。变体相遇会杂交混合，不过关于杂交的内容下文再谈。我补充一下，据皮尔斯（Pierce）先生说，美国的卡茨基尔山脉（Catskill Mountains）栖息着狼的两个变种，一种追捕鹿群，像轻快的灵缇犬那样；另一种则是身体庞大、腿短，常常袭击牧人的羊群。

下面举一个复杂的个案。有些植物分泌甜液，分明是为了从体液里排除有害的物质。例如，某些豆科（Leguminosae）植物托叶基部的腺就分泌这种汁液，月桂树（laurel）叶背上的腺也是。这种甜液的分量虽少，却让昆虫忍不住贪婪地追求。现在让我们假设，花瓣从其基部分泌一点点甜汁液，即花蜜。这样，寻找花蜜的昆虫就会沾上花粉，当然常常把它从这一朵花带到另一朵的柱头上去。同种植物的两个不同个体的花因此而杂交；我们有理由相信（容后详述），这种杂交动作能够产生强壮的幼苗，因此得到繁盛和生存的最好机会。某些幼苗也许会继承分泌花蜜的能力。凡是个体的花具有最大的腺体，即蜜腺，分泌最多的蜜汁，也就会最常受到昆虫的光顾，并且最常进行杂交；长此以往，它就占上风。如果花的雄蕊和雌蕊的位置同前来光顾的那种昆虫的身体大小和习性相适合，那好歹有利于花粉的输送，那么这种花也同样会得到青睐或者选择。不妨用不是吸取花蜜而是采集花粉的方式而往来花间的昆虫为例：花粉形成的唯一目的是授精，所以毁坏它对于植物来说显然是纯粹的损失；然而如果有少许花粉被吃花粉的昆虫从这朵花带到那朵花去，最初是偶然的，后来成为惯常，因此而达到杂交，虽然 $\frac{9}{10}$ 的花粉被毁坏了，但对于植物来说还是大有益处的，于是那些产生越来越多花粉、具有越来越大花粉囊的个体就会被选择下来。

植物通过长久保护或者自然选择越来越有吸引力的花朵的这种过程，就变得能够高度吸引昆虫，昆虫便会在无意中定期在花与花之间传带花粉；而且昆虫这样做非常有效，我能随便举出许多触目惊心的事例，阐明这一点。我只举一个例子，不是什么突出的个案，但同样可以说明后文将讨论的植物雌雄分化的一个步骤。有些冬青树（hollytree）只生雄花，有 4 枚雄蕊只产生很少量的花粉，同时还有一个发育不全的雌蕊；有些冬青树只生雌花，具有充分大小的雌蕊，但 4 枚雄蕊上的花粉囊都萎缩了，找不出一粒花粉。在距离一株雄树刚刚 60 码远的地方，我找到一株雌树，从不同的枝条上采选了 20 朵花，把柱头放在显微镜下观察，没有例外，所有柱头都有花粉，而且几个柱头有大量花粉。几天以来，风都是从雌树吹向雄树，花粉不可能由风传带过来。天气很冷且风暴雨狂，所以对于蜂来说是不利的。不过，我检查过的每一朵雌花，都由于往来树间找寻花蜜的蜂偶然沾上花粉而有效地受精了。现在回到虚拟的个案：一旦植物变得高度吸引昆虫，花粉便会定时在花间传播，另一个过程就可以开始了。没有一位学者会怀疑所谓“生理分工”的好处，所以可以相信，一朵花或全株植物只生雄蕊，而另一朵花或另一植株只生雌蕊，对于植物是有利的。植物栽培时放在新的生活条件下，有时候雄性器官，有时候雌性器官，好歹会变为不育。如果假定自然状况下也有这种情况发生，不论其程度多么轻微，那么，由于花粉已经定时在花间传播，按照分工原则植物较为完全的雌雄分化是有利的，有这种倾向的个体会越来越多，就会连续得到青睐而选择下来，最终达到两性的完全分化。

现在让我们谈谈虚拟个案里吃花蜜的昆虫：假定由于连续选择使得花蜜慢慢增多的植物是一种普通植物，而某些昆虫主要是依靠其花蜜为食。我们可以举出许多事实，来说明蜂为了节省时间是多么急不可耐。例如，它们有在某些花的基部咬一个洞来吸食花蜜的习性，虽然只要稍微麻烦一点就能从口部进去。我们若能记住这些事实，就没有理由怀疑，虫体大小体型、喙曲度和喙长的偶然偏差等个体差异，固然微细难察，但是对于蜂等昆虫来说可能是有利的，这种性状的个体能够更快得到食物，有更好的机会生存和繁衍后代。其后代也许会继承构造有类似微小偏差的倾向。红三叶草和绛三叶草（*incarnatum*）管形花冠的长度，粗看起来并没有什么差异，但蜜蜂能够容易地吸取绛三叶草的花蜜，却不能吸红三叶草，只有大黄蜂才来光顾它；所以红三叶草虽漫山遍野，却不能把大量供应的珍贵花蜜供给蜜蜂。因此，蜜蜂的喙略长些或者结构略有差异，会大有利。相反，我通过实验发现，三叶草的能育性绝对要依靠蜂类来光顾它的花，并且移动部分花管，以便把花粉摁到柱头表面。于是，如果哪个地区大黄蜂稀少起来，红三叶草花管较短或花管裂较深就大大有利，这样蜜蜂就能够光顾它的花了。这样，我就能理解，通过连续保存呈现双向的轻微有利结构偏差的个体，花和蜂如何慢慢地同时或先后发生了变异，并且以最完善的方式来互相适应。

我深知，以上述虚拟例子来说明自然选择的学说，会遭到反对，正如当初赖尔爵士的"地球近代的变迁，地质学的例证"这种高见遭到反对是一样的；不过，运用海岸波浪等的作用，来解说深谷的凿成或内陆的长线崖壁的形成时，我现在很少听到有人说这是小儿科不重要的事情了。自然选择的作用，只能是把每一个有利于生物的微小遗传变异保存和累积起来；正如近代地质学差不多摒弃了一次洪水能凿成大山谷的观点那样，自然选择如果是正确的原则，也将摒弃连续创造新生物的观点，摒弃生物的构造发生巨大突变的观点。

论个体的杂交。这里必须稍微讲些题外话。雌雄异体的动物和植物每次繁殖，其两个个体都必须交配，这当然是很明显的事；但在雌雄同体的情况下，这一点并不明显。然而，我强烈倾向于，一切雌雄同体的两个个体或偶然地或习惯地亦要接合以繁殖它们的种类。我再补充一句，这种观点是安德鲁·奈特（Andrew Knight）最早提出的。我们不久就可以看到此论的重要性；但这里必须把这个问题略提一下，虽然我有材料可做充分的讨论。所有脊椎动物、昆虫以及其他某些大类的动物，每次的繁殖都交配。近代的研究已经把曾认为是雌雄同体的生物的数目大大减少了；大多数真的雌雄同体的生物也交配。这就是说，两个个体定时进行交配以便生殖，这就是我们所要讨论的全部，但是依然有许多雌雄同体的动物肯定不经常进行交配，并且大多数植物是雌雄同株的。于是可以问，我们有什么理由可以假定在这种个案里，两个个体为了生殖而进行交配呢？这里详细讨论这一问题是不可能的，所以我只能做一般的考察。

首先，我曾搜集过大量事实，表明动植物变种间的杂交，或者同变种而不同品系的个体间的杂交，可以提高后代的强壮性和能育性；相反，近亲交配可以减小其强健性和能育性，这和饲养家们的近乎普遍的信念是一致的。仅仅这些事实就使我相信，没有一种生物世世代代永远自体受精，这是自然界的一般法则（其意义我们却一无所知）；和另一个体偶然地进行交配——也许相隔较长的期间，这是必不可少的。

我想，相信了这是自然法则，就能理解几大类事实，比如以下事实如用任何其他观点都不可解释。培养杂交品种的人都知道：暴露在雨下，对于花的受精是何等不利，然而花粉囊和柱头完全暴露的花是何等之多！可是，如果偶然的杂交是不可缺少的，那么从他花个体来的花粉可以充分自由地进入，就可以解释这种暴露状态了，特别是植物自己的花粉囊和雌蕊一般靠得这么近，自花受精看上去简直不可避免。另一方面，有许多花却将结籽器官紧闭，如蝶形花科（Papilionaceae）即豆科这一大科便是如此；但若干乃至全部这种花朵的结构与蜂吸花蜜的方式之间具有很奇妙的适应。这样做，要么将自身的花粉推向柱头，要么将其他花粉带过来。蜂的光顾对于蝶形花十分必要，我从其他地方发表的实验结果发现，蜂如遭挡驾，该花的能育性就会大大降低。你看，蜂在花间飞来飞去，很少不将花粉带来带去的，我看这就对植物大大有利。蜂的作用有如驼毛刷，只要先接触一花的花粉囊，再刷另一花的柱头，就足以确保受精的完成了。但不能假定，蜂能就此产生出大量的种间杂种来；假如同一把刷子把植物自己的花粉和外种花粉带来，前者的优势很大，不可避免地要完全毁灭外来花粉的影响，盖特纳（Gartner）就曾指出过这一点。

当花的雄蕊突然向雌蕊弹跳，或者一枝一枝慢慢地向其弯曲，这种装置好像专门适应于自花受精；毫无疑问，它有用于这个目的。不过要使雄蕊向前弹跳，常常需要昆虫的助力。如科尔路特（Kolreuter）所阐明的小檗（barberry）情形便是这样；在小檗属里，似乎有这种特别的装置以便利自花受精。奇怪的是，众所周知，假如把密切近似的类型或变种栽培在近处，就很难得到纯种的幼苗，因为它们是大量进行自然杂交的。在许多其他个案里，不但没有自花受精的辅助手段，还有特别的装置能够有效地阻止柱头接受自花的花粉，斯普伦格尔（C. C.

Sprengle）的著作以及我自己的观察可以阐明这一点。例如，亮毛半边莲确有美丽而精巧的装置，能够把花中相连的花粉囊里的无数花粉粒，在本花柱头还不能接受之前就统统扫除出去；因为从来没有昆虫来光顾这种花，至少在我的花园是如此，所以这种花从不结籽。然而我把一花的花粉放在另一花的柱头上，却培育成了许多幼苗。我的花园还有另一种半边莲，却有蜂来光顾，能自由结籽。在很多其他个案里，虽然没有专门的机械装置去阻止柱头接受自花的花粉，然而如斯普伦格尔所指出的，我也能证实，要么花粉囊在柱头能受精以前便已裂开，要么柱头在花粉未成熟以前已经成熟，事实上是雌雄分化的，必定习惯性地进行杂交。这些事实是何等奇异啊！同一朵花中的花粉位置和柱头平面是如此接近，好像为了自花受精专用似的，但在许多个案中，彼此并无用处，这又是何等奇异啊！如果用不同个体的偶然杂交是有利的或必需的观点来解释此等事实，是何等简单啊！

假如让圆白菜、萝卜、洋葱等植物的若干变种在相互接近的地方进行结籽，我发现由此培育出来的大多数实生苗都是杂种。例如，我把几个圆白菜的变种栽培在一起，由此培育出 233 株实生苗，其中只有 78 株保持了原有种类的性状，甚至其中还有若干不是完全纯粹的。然而，每一朵菜花的雌蕊不但有自己的 6 个雄蕊所围绕，同时还有同株上的许多花的雄蕊所围绕。那么，这许多的幼苗是怎么变为杂种的呢？我看，必定是因为其他变种的花粉比自己的花粉更占优势的缘故；属于同种的不同个体互相杂交有好处的一般法则。如果不同的物种进行杂交，其情形正相反，因为这时植物自己的花粉总是要比外来的花粉占优势；这一问题在以后一章里还要讲到。

在一株大树开满无数花的个案里，我们可以反对说，花粉很少能进行树间传送，充其量只能在同树上进行花间传送而已；而且同树上的花，只有从狭义来说，才可看作不同的个体。我认为这种反对有效，但是大自然对此已大致有所防范，给予树以开出雌雄分化的花的强烈倾向。雌雄分化了，虽然雄花和雌花仍然生在同树上，可以看到花粉必须定时在花间传送；这样花粉就有更好的机会，会偶然出现树间传送。属于所有“目”（Orders）的树，在雌雄分化上较其他植物更为常见，我在英国所看到的情形就是这样；根据我的请求，胡克博士把新西兰的树列成了表，阿萨·格雷（Asa Gray）博士把美国的树整理列表，其结果都不出我之所料。另外，胡克博士最近告诉我说，他发现这一规律不适用于澳洲；我对于树的性别所说的这几句话，仅仅为了引起对这一问题的注意而已。

现在略为谈谈动物方面：陆栖种有一些雌雄同体的，例如陆栖的软体动物和蚯蚓，但它们都需要交配。我还没有发现过一种陆栖动物能够自体受精。根据偶然杂交必不可少的观点，考虑一下陆栖动物的生活环境，以及精子的性质，我们就可以理解这种显著的事实了，它与陆栖植物对照强烈。陆栖动物无法类似于植物那样依靠昆虫或风做媒介，如果没有两个个体交配，不知道偶然的杂交有什么完成的途径。水栖动物有许多种类是能自体受精的雌雄同体，但水的流动显然可以做偶然杂交的媒介。我咨询过最高权威之一，即赫胥黎教授，我希望能找到一种雌雄同体的动物个案，其生殖器官完全封闭在体内，可以证明外界进入和不同个体的偶然影响在物质上不可能发生，结果至今没有成功。在这种观点下，我早就觉得蔓足类（cirripedes）是很难解释的个例；但我有幸在他处证明了它们虽然都是自体受精的雌雄同体，确也有时进行杂交。

无论在动物或植物里，同科中甚至同属中的物种，虽然整个体制上大同小异，却不时有雌雄同体和雌雄异体之分，这想必使大多数学者觉得奇哉怪也。但是如果一切雌雄同体的生物事实上也偶然杂交，那么它们与雌雄异体的物种之间的差异，从机能上来讲是很小的。

从这几项内容以及从我搜集的但不能在这里举出的许多特别事实看来，我强烈地倾向于，动植物界内部，与不同个体的偶然杂交是自然法则。我清楚，根据这种观点，存在不少难解的个案，我正在对其中一些进行调查。最后，我们总结如下，在许多生物中，两个个体之间杂交对于每一次繁殖显然是必需的，在不少生物中，也许杂交间隔很久才进行，但我认为，没有一种生物可以永久地自行繁殖。

有利于自然选择的条件。这是极为错综复杂的问题。大量的可遗传、多样性变异是有利的，但我看个体差异就足以起作用了。若个体的数量大，可增加一定时期内出现有利变异的机会，以补偿各个个体较少的变异量；所以我相信，这是成功的极重要因素。虽然大自然可以给予长久的时间让自然选择运作，却并不能给予无限的时间；一切生物都可以说努力在自然结构中占地盘，如果没有随着竞争者发生相应程度的变异和改进，任何物种都很快会灭绝。

在人类按部就班的选择中，饲养家为了一定的目的进行选择，如果出现个体自由杂交，他的工作就要全盘终止。但是，有许多人没有改变品种的意图，却有一个近乎共同追求完美的标准，都试图用最优良的动物繁殖后代，虽然劣种动物参与大量的杂交；这种无意识的选择，肯定也会慢慢地使品种得到改进和变异。在自然状态下也是这样；在局限的区域内，自然版图中还有地盘未被完全占据，自然选择总是倾向于保存一切多多少少向正确方向变异的个体，以便更好地填充空地。但如果地区辽阔，其中的各个区域几乎必然要呈现不同的生活条件；如果自然选择在若干区域内使一个物种变异改良，那就要在各个区域的边界上与同种其他个体进行杂交。在这种情况下，杂交的效果很难被自然选择所抵消，尽管自然始终在让各个区域的全部个体按照其条件进行完全相同的变异。在连续的地域，区域间的条件一般不知不觉地渐变过渡。凡是每次生育都交配的、游动性大且繁育不十分快的动物，特别会受到杂交的影响。所以具有这种本性的动物，例如鸟，其变种一般仅局限于隔离的地区内，我认为情况正是如此。仅仅偶然进行杂交的雌雄同体的生物，还有每次生育都交配但很少迁移而增殖很快的动物，就能在任何一处迅速形成新的改良变种，并且常能在那里聚集成群，使杂交主要在同一个新变种的个体间进行。这样形成地方变种，然后可能慢慢散布到其他区域。根据这一原则，园艺家们常常喜欢从大群的同变种植物中留存种子，以便减少其与其他变种杂交的机会。

甚至在每次生育都交配而繁殖不快的动物里，我们也不能过高估计杂交延缓自然选择的效果。我可以举出一大堆事实来说明，在同一地区内，同种动物的各变种可以长久保持区别，这是由于栖息地不同，由于繁殖的季节略有不同，由于同一变种的个体喜欢聚头进行交配。

杂交在自然界中起着很重要的作用，使同一物种或变种的个体在性状上保持纯粹和一致。对于每次生育都交配的动物，作用显然更为有效；但前文说过，我们有理由相信，一切动植物都会偶然进行杂交。即使只在间隔长时间后才进行杂交，我坚信这样生下来的幼体在强壮和能育性方面都远胜于长期连续自体受精生下来的后代，会有更好的生存并繁殖其种类的机会。这样，即使间隔的时期很长，杂交的影响归根到底还是很大的。如果果真存在从不杂交的生物，只要生活条件不变，就能使性状保持一致，但只有通过遗传的原理以及通过自然选择，把那些离开固有模式的个体消灭掉。如果生活条件改变了，也发生变异了，那只有依靠自然选择对于相似有利变异的保存，变异了的后代才能获得性状的一致性。

在自然选择的过程中，隔离也是一种重要因素。在有限或者隔离的地区内，如果其范围不是很大，则有机和无机的生活条件一般是十分一致的；所以自然选择会使整个地区同种的所有个体按照同样的方式针对同样的条件进行变异。而与周围不同环境地区内本来会居住的同种生物的杂交也将遭阻止。但隔离也许能更加有效地遏制气候、海拔高度等发生了物理变化之后适应性较好的生物的移入；因此地方自然生态体系就空出新场所来了，供旧有生物去争夺，并且通过结构和体质的变异而加以适应。最后，隔离阻止移入因而阻止竞争，能为新变种的缓慢改进提供时间，这对于产生新物种来说有时是很重要的。但是，如果隔离的地区很小，要么靠周围障碍物形成，要么靠很特别的物理条件，那么其支撑的个体总数势必很少；个体的数量少则会大大延缓通过自然选择产生新种，因为减少了有利变异出现的机会。

如果依靠自然界来验证这话是否正确，我们可以观察任何一处隔离小区域，例如海岛，虽然生活在那里的物种总数很少，如《地理分布》一章所见，但是这些物种的极大部分是本地特产——就是说，产地在那里，世界别处是没有的。所以乍一看，好像海岛对于产生新种是大为有利的。但这样我们可能欺骗了自己，因为如果要确定究竟是隔离的小地区，还是开放的大地区如一片大陆，最有利于产生生物新类型，应当在相等的时间内来做比较，然而这是我们不可能做到的。

虽然我并不怀疑隔离对于新种的产生相当重要，但总的说，我倾向于相信区域的广大更为重要，在产生能够天长地久而且能够广为分布的物种上尤其如此。广大而开放的地区不仅可以维持同种的大量个体生存，还有较好的机会发生有利变异，而且已经存在的物种有许多，因而生活条件极其复杂；如果众多物种中有些已经变异或改进了，那么其他物种势必也要相应程度地来改进，否则就要遭消灭。每一新类型一旦得到大的改进，就能够向开放的毗邻地区扩展，并与许多其他类型发生竞争。因此，更多的新场所会形成，而要填补那里空缺的竞争，大地方比孤立小地方更加剧烈。还有，广大的地区虽然现在是连续的，却因为地面的变动，最近往往呈现着断裂的状态；所以隔离的好效果，在一定范围内是普遍发生的。最后，我下结论，虽然小的隔离地区在某些方面对于新种的产生是高度有利的，然而变异的过程一般在大地区内要快得多，更有甚者，大地区内产生出来而且已经战胜过许多竞争者的新类型，是那些分布得最广而且产生出最多新变种和物种的类型。因此，它们在生物界的变迁史中便占有重要的位置。

根据这种观点，我们对于《地理分布》一章里还要讲到的某些事实，大概就可以理解了。例如，澳洲这样的小大陆，现在和大幅员欧亚地区的生物比较起来，就是逊色的。正是为此，大陆生物在岛屿上到处归化。小岛上，生活竞争就不那么剧烈，变异少，灭绝也少。据希尔（Oswald Heer）说，马德拉的植物区系很像欧洲已经灭绝的第三纪植物区系，也许就因为此。所有的淡水盆地加起来，与海洋或陆地相比只是小地区。因此，淡水生物间的竞争将不像他处剧烈，新类型产生慢，旧类型灭亡也慢。硬鳞鱼类（Ganoid fishes）曾经是举足轻重的目，淡水盆地还可以找到它遗留下来的 7 个属；淡水里还能找到现在世界上几种最奇形怪状的动物，鸭嘴兽（*Ornithorhynchus*）和肺鱼（*Lepidosiren*），就像化石那样将自然等级上相离很远的某些目联系起来。这种动物简直可以称为活化石；由于居住在局限的地区内，竞争不剧烈，得以存留到今天。

尽管问题错综复杂，我还是要总结一下对自然选择的有利条件和不利条件。我的结论是，面向未来，对陆栖生物来说，地面经过多次沉浮的广大大陆地区，因而以断层状态长期存在，最有利于产生许多新生物类型，既可长期生存，也可广泛分布。那地区起先是一片大陆，生物的种类和个体都很多，因而陷入激烈竞争。如果地面下陷，变为分离的大岛，每个岛上还会有许多同种的个体生存：各物种分布的边界上，杂交就受到抑制；在任何种类的物理变化之后，迁入受到遏制，所以各岛的自然组成中的新场所，势必由旧有生物的变异种所填充；时间也允许各岛的变种充分地变异完善。如果地面重新抬高，岛屿再变为大陆，那里就会再次发生剧烈的竞争；最有利的或改进最多的变种就能够分布开去，改进较少的类型就会大都灭绝，而新大陆各种生物的相对比例数又要发生变化；还有，这里又会成为自然选择的好场所，更进一步地来改进生物，产生出新种来。

我完全承认，自然选择的作用始终是极其缓慢的。只有在区域的自然组成中留有一些地位，能由当地现存生物在经历某种变异后而较好占有，自然选择才可发生作用。这种地位的存在常决定于物理变化，而这种变化一般是很缓慢的；此外还决定于较适应类型的迁入受阻。可是自然选择的作用往往更取决于某些旧有生物发生变异慢，许多其他生物的互相关系就此打乱。除非出现有利的变异，什么都无法实现，而变异本身显然一贯是极其缓慢的过程，又往往被自由杂交所显著延滞。许多人会说，这若干原因在总体上就已经足够抵消自然选择的作用了。我不这样看。我反而认为，自然选择的作用将永远是极其缓慢的，往往间隔长久的时间，并且一般只能同时作用于同一地方的极少数生物。我进一步认为，此等缓慢的、断续的自然选择，和地质学告诉我们的这世界生物变化的速度和方式丝丝入扣。

选择的过程虽然是缓慢的，如果力量薄弱的人类尚能在人工选择方面多有作为，那么在很长的时间里，通过自然力量的选择，我觉得生物的变异量是没有止境的，一切生物彼此之间以及与它们的生活条件之间互相适应的美和复杂关系，也是没有止境的。

灭绝。这个主题在《地质学》一章里还会详论；但由于和自然选择密不可分，这里必须谈一下。自然选择的作用仅在于保存在某些方面有利的变异，因而使之存续。由于所有生物都按照几何级数高速增加，每一个地区都已挤满了生物；于是，随着获选得宠类型数量增加，失宠的类型便减少，变得稀少了。地质学告诉我们，稀少是灭绝的前奏。我们还知道，只剩下少数个体的任何类型，遇到季节波动，或者敌害数目的波动，就很有可能彻底灭绝。可以更进一步说，随着新类型持续而缓慢地产生出来，除非我们认为具有物种性质的类型可以永远无限增加，许多类型势必灭绝。地质学清晰地告诉我们，具有物种性质的类型的数目并没有无限增加；我们明白它没有无限增加的理由，因为自然系统中的地域数目不是无限的——倒不是我们有办法知道任何一个地区已经达到了最多物种数的信息。也许没有一个地区已经达到了充分的居民，例如在好望角，那里的植物物种比世界任何地方都拥挤，也有某些外来植物归化，据我们所知，那里并没有引起任何本土植物的灭绝。

另外，个体数目最多的物种，在任何一定的期间内，有产生有利变异的最好机会。这一点已经得到证明，第二章所讲的事实指出，普通物种拥有见于记载的变种或初始物种最多。所以，数目稀少的物种在任何一定期间内的变异或改进比较迟缓；结果，在生存斗争中，就要被普通物种变异了的后代打败。

根据这些论点，我想如下结果的出现便已顺理成章：随着新物种在时间的推移中通过自然选择而形成，其他物种就会越来越稀少而最终灭绝。那些同正在变异和改进中的类型斗争最激烈的，当然首当其冲。我们在《生存斗争》一章里已经看到，密切近似的类型——即同种的一些变种，以及同属或近属的一些物种——由于具有近乎相同的结构、体质、习性，一般彼此间的竞争也最剧烈。结果，每一新变种或新种在形成的过程中，一般对于最接近的近亲压迫得也最狠，并且还倾向于消灭之。在家养生物里，人类对于改良类型的选择，也可看到同样的消灭过程。我们可以举出许多奇异的例子，表明牛、羊等动物的新品种，花卉的变种，是何等迅速地代替了那些古老低劣的种类。在约克郡，有历史记载，古代的黑牛被长角牛所代替，长角牛“又被短角牛所扫除，好像有某种致命的瘟疫一样”（某农业学家语）。

性状的分歧。我用此术语所表示的原理是极其重要的，相信可以用来解释若干重要的事实。第一，变种，即使是特征显著的变种，虽然多少带有物种的性状——如在许多场合里，它们如何分类，常令人莫衷一是——彼此之间的差异，却远比那些纯粹而明确的物种之间的差异为小。依我看，变种是形成过程中的物种，我称为初始的物种。那么，变种间的小差异如何扩大为物种间的大差异呢？这一过程经常发生，这一点必须从自然界无数的物种大都呈现显著的差异而推论出；而变种，未来的显著物种的假想原型和亲体，却呈现微细的不明确的差异。仅仅是偶然凑巧（姑且这样叫）可能致使变种在某些性状上与亲体有所差异，以后变种的后代在同一性状上又与亲体有更大程度的差异；但是仅此一点，绝没有说明同种变种、同属异种间所表现的差异何以如此常见和巨大。

我的一向作风是从家养生物那里去探索此事的真相。这里会看到相似的情形。一羽喙稍短的鸽子引起了一个养鸽者的注意；而另一羽喙略长的鸽子却引起了另一个养鸽者的注意；在“养鸽者不要中间标准，只喜欢极端类型”这一公认的原则下，他们就都选择和养育那些喙愈来愈长或愈来愈短的鸽子（翻飞鸽的亚品种实际就是这样产生的）。还有，我们设想，古代一个人喜欢快捷的马，而另一个人却需要强壮高大的马。最初的差异可能是极微细的；但是随着时间的推移，一方面连续选择快捷的马，另一方面却连续选择强壮的马，差异就增大起来，因而便会形成两个亚品种。最后，经过若干世纪，亚品种就变为两个稳定的不同品种了。等到差异慢慢扩大，具有中间性状的劣等马，既不甚快捷也不甚强壮的马，将遭到冷落，从此就逐渐消失了。这样，我们从人类的产物中看到了所谓分歧原理的作用，它引起了差异，最初仅仅是微小的，后来逐渐增大，于是品种之间及其与共同亲体之间，在性状上便有所分歧了。

试问，类似的原理怎么能应用于自然界呢？我相信能应用而且应用得很有效，因为原委很简单，任何物种的后代，如果在结构、体质、习性上越有多样性，那么在自然组成中，就越能占有各种不同的地方，而且在数量上也就越能增加。

在习性简单的动物里可以清楚地看到这种情形。以食肉的四足兽为例，它在任何能够维持生活的地方，早已达到饱和的平均数。如果允许自然增殖力起作用的话（区域条件没有任何变化的情形下），只有依靠变异的后代去取得其他动物目前所占据的地方，才能成功地增殖。

例如，其中有些变为能吃新种类的猎物，无论死活，有些能栖息新地方，爬树、涉水，有些或者可以减少肉食习性。食肉动物的后代，在习性和结构方面越是多样性，所能占据的地方就越多。适用于一种动物的原理，也能应用于一切时间内的所有动物，如果发生变异的话，否则自然选择便无能为力。植物也是如此。试验证明，如果一块土地上仅播种一个草种，同时另一块类似土地上播种若干不同属的草种，就能生长更多的植物，收获更重的干草。如在同样大小的土地上先播种一个小麦变种，再混播几个小麦变种，情况也同样。所以，如果任何一个草种继续进行着变异，并且连续选择各变种，就将像异种异属的草那样彼此相区别，虽然区别很小，那么这个草种的更多个体，包括变异了的后代在内，就能成功地在同一块土地上生活。我们知道每一物种和每一变种的草年年都散播无数种子，可以说它们都在竭力增殖。结果，数千代以后，我们不能怀疑任何一个草种的最显著变种都会有成功以及增殖的最好机会，这样就能淘汰较不显著的变种；变种到了彼此截然分明的时候，便取得物种的等级了。

结构的巨大多样性可以维持最大量的生物，这一原理的正确性已在许多自然情况下看到了。在一块极小的地区内，特别是对自由迁入开放时，个体之间的斗争必定是剧烈的，总是可以看到巨大的生物多样性。例如，我看见一片草地，面积为 3 英尺乘 4 英尺，多年来都暴露在完全同样的条件下，那里生长着 20 个物种的植物，属于 18 个属和 8 个目，可见这些植物的差异是何等巨大。在一成不变的小岛上，植物和昆虫也是这样的；淡水池塘中也是如此。农人知道，用决然不同“目”的植物进行轮种，收获的粮食更多：自然界所进行的可以叫作同期轮种。密集生活在任何一片小土地上的动植物，大多能够在那里生活（假定这片土地没有任何特别的性质），可以说，它们都百倍努力地在那里生活；但是，我们可以看到，在斗争最尖锐的地方，结构多样性的优势，伴随着习性和体质的差异，决定了彼此争夺得最厉害的生物，一般是那些属于我们叫作异属和异目的生物。

植物通过人类的作用在异地归化这一方面，也表现出了同样的原理。可以料想，任何土地上能够归化的植物，一般都是那些和土著植物在亲缘上密切接近的种类；因为土著植物一般被看作是特别创造出来而适应于本土的。也许还可以料想，归化的植物大概只属于少数类群，特别适应新乡土的一定地点。但实际情形却很不同；德康多尔在他的力作里说得好，归化的植物如与土著的属和物种的数目相比，则其新属要远比新种为多。举一个例子，阿萨·格雷博士的《美国北部植物志》的最后一版里，举 260 种归化的植物，属于 162 属。由此可见，这些归化的植物具有高度多样性。而且，它们与土著植物大不相同，因为在 162 个归化的属中，非土生的不下 100 个属，这样，现今生存于美国的属就能大大增加了。

对于任何地区内与土著生物斗争而获胜，并且就地归化的动植物的本性加以考察，我们就可以大体认识到，某些土著生物必须怎样发生变异，才能胜过其他土著；我们至少可以推论出，结构的多样性达到新属差异的，于它们是有利的。

事实上，同一地方生物多样性的好处，与某个体各器官的生理分工所产生的好处是相同的——米尔恩·爱德华兹（Milne Edwards）已经精辟地阐明过这一主题了。没有一位生理学家会怀疑专门消化植物性物质的胃，或专门消化肉类的胃，能够从这些物质中吸收最多的养料。所以在任何土地的总体系统中，动植物对于不同生活习性的多样性越是广泛而完善，能够在那里维持的个体数量就越大。一组体质很少多样化的动物很难与一组构造完善多样化的动物相竞争。例如，澳洲的有袋目动物可以分成若干群，但彼此差异不大，正如沃特豪斯（Waterhouse）先生等人所指出的，它们隐约代表着食肉的、反刍的、啮齿的哺乳类，但能否成功地与这些发育良好的目相竞争，是存疑的。在澳洲的哺乳动物里，我们看到多样化过程处于早期的不完全发展阶段中。

根据上面有待大大充实的讨论，我们可以假定，任何一个物种的变异后代，在结构上越多样化，便越能成功，并且能侵入其他生物占据的地方。现在我们看一看，从性状分歧大有益的这个原理，结合自然选择的原理和灭绝原理之后，能起怎样的作用。

本书所附的图表，有助于理解这个扑朔迷离的主题。设 A 到 L 代表某地一个大属的诸物种；假定它们的相似程度并不相等，正如自然界的一般情形那样，图表里用不同距离的字母表示。我说的是一个大属，第二章说过，大属比小属平均有更多的物种发生变异，并且发生变异的物种有更多数目的变种。我们还可看到，最普通的和分布最广的物种，比罕见的和分布狭小的物种变异更多。设 A 是普通的、分布广的、变异的物种，并且属于本地的一个大属。从 A 发出的不等长、分歧扇形散开的虚线代表其变异的后代。假定变异极其微细，但性质极其多样化；假定不同时发生，而常常间隔一个长时间才发生；假定其存续期也各不相等。只有那些好歹具有利益的变异才会保存下来，或被自然选择。这里性状分歧受益原理的重要性便出现了；因为，一般这就会导致最差异的或最分歧的变异（由外侧虚线表示）受到自然选择的保存和累积。虚线遇到横线，就用小数目字标出，那是假定变异量已充分积累，因而形成一个很显著的变种，并认为在分类上有记载价值。

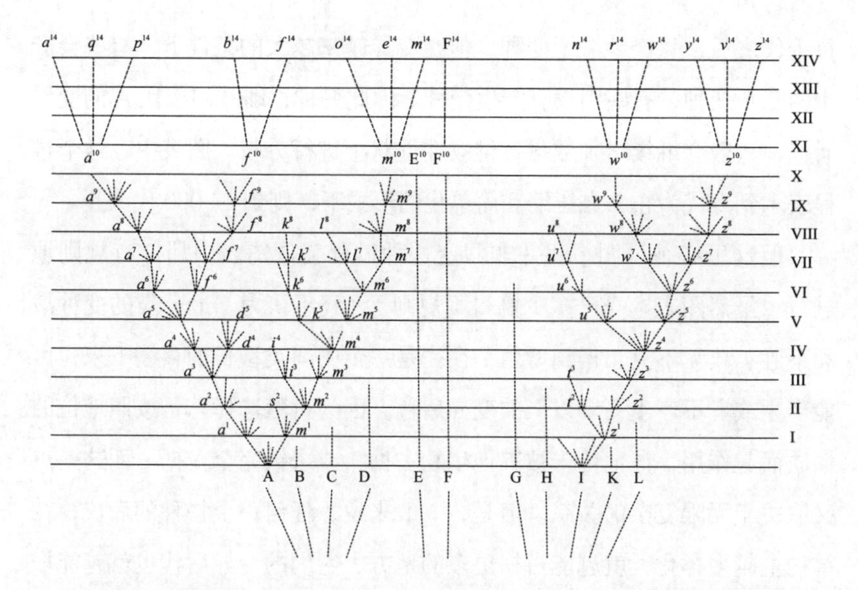

图表中横线之间的距离，代表 1 000 个世代，若能代表 10 000 个世代则更好。千代以后，设物种 A 产生了两个很显著的变种，a^1 和 m^1。而变种所处的条件一般还和亲代发生变异时相同，且变异性本身是遗传的；结果它们同样具有变异的倾向，并且一般差不多像亲代那样发生变异。还有，两个变种只是轻微变异了的类型，所以倾向于遗传共同亲代 A 的优点，因为亲代比本地大多数生物在数量上更多；它们还要遗传亲种所隶属的那一属的更为一般的优点，在自己的地区内成为一个大属。我们知道所有的这些条件对新变种的产生都是有利的。

这时，如果这两个变种仍能变异，那最分歧的变异在此后的千代中，一般都会保存下来。经过这段期间，设图表中的变种 a^1 产生了变种 a^2，根据分歧的原理，a^2 和 A 之间的差异要比 a^1 为大。设 m^1 产生两个变种，即 m^2 和 s^2，彼此不同，而和共同亲代 A 之间的差异更大。我们可以用同样的步骤把这一过程延长到任何久远的期间；有些变种，在每千代之后，只产生一个变种，但在变异越来越大的条件下，有些会产生两三个变种，有些则没有产生变种。因此变种，即共同亲代 A 的变异后代，一般会继续增加数量，继续在性状上进行分歧。图表中，这个过程表示到万代为止，在压缩和简单化的形式下，则到 14 000 代为止。

但这里必须说明：我并非假定这种过程会像图表中那样有规则地进行（虽然图表本身已多少搞得不规则）。我不认为，最分歧的变种战无不胜、攻无不克，得到增殖：往往是一个中间类型长期存续下来，可能产生或者不产生一个以上的变异后代。因为自然选择总是按照地位的性质而起作用，该地位未被其他生物占据，或未被完全占据；而这一点又取决于无限复杂的关系。但是，一般来说，任何一个物种的后代，在结构上越多样化，就越能占据更多的地方，它们的变异后代也就越能增殖。在上面的图表里，继承线在一定的间隔中断了，标以编号的字母，标志着继承的类型已充分独立，足以列为变种。但这样的中断是虚拟的，任何地方都可以插入，只要间隔的长度允许大量分歧变异量得以积累就行。

从一个分布广、属于一个大属的普通物种产生出来的一切变异后代，常常会继承亲代在生活中得以成功的那些相同优点，所以一般既能继续增殖，又能在性状上进行分歧：这一点在图表中由 A 分出的数条分支虚线表示。继承世系上后出现的更高度改进分支的变异后代，往往会取代，也就是毁灭较早的改进较少的分支；这在图表中表现为几条较低的分支，没有达到上面横线。有时候，变异过程无疑只限于一支世系，这样虽然在连续的世代中后代分歧变异在分量上扩大了，但变异后代在数量上并未增加。这种情形在图表中表示为，假设从 A 出发的各线都去掉，只留 a^1 到 a^{10} 的那一支。同样，举例说，英国赛马和英国指示犬，它们的性状显然从原种缓慢地分歧，既没有分出任何新分支，也没有分出任何新品种。

经过万代后，设A种产生了a^{10}、f^{10}和m^{10}这3个类型，由于经过历代性状的分歧，相互之间及与共同祖代之间的区别将会很大，但可能变化并不相等。如果假定图表中两条横线间的变化量极其微小，那这3个类型也许还只是十分显著的变种，或者达到了亚种的可疑范畴；但只消假定这变化过程在步骤上较多或在量上较大，就可以把这3个类型变为明确的物种。因此，图表表明了由区别变种的较小差异，升至区别物种的较大差异的各个步骤。把同样过程延续更多世代（如压缩简化了的图表所示），便得到了8个物种，用字母a^{14}到m^{14}表示，都是从A传衍下来的。因而我相信，物种增多了，属便形成了。

大属里，发生变异的物种可能在一个以上。我假定图表里第二个物种I以相似的步骤，经过万代以后，产生了两个显著的变种（w^{10}和z^{10}）或两个物种，依据横线间所表示的假定变化量而定。14 000世代后，假定6个新物种n^{14}到z^{14}产生了。在各个属里，性状已彼此极不相同的物种，一般会产生出最大数量的变异后代；因为它们在自然组成中拥有最好的机会来占有新的和广大不同的地方，所以在图表里，我选取极端物种A与近极端物种I，作为变异大和已经产生了新变种和新物种的物种。原属里的其他9个物种（均用大写字母表示），会长久地继续传下不变的后代；由于篇幅有限，图表用不很长的向上虚线来表示。

但在变异的过程中，如图表所示，起了重要作用的还有另一原理，即灭绝的原理。因为在每一处充满生物的地方，自然选择的作用必然在于选取生活斗争中比其他类型更为有利的类型，任何一个物种的改进后代经常有一种倾向：在每一世系的阶段中，把前辈以及原始祖代淘汰消灭掉。必须记住，在习性、体质和结构方面彼此最相近的那些类型之间，斗争一般最为剧烈。因此，介于较早的和较晚的状态之间的中间类型（即介于同种中改进较少的和改良较多的状态之间的）以及原始亲种本身，一般都有灭绝的倾向。世系上许多整个的旁支会这样灭绝，被后来的改进支系所征服。但是，如果一个物种的变异后代进入某一不同的地区，或者很快地适应于一个全新的地方，亲子间就没有竞争，两者就都可以继续生存下去。

假定图表中所表示的变异量相当大，则物种 A 及全部较早的变种皆灭亡，被 8 个新物种 a^{14} 到 m^{14} 所代替；而物种 I 将被 6 个新物种（n^{14} 到 z^{14}）所代替。

还可以进一步论述。假定该属的那些原种彼此相似的程度并不相等，自然界的情况一般就是如此；物种 A 和 B、C 及 D 的关系比和其他物种的关系近；物种 I 和 G、H、K、L 的关系比和其他物种的关系近，又假定 A 和 I 都是很普通而且分布很广的物种，因而比同属中的大多数其他物种本来就占有若干优势。它们的变异后代 14 000 世代中共有 14 个物种，也许遗传了一部分同样的优点：在世系的每一阶段还以多样化的方式进行变异改进，便在居住地区的自然组成中适应了许多相关地位。因此，它们似乎极有可能，不但会取代亲种 A 和 I 而消灭之，而且还会消灭与亲种最接近的某些原种。所以，能够传到第 14 000 世代的原种是极其稀少的。可以假定与其他 9 个原种关系最疏远的两个物种（E 与 F）中，只有一个物种 F 把后代传到这一世系晚近阶段。

图表里，从 11 个原种传下来的新物种数目现在是 15 。由于自然选择造成分歧的倾向，a^{14} 与 z^{14} 之间在性状方面的极端差异量远比 11 个原种之间的最大差异量大。而且，新种间的亲缘远近也很不相同。A 传下来的 8 个后代中，a^{14}、q^{14}、p^{14} 三者由于都是新近从 a^{10} 分出来的，亲缘比较近；b^{14} 和 f^{14} 是在较早的时期从 a^{5} 分出来的，故与上述 3 个物种在某种程度上有差别；最后 a^{14}、e^{14}、m^{14} 彼此在亲缘上是相近的，但是在变异过程的开端便有了分歧，所以与前面的 5 个物种大有差别，它们可以成为亚属或者明确的属。I 传下来的 6 个后代将形成两个亚属或两个属。但是原种 I 与 A 大不相同，在原属里差不多属于极端，所以 I 分出来的 6 个后代由于遗传的缘故，就与 A 的 8 个后代大不相同；而且，假定这两组生物向不同的方向继续分歧。而连接在原种 A 和 I 之间的中间种（这是很重要的论点），除 F 外也灭绝了，并且没有遗留下后代。因此，I 的 6 个新种，以及 A 的 8 个新种，势必被列为很不同的属，甚至可以被列为不同的亚科。

所以我认为，两个或两个以上的属，是经过变异传衍从同一属中两个以上的物种产生的。这两个以上的亲种假定是从早期一属里某一物种传下来的。图表里是用大写字母下方的虚线来表示的，其分枝向下收敛，会聚一点；这一点代表一个物种，它就是几个新亚属或属的假定单一亲种。

新物种 F^{14} 的性状值得稍加考虑，其性状假定未曾大分歧，仍然保存 F 的体型，无改变或少改变。这样，它和其他 14 个新种的亲缘关系，属于奇怪的迂回曲折性质。由于是现在假定已经灭绝而不为人知的 A 和 I 两个亲种之间的类型传下来的，其性状应该介于这两个物种的两群后代之间。但这两群的性状已经和亲种类型有了分歧，所以新物种 F^{14} 并不直接介于亲种之间，而是介于两群的亲种类型之间。每位学者都能想见这种情形的。

图表里，各条横线都设定代表 1 000 个世代，但也可以代表百万代或亿代，还可以代表包含有灭绝生物遗骸的连续地层的一部分。《地质学》一章还要讨论这一主题，我想，届时将看到的图表会对灭绝生物的亲缘关系有所启示。这些生物虽然一般与现今生存的生物同目、同科、同属，但常常在性状上多少介于现存的各群之间；这种事实容易理解，因为灭绝的物种生存在远古时代，那时系统线上的分枝线还只有较小的分歧而已。

我看没有理由把现在所解说的变异过程只限于属的形成。图表中，如果假定分歧虚线上的各个连续的群所代表的变异量是巨大的，则标着 a^{14} 到 p^{14}、b^{14} 和 f^{14}，以及 o^{14} 到 m^{14} 的类型，将形成 3 个极不相同的属。还会有 I 传下来的两个极不相同的属，由于持续的性状分歧和不同祖先的遗传，与 A 的后代大不相同。该属的两个群，按图表所示的分歧变异量，形成了两个不同的科或目。这两个新科或新目，是从原属的两个物种传下来的，而这两个物种又假定是从某个更古老的、不为人知的属的一个物种传下来的。

我们已经看到，各地最常出现变种即初始物种的，是较大属的物种。这确实是预料之中的。自然选择是通过一种类型在生存斗争中比其他类型占有优势而起作用的，主要作用于已经具有某种优势的类型。而任何一群之为大，就表明其物种从共同祖先那里遗传了共通的优点。因此，产生新的变异后代的斗争，主要发生在努力增加数目的大群之间。一个大群将慢慢征服另一个大群，减少其数量，从而减少其继续变异改进的机会。在同一大群里，后起的更完善的亚群，由于在自然组成中分歧出来并且占有许多新的地位，就经常倾向于淘汰消灭较早的、改进较少的亚群。小的破碎群及亚群终究灭亡。展望未来，我们可以预言，现在巨大的而且胜利的、最少破碎的即最少受灭绝之祸的生物群，将长此以往继续增加。但是哪几个群将最后胜利却无法预料，因为我们知道有许多从前极发达的群，现在都灭绝了。展望更远的未来，还可预言，由于大群继续不断增多，大量的小群终究要趋于灭绝，不会留下变异后代；结果，生活在任何一个时期内的物种，能把后代传到遥远未来的只是极少数。我将在《分类》一章继续讨论这个问题，但我可以补充一句，按照这种观点，由于只有极少数古远的物种能把后代传到今日，而且由于同一物种的一切后代形成一个纲，我们就能理解，为什么动物界和植物界的每一主要大类里，现今存在的纲是如此之少。虽然极古远的物种只有少数留下变异后代，但在最遥远的地质时代里，地球上也有许多属、科、目及纲的物种分布着，其繁盛差不多就和今天一样。

本章提要。古往今来，在变化着的生活条件下，生物结构的各个部分如果出现变异，我想这是无可争议的；由于各个物种按几何级数增加，而在某年龄、某季节或某年代发生激烈的生存斗争，这也确是无可争议的；那么，考虑到一切生物相互之间及其与生活条件之间的无限复杂关系，会引起结构上、体质上及习性上发生对它们有利的无限多样化。如果从来没有发生过任何有益于每一生物本身繁荣的变异，就像发生的许多有益于人类的变异那样，我想这是一件非常离奇的事。但是，如果有益于任何生物的变异真的发生，那么具有这种性状的个体在生活斗争中当然会有最好的机会得到保存；根据强势的遗传原理，这个个体将会产生具有同样性状的后代。我把这种保存原理简单地叫作“自然选择”。自然选择根据品质在相应龄期的遗传原理，能够改变卵、种子、幼体，就像改变成体一样容易。在许多动物里，性选择有助于普通选择，保证最强健的、最适应的雄体产生最多的后代。性选择又可使雄体独享有利的性状，以与其他雄体进行斗争。

自然选择是否真的如此发生作用，使各种生物类型变异适应于各种条件和生活处所，这必须根据以下各章所举证的一般性质和平衡来判断。但是我们已经看到自然选择怎样引起生物的灭绝；而世界史上灭绝的作用是何等巨大，地质学也已说明白了。自然选择还能引起性状的分歧；因为生物的结构、习性及体质越分歧，这个地区所能维持的生物就越多。只要对任何一处小地方的生物以及外地归化的生物加以考察，便可证明这一点。所以，任何一个物种的后代的变异过程中，一切物种增加个体数目的不断斗争中，后代如果越分歧，在生活斗争中就越有成功的好机会。这样，同一物种中不同变种间的微小差异，就有逐渐增大的倾向，一直增大为同属物种间的较大差异，甚至增大为异属间的较大差异。

我们已经看到，变异最大的，是大属的那些普通的、广为分散的、分布范围广的物种；而且这些物种倾向于把现今在本土成为优势种的优越性传给变异后代。如前所述，自然选择引起性状的分歧，并能使改进较少的和中间类型的生物大量灭绝。我认为，根据这些原理，可以解释全部生物间亲缘关系的本质。这真是奇妙，只是我们熟视无睹而已，即全部时间和空间内的一切动植物，都可各分为群，而彼此从属关联，如我们到处看到的那样——即同种的变种间的关系最密切，同属的物种间的关系不那么密切且不均等，形成区（section）及亚属；异属的物种间关系更疏远，并且属间关系远近程度不同，形成亚科、科、目、亚纲及纲。任何一个纲中的几个次级类群都不能列入单一行列，然皆环绕数点，这些点又环绕着另外一些点，循环往复，以至无穷。有人说物种是独立创造的，全部生物的分类便不能解释这一重大事实；但是，以我的判断，可根据遗传，以及引起灭绝和性状分歧的自然选择的复杂作用，如图表所见，这一点便可以解释。

同一纲中一切生物的亲缘关系常用一棵大树来表示。我看这种比喻在很大程度上表达了真实情况。绿色的、生芽的小枝可以代表现存的物种；以往年代生长出来的枝条可以代表长期连续的灭绝物种。在每一生长期中，一切生长着的小枝都试图向各方分枝，并且试图打压和消灭周围的枝条，就像物种和种群在伟大的生存斗争中试图压倒其他物种一样。巨枝分为大枝，再逐步分为越来越小的枝，它们本身就是树幼小时生芽的小枝；这种旧芽新芽由分枝来联结的情形，正好代表一切灭绝物种和现存物种的分类，群之下又分为群。当树还仅仅是树苗时，在许多茂盛的小枝中，只有两三枝现在成长为大枝了，生存至今，并且负荷着其他的枝条；生存在久远地质时代的物种也是这样，只有很少数遗下现存的变异后代。从这树开始生长以来，许多巨枝和大枝都枯萎而且脱落了，这些枯落了的、大小不等的枝条，可以代表那些没有留下生存的后代而仅处于化石状态的全目、全科及全属。正如这里或那里看到一个细枝从树的下部分杈处开枝散叶，并且碰巧受惠，至今还在旺盛地生长着，有时我们看到鸭嘴兽或肺鱼之类的动物，它们由疏远的亲缘关系把生物的两条大枝连接起来，因生活在有庇护的地点，而从致命的竞争里得到幸免。芽生长而出新芽，新芽如果健壮，就会分出枝条，遮盖四周许多弱枝条，所以我相信，伟大的生命之树（Tree of Life）的生长也是这样，用枯落枝条填充地壳，用生生不息的美丽枝条装扮地面。

第五章

变异的法则

外界条件的影响——与自然选择相结合的用与废；飞翔器官和视觉器官——气候驯化——相关生长——生长的补偿和节约——假相关——重复的、退化的及低等体制的结构易生变异——发育异常的部分易于高度变异：物种的性状比属的性状更易变异：第二性征易生变异——同属的物种以类似方式发生变异——长久亡失的性状的重现——提要。

至此，我有时把变异说成是事出偶然，因为生物在家养状态下是如此普遍且多样，在自然状态下则不那么常见。当然，这是完全不正确的说法，但足以表明我们对于各种变异的原因一无所知。某些作者认为，产生个体差异或结构的轻微偏差，就像使孩子酷似双亲那样，是生殖系统的机能。但是，在家养状态下，变异性比自然状况下更大，畸形更常发生。于是我认为，结构变异在某种程度上是生活条件的性质决定的，因为父母亲和祖先已经在这样的条件下生活了若干世代。第一章说过，生殖系统明显受生活条件变化的影响，当然需要一大串事实来证明这一点的正确性，这里从略。而后代变动的、可塑的条件，我主要归咎于父母亲的生殖系统在机能上受到了扰动。雌雄性器官似乎在形成新生命的结合发生之前就受到了影响。至于“芽变植物”的情况，芽在最早的条件下与胚珠没有本质差别，是单独受到影响的。可是，生殖系统受到扰动后，为什么这个部分或那个部分变异得更大或者更小，我们全然不知道。然而，我们时不时得到一丝丝启发，可以肯定，结构上的每次偏差，不管多么轻微，一定事出有因。气候、食物等的改变，发生了多大直接作用，令人莫衷一是。我的印象是，在动物方面的作用极微，而在植物方面也许影响多一点。我至少可以稳妥地断言，这种作用不能产生如我们在自然界的各种生物间所看到的结构的许多复杂的相互适应。

一些微小的影响可以归结于气候、食物等。例如福布斯（E. Forbes）断言，生长在最南方的贝类，如果是浅水的，颜色要比北方的或深水的同种贝类来得鲜明。古尔德（Gould）先生相信，同种的鸟，生活在明朗大气中的，颜色要比生活在海边或海岛上的来得鲜艳。昆虫也是如此，沃拉斯顿相信，海边生活会影响其颜色。摩坤－丹顿（Moquin-Tandon）曾列出一张植物表，所举的植物生长在近海岸处时，在某种程度上叶多肉质，虽然在别处并不如此。另外尚能举出若干类似的例子。

一个物种分布到其他物种的生长区，其变种常常稍微获得该物种的某些性状，这一点符合我们关于各种物种只不过是清晰标记的永久变种的观点。比如囿于热带浅海的贝类，一般比深海冷水贝类的外壳更加艳丽。内陆鸟类比海岛鸟类颜色更加鲜艳，这是古尔德先生的观点。收藏者都知道，囿于沿海的昆虫，外壳往往是古铜色或者鲜艳色的。囿于海滨的植物容易生长肉质的叶子。相信每一个物种都是神创的人必定会说，这个贝类为了暖和的海水而天生鲜艳的贝壳，而另一种贝类分布到暖水浅海时就因变异而变得鲜艳了。

当变异对生物有极微小的用处时，就无法说出这一变异有多少应当归因于自然选择的累积作用，有多少应当归因于生活条件作用。例如，皮货商都很熟悉，同种动物生活的气候越严寒，毛皮就越厚越好；但谁能说出差异有多少是由于毛皮最温暖的个体在许多世代中得到惠及而被保存，有多少是由于严寒气候的直接作用呢？因为气候似乎对于家畜的毛皮是有某种直接作用的。

同一物种在分明不同的外界条件下，产生了相同的变种，而在相同的外界条件下，却产生了不相似的变种，这样的事例不胜枚举，表明生活条件的作用想必是何等间接的。还有，有些物种虽然生活在极相反的气候下，仍能保持纯粹，完全不变，这样的事例不计其数，也是学者人人都熟悉的。这种情况使我不重视周围条件的直接作用。上面提及，间接地，周围条件似乎能大大影响生殖系统，从而引起变异性。然后，自然选择将有益的变异统统积累起来，不管多么轻微，直到明显发展，为我们所察觉。

用和废的作用。根据第一章所述，家养动物的有些器官因使用而加强和增大，有些器官因不使用而缩小，我想这是无可怀疑的，而且这种变化是遗传的。在不受拘束的自然状态下，由于不知道祖代的类型，所以没有比较的标准来判别长久连续使用和不使用的效果；但是许多动物所具有的结构，是能够按不使用的效果而解释的。欧文教授说，自然界没有比鸟不能飞更为异常的了，然而若干鸟类却是这样的。南美洲的大头鸭（logger-headed duck）只能在水面上扑腾翅膀，翅膀几乎和家养的艾尔斯伯里鸭（Aylesbury duck）一样。在地上觅食的大型鸟，除避险以外很少飞翔，所以我认为现今或不久之前栖息在无猛兽海岛上的几种鸟几乎没有翅膀，是不使用的缘故。鸵鸟的确是栖息在大陆上的，它暴露在不能靠飞翔来逃脱的危险下，但能够像小型四足兽那样通过踢敌来自卫。可以想象，鸵鸟一属的祖先，习性原是和大雁相像的，但自然选择在连续的世代里增加了其身体的大小重量，它就更多地用腿，而更少地用翅膀，终于变得不能飞翔。

柯比（Kirby）说过（我也曾看到过同样的事实），许多吃粪的雄性甲虫的前趾节，即前足常常会断掉；他检查了所采集的 17 个标本，没有一个留有一点痕迹。阿佩勒蜣螂（*Onites apelles*）的前足跗节的亡失是司空见惯的，所以常描述为不具有跗节。某些其他属虽具有跗节，但只是一种残迹的状态而已。埃及人视为神圣的甲虫（*Ateuchus*）的跗节完全缺失。没有足够的证据可以认为肢体损伤能遗传；我认为，圣甲虫全然没有前足跗节，某些其他属仅仅留有跗节的残迹，最妥当的解释是祖先长久持续不使用的结果；因为许多吃粪的甲虫一般都失去了跗节，这一定发生在生命早期；所以，此种昆虫无法使用跗节。

在某些个案里，我们很容易把全部或主要由自然选择所引起的结构变异归咎于不使用。沃拉斯顿先生发现了一件引人注目的事实，就是栖息在马德拉的550种甲虫中，有200种甲虫的翅膀不完全而不能飞翔；29个土著的属中，不下23个属的所有物种都是这样的情况！还有，世界上有许多地方的甲虫常常被风刮到海中溺死，而马德拉的甲虫据沃拉斯顿的观察，隐蔽得很好，直到风和日丽方才出来；无翅甲虫的比例数，在没有遮拦的德塞塔群岛（Desertas）比在马德拉更大。特别奇异的是，沃拉斯顿特别重视一个事实，生活习性需要经常使用翅膀的某些大群甲虫，其他各地非常多，在这里却几乎绝迹——凡此种种，让我相信，这么多的马德拉甲虫之所以没有翅膀，主因是自然选择的作用，也许配合了不使用。因为在成千上万连续的世代中，有些甲虫个体要么翅膀发育得稍不完全，要么习性怠惰，飞翔最少，不会被风吹到海里去，因而获得最好的生存机会；反之，最喜欢飞翔的甲虫个体最常被风吹到海里去，因而遭到毁灭。

马德拉也有不在地面觅食的昆虫，如某些在花朵中觅食的鞘翅类和鳞翅类，必须经常使用翅膀以获取食物，据沃拉斯顿先生猜测，这些昆虫的翅膀不但一点也没有缩小，甚至会更加增大。这完全符合自然选择的作用。当新的昆虫最初到达此岛时，增大或者缩小翅膀的自然选择的倾向，将取决于战风胜利而保存下来的个体多，还是放弃这种企图，少飞、不飞而保存下来的个体多。譬如船在近海失事，对于船员来说，善于游泳的游得越远越好，不善于游泳的，攀住破船倒好些。

鼹鼠和某些穴居的啮齿类动物，眼睛在大小上发育不全，某些个案的眼睛被皮和毛所遮盖。眼睛的这种状态大概是由于不使用而渐渐缩小的缘故，不过这里恐怕也辅以自然选择。南美洲一种穴居的啮齿动物，叫作吐科—吐科（tuco-tuco），拉丁文即 *Ctenomys*，深入地下的习性甚至有过于鼹鼠；一位常捉此动物的西班牙人告诉我说，其眼睛多半是瞎的。我养过一只活的，它的眼睛的确是这种情形，解剖后才知道原因，瞬膜发炎。眼睛常常发炎对于任何动物必定是有害的，而眼睛对穴居习性的动物肯定不是必要的，所以眼睛缩小，上下眼睑粘连，上面生毛，可能是有利的；倘使有利，自然选择就会不断辅助不使用的效果。

众所熟知，奥地利的斯蒂里亚（Styria）及美国肯塔基州（Kentucky）的洞穴里，栖息有几种属于极其不同纲的盲目动物。某些蟹虽然已经没有眼睛，眼柄却依然存在；望远镜的透镜已经丢了，而镜架还依然存在。对于生活在黑暗中的动物来说，眼睛虽然没有用处，很难想象会有什么害处，所以其亡失归因于不使用。有一种盲目动物，叫作洞鼠（cave-rat），两只眼睛硕大。西利曼（Silliman）教授认为，在光线下生活若干天后，它恢复了微弱的视力。就像马德拉岛一样，某些昆虫的翅膀扩大了，某些昆虫的翅膀缩小了，原因是自然选择，辅助以用和废；洞鼠的情况是，自然选择似乎与失去光线斗争过，扩大了眼睛的尺寸；而对于洞中所有其他动物而言，似乎唯有不使用大显身手了。

很难想象，生活条件还有比几乎相似气候下的石灰岩大洞更为相似的了；所以按照盲目动物系为美洲和欧洲的岩洞分别创造出来的旧观点，可以预料到它们的体制和亲缘是极其相似的。可希厄特（Schiodte）等人指出，情况并非如此；两大陆的岩洞昆虫，预料也不比欧洲和北美洲的动物之间的一般类似性更密切相关。依我看，必须假定美洲动物具有正常的视力，它们逐代慢慢地从外界移入肯塔基洞穴的越来越深的处所，就像欧洲动物移入欧洲的洞穴里那样。我们有这种习性渐变的某种证据，希厄特说过："预备从光明转入黑暗的动物，与普通类型相距并不远。结构适于微光的类型继之而起，最后是适于全黑暗的那些类型。"动物经过无数世代，达到最深的深处时，眼睛因不使用而差不多完全灭迹了，而自然选择常常会引起别的变化，如将触角或触须的增长作为盲目的补偿。尽管有这种变异，我们还是能看出美洲的洞穴动物与美洲大陆别种动物的亲缘关系，欧洲的洞穴动物与欧洲大陆动物的亲缘关系。我听达纳（Dana）教授说过，美洲的某些洞穴动物确系如此，而欧洲的某些洞穴昆虫与其周围地方的昆虫极其相似。如果按独立创造的普通观点来看，对于盲目的洞穴动物与该两大陆其他动物之间的亲缘关系，就很难给予合理的解释。新旧两个世界的若干洞穴动物的亲缘密切关联，可从众所周知的这两个世界的大多数其他生物间的关系料想到。有些穴居动物十分古怪，如阿加西斯（Agassiz）说过的洞鲈（*Amblyopsis*），又如欧洲的爬行动物洞螈（*Proteus*），这没有什么值得大惊小怪的，我所惊奇的只是古生物的残余没有保存得更多，因为住在这种黑暗处所的动物，竞争也许并不激烈。

气候驯化。植物的习性是遗传的，如开花期、种子发芽时所需要的雨量、休眠的时间等，因此我要略谈一下气候驯化。同属不同种的植物栖息在热地和寒地原是极其普通的，我认为同属的一切物种确是由单一的亲种传下来的，如果说得对，那么气候驯化必定在传承的长期过程中轻易实现。众所周知，每一物种都适应其本土气候：从寒带甚至从温带来的物种不能忍受热带气候，反过来也是一样。还有许多多汁植物不能忍受潮湿气候。但是，一个物种对于生境气候的适应程度常常会被高估。我们往往无法预知一种引进植物能否忍受我们的气候，而从温暖地区引进的能够在这里健康生长的动植物屈指可数，这就是明证。我们有理由相信，在自然状态下，物种在分布上的限制因素，生物竞争高于等于生境气候的适应。但是不管这种适应是否普遍很贴切，我们都有证据可以证明，少数植物变得自然习惯于不同的气温了；这就是说，它们驯化了：胡克博士从喜马拉雅山上的不同高度，采集了松树和杜鹃花属的种子，栽培在英国，发现它们具有不同的抗寒力。思韦茨（Thwaites）先生告诉我说，他在锡兰看到过同样的事实；沃森先生曾把欧洲种的植物从亚速尔群岛带回英国做类似的观察。关于动物，也有若干确实的事例可以引证，自有历史记载以来，物种大大地扩展分布范围，从较暖的纬度扩展到较冷的纬度，反之亦然；这些动物是否严格适应其本土的气候，虽然在一般情形下我们假定是这样的，但我们无法肯定这个事实；然而我们也不知道，后来是否对于新家乡变得驯化。

我认为，家养动物最初是由未开化人选择出来的，是因为它们有用，同时在幽禁状态下容易生育，而不是因为人们后来发现它们能够输送到遥远的地方去。我想，家养动物的共同能力十分出色，不仅能够抵御千差万别的气候，而且在那种气候下完全能生育（这是更为严峻的考验）。据此可以论证，现今生活在自然状态下的动物，大多数容易引入并能够抵御千差万别的气候。然而，我们千万不要把上述论点牵强附会，因为家养动物可能起源于若干个野生祖先。例如，热带狼和寒带狼、野犬的血统恐怕混合在家犬品种里面。大鼠（rat）和家鼠（mouse）不能看作是家养动物，却被人带到世界的许多地方去，现在分布之广，远超任何其他啮齿动物；自由生活于北半球法罗群岛（Faroe）和南半球马尔维纳斯群岛（Falklands）的寒冷气候下，还生活在赤日炎炎的许多热带岛屿上。因此，这些动物对于特殊气候的适应，我们可以将它看作是大多数动物所共有的性质，容易移植于体质中内在的广泛柔性里去。根据这种观点，人类自己和家养动物对于千差万别的气候的忍受能力，以及古代的大象和犀牛能忍受冰河期的气候，而它们的现存种却具有热带亚热带的习性，这些都不应看作异常的事情，而应看作是很普通的体质柔性在特殊环境下起作用的事例。

物种对于特殊气候的驯化，有多少是单纯出于习性，有多少是出于具有不同内在体质的变种的自然选择，有多少是兼而有之，这是一个难解的问题。不管是类推或类比，还是农业著作甚至古代的中国百科全书的谆谆忠告，上面都说把动物从此地运到彼地必须十分小心，所以我必须相信习性和习惯是有一些影响的。因为人类不大可能成功选择那么多的品种和亚品种，都具有特别合适他们地区的体质。我想，造成这种结果的原因一定是习性。另一方面，自然选择必然始终倾向于保存生来就具有最适于居住地的体质的个体，这一点毋庸置疑。论述多种栽培植物的论文里说，某些变种比其他变种更善于抵御某种气候。美国出版的果树著作中明确说明，某些变种惯常推荐在北方栽培，某些变种推荐在南方栽培；由于这些变种大多起源于近代，其体质差异不能归因于习性。洋姜（Jerusalem artichoke）从来不用种子繁殖，因而也没有产生过新变种，甚至有人通过提出这个例子来证明气候驯化是无法实现的，因为它一如既往地娇嫩！又如，菜豆（kidney-bean）的例子也常常因相同目的而被引证，并且更为有力；但是除非有人很早就持续播种了 20 代菜豆，使其极大部分被霜所毁，之后从少数的生存者中采集种子，并且注意防止偶然杂交，然后同样小心地再从这些幼苗采集种子来进行播种，我们就不能说这个试验已经做过了。我们也不能假定菜豆实生苗的体质从来不产生差异，因为有一则报告说，某些实生苗确比其他实生苗具有更强的抗寒力。

总之，我想可以得出结论，习性、用废在某些个案中对于各种器官体质和结构的变异中是有重要作用的，但用废的效果大都往往和内在变异的自然选择相结合，有时后者还会支配这一效果。

相关生长。这个术语的意思是，整个体质、结构在生长和发育的过程中紧密结合在一起，任何一部分发生些微的变异，而被自然选择所累积时，其他部分也会产生变异。这是一个至关重要的主题，我们对此所知甚少。最明显不过的个例，就是唯有对幼龄动物或幼虫有益的累积变异，将影响成年动物的结构，这一结论是有把握的。影响早期胚胎的畸形，同样会严重地影响成年动物的体质。同源的、在胚胎早期相似的身体若干部分，似乎倾向于按照关联方式进行变异：我们看到身体的右侧和左侧，按照同样的方式进行变异；前腿和后腿，甚至颚和四肢一起变异，因为人们认为下颚和四肢是同源的。我不怀疑，这些倾向好歹完全受着自然选择的支配。例如，只在一侧生角的一群雄鹿一度存在过，如果这一点对于该品种曾经有过任何大的用处，大概自然选择就会使它永久如此了。

某些作者说过，同源的部分有合生的倾向；我们常常能在畸形植物里看到这种情形；正常结构里同源器官的结合是再普通不过的，比如花瓣结合成管状。坚硬的部分似乎能影响相连接的柔软部分的形态；某些作者认为，鸟类骨盆形状的多样化使肾的形状发生显著的多样化。另外一些人相信，人类母亲的骨盆形状由于压力会影响胎儿头部的形状。施莱格尔（Schlegel）说，蛇类的体形和吞食的状态会决定若干最重要的内脏的位置。

这种关联结合的性质，往往令人费解。小圣提雷尔先生曾强调指出，畸形有些频繁共存，另外一些则很少共存，令人莫名其妙。对于猫，蓝眼睛与耳聋的关系，黄黑色相间与雌猫的关系；对于鸽，有羽毛的脚与外趾间蹼皮的关系，雏鸽绒毛的多寡与成年鸽羽毛颜色的关系；还有，土耳其裸犬的毛与牙的关系；虽然同源也许在这里起着作用，难道还有比这些关系更为奇特的吗？关于上述相关作用的最后一例，我想并非偶然的是，随便选出哺乳动物中表皮最异常的二目，即鲸类和贫齿类（犰狳及穿山甲等），同样全部都有最异常的牙齿。

据我所知，要表明和使用无关因而和自然选择无关的相关法则在重要结构变异上的重要性，没有任何个案比某些菊科（Compositous）和伞形科（Umbelliferous）植物的内花和外花的差异更为适宜的了。众所周知，雏菊等的中花和边花是有差异的，并且往往伴随着花的部分败育。某些菊科植物的种子在形状和刻纹上也有差异；连子房本身，包括附属器官，都有差异，卡西尼（Cassini）曾说过的。有些作者把这些差异归因于压力，而且某些菊科边花内种子的形状与这一想法相符；但是胡克博士告诉我，伞形科花冠的情况，其内花、外花差异大的，往往绝不是花序最密的那些物种。我们可以设想，外花花瓣的发育靠着从其他花朵的器官吸收养料，这就造成了器官的发育不全；但在某些菊科植物里，花冠并无不同，而内外花的种子却有差异。这些差异可能与流向中心花和外围花的养料流向不同有关：至少我们知道，关于不整齐花，那些最接近花轴的最易变成反常整齐花（peloria），也就是整齐花。关于这一点，我再补充一个例子，是相关作用的惊人例子，我最近发现许多天竺葵属（*Pelargoniums*）植物里，花序的中央花的上方二瓣常常失去深色的斑点；如果发生这情形，它所附着的蜜腺便大为退化。如果上方的二瓣中只有一瓣失去颜色，蜜腺则只是大大地缩短了。

关于花冠中花序中心花和外花的差别，斯普伦格尔说，边花的用处在于引诱昆虫，昆虫的媒介对于这两目植物的受精是高度有利的，我对这一意见并不觉得牵强附会，尽管它们乍看好像没什么道理；如果有利，则自然选择可能已经起作用了。但是，关于种子内外结构上的差别，不一定和花的差异相关，因而似乎不可能对植物有什么利益：而在伞形科植物里，此等差异具有明显的重要性——陶希（Tausch）说，外围花的种子胚乳有时候是平腹的，中心花的种子胚乳却是中空的——所以老德康多尔用类比差别对此目植物进行主要分类。因此，分类学者们高度重视的结构变异，也许全部由于不明的相关生长法则所致，据我们所能判断的，这对于物种并没有丝毫的用处。

物种的整个群所共有的、并且确实单由遗传而来的结构，往往会被错误地归因于相关生长；一位古代的祖先通过自然选择，可能已获得了某一种结构上的变异，而且经过数千代以后，又获得了另一种与上述变异无关的变异；这两种变异如果遗传给习性多样化的全体后代，那么自然会使我们想到它们在某种方式上一定是相关的。所以，我不怀疑还有些其他明显的相关情况在整个的目里出现，显然由自然选择的单独作用所致。例如，德康多尔说，有翅的种子从来不见于不裂开的果实；关于这一规律，我可以做这样的解释：除非蒴裂开，种子就不可能通过自然选择而渐次变成有翅的；结籽略微更适于吹扬的个体，比那些较不适于散布的种子更占优势；蒴不开裂的，不可能进行这个过程。

老圣提雷尔和歌德几乎同时提出生长的补偿法则，即平衡法则；依照歌德所说的："自然为了要在一边花费，就得在另一边节约。"我想，这种说法对于家养动物好歹是适用的：如果养料过多地流向一部分或某一器官，那流向另一部分的养料至少不会过多；所以要获得一头既产奶多又容易长膘的牛是困难的。同一批圆白菜变种，不会产生数量营养双丰的菜叶，同时又结出大量的含油菜籽。水果种子在萎缩时，果肉本身却在大小和品质方面大大地改进了。家鸡的头上有一大丛冠毛的，一般都伴随着鸡冠缩小，多须的，则伴随着肉垂缩小。对于自然状态下的物种，很难坚持普遍地适用这一法则；但是许多优秀的观察者，特别是植物学者，都相信其正确性。然而，我不会在这里列举任何例子，觉得很难用什么方法来辨别两种效果，一是一部分通过自然选择而大大发育，而另一邻近部分由于同样的过程或不使用却缩小了；二是一部分的养料被实际夺取，而另一邻近的部分则过分生长。

我还怀疑，某些已提出过的补偿个案，以及某些其他事实，可以合并在一个普遍原则里，即自然选择不断地试图来节约体制的每一部分。在多变的生活条件下，如果一种结构在以前有用，到后来用处不大了，其发育中的些许缩小都会被自然选择抓住，因为不把养料空费在建造无用的结构上去，是有利于个体的。我考察蔓足类时大开眼界，由此才理解了一项事实，而且类似的事例是很多的：即一种蔓足类如寄生在另一蔓足类体内因而得到保护时，其外壳即背甲便几乎完全消失了。雄性四甲石砌属（*Ibla*）就是这种情形，寄生石砌属（*Proteolepas*）确实更加如此：别的蔓足类的背甲都是由非常发达的头部前端的高度重要的 3 个体节所构成，并且具有巨大的神经和肌肉；但寄生的和受保护的寄生石砌，其整个头的前部却缩小到仅仅留下一点非常小的残迹，附着在具有捕捉作用的触角基部。如果寄生习性造成大而复杂的结构成为多余的部分时，其省略步骤尽管缓慢，对于该物种的各代个体都是有决定性的利益的；因为各动物都处于生存斗争之中，会通过减少养料浪费在无用的结构上，来获得维持自己的较好机会。

因此我认为，身体的任何部分一成为多余，自然选择终会使它缩小并省略，而毫不需要相应程度地使其他某一部分发达增大。反之，自然选择会完全成功地使一个器官发达增大，而不需要某一邻近部分缩小，作为必要的补偿。

正如小圣提雷尔说过的，无论物种还是变种，凡是同一个体的任何部分或器官重复多次（如蛇的脊椎骨，多雄蕊花中的雄蕊），它的数量就容易变异；而同样的部分或器官数量较少的，就会保持稳定，这似乎已成惯例。这位作者以及一些植物学者还会进一步指出，凡是重复的器官，在结构上极易发生变异。用欧文教授的话来说，这叫作“生长的重复”（vegetative repetition），似乎是低等体质的标示。前面所说的似乎和学者们的普遍意见相关，自然系统中的低级生物比高级生物更容易产生变异。我这里所谓低等的意思是指体质的若干部分很少有机能专门化，只要同一器官不得不担任多样化的工作时，大概能理解它为什么容易变异，也就是自然选择对于各种器官形状上的小偏差，无论保存或排斥，都比较宽松，不像对于专营一种功能的部分那样严格。这正如一把切割各种东西的刀子，几乎可能具有任何形状；反之，专为切割某一特殊物体的工具，最好具有特殊的形状。千万不要忘记，自然选择只能通过和为了各生物的利益，才能在各部分发生作用。

正如某些作者所说的，我也认为它是正确的，退化器官极易变异。我们以后还要讲到退化器官和发育不全器官的一般主题，这里只补充一点，其变异性似乎是由于它们毫无用处，因而也是由于自然选择无力抑制它们结构上的偏差而已。因此，退化部分任由各种生长法则发挥，受到长期废弃的影响，受到返祖倾向的支配。

比起近似物种里的同一部分，任何一个物种异常发达的部分易高度变异。——数年前，我被沃特豪斯先生发表的与上面标题近似的论点所打动。从欧文教授关于婆罗洲野人手臂长度的观察，我推理他也似乎得出了近似的结论。要使人相信上述主张的正确性，不把我所搜集的一系列事实举出来是无望的，然而我不可能在这里和盘托出。我只能说，我坚信这是一个极普遍的规律。我考虑到可能发生错误的几种原因，但希望我已对它们留下了足够的余地。我们必须明白，对于身体的任何部分，即使是异常发达的部分，除非和许多密切近似物种的同一部分比较，显示出它异常发达，就不能应用这一规律。例如蝙蝠的翅膀，在哺乳动物纲中是一个最异常的结构，但这里并不能应用这一规律，因为一大群的蝙蝠都有翅膀；只有某一蝙蝠物种和同属的其他物种相比较，具有显著发达的翅膀，才能应用。在第二性征以任何异常方式出现的情况下，可以大大地应用这一规律。亨特（Hunter）所用的第二性征这一术语，是指属于雌雄一方的性状，但与生殖行为并无直接关系。这一规律适用于雄性和雌性，但雌性适用的比较少，因为很少具有显著的第二性征。这一规律很明显适用于第二性征，可能是由于这些性状不论是否以异常的方式出现，总是具有巨大的变异性——我想这毋庸置疑。但是这一规律并不局限于第二性征，雌雄同体的蔓足类就是明证。这里补充一下，我研究这一目时，特别注意了沃特豪斯的话；我坚信，这一规律几乎总是适用蔓足目。我将在未来的著作里，把显著的个案都列成一个表；这里只举出一个个案，说明这一规律的最大适用实例。无柄蔓足类（岩藤壶）的盖瓣，从各方面说都是很重要的结构，甚至在不同的属里的差异也极小；但有一属，即在四甲藤壶属（*Pyrgoma*）的若干物种里，这些瓣却呈现出惊人的多样性；这种同源的瓣，形状有时在异种之间竟完全不同；而且在同种个体间，其变异量也非常之大，我可以不夸张地说，这些重要器官在同种各变种间所表现的性状差异，是大于异属间所表现的。

栖息在同一地方的鸟类变异极小，我曾特别注意到它们；这一规律似乎是肯定适用于这一纲的。我还不能发现这一规律可以应用于植物，若不是植物的巨大变异性使得它们变异性的相对程度特别难以比较，我对这一规律正确性的信赖就要发生严重的动摇。

当我们看到一个物种的任何部分或器官以显著的程度或方式发育时，正当的假定是，它对于那一物种是高度重要的；然而这时该部分极易变异。为什么会如此呢？根据各个物种独立创造出来的观点，即所有部分都像今天所看到的那样，我难以进行解释。根据各个物种群是从其他物种传下来并且通过自然选择而发生了变异的观点，我想我们能从中得到一些启发。如果我们对于家养动物的任何部分或整体不予注意，而不施任何选择，那这一部分［例如多径鸡（Dorking fowl）的肉冠］或整个品种，就不会再有近乎一致的性状。我们可以说这一品种是退化了。在残迹器官方面，在很少功用专门化的器官方面，也许在多形的类群方面，我们可以看到几乎平行的自然个案；此时，自然选择未曾或者不能发生充分的作用，因此体制便处于彷徨的状态。但是我们在这里特别关心的是，在家养动物里，那些由于连续的选择作用而现今正在迅速变化的方面也是显著易于变异的。看一看鸽子的品种吧，不同翻飞鸽的嘴、不同传书鸽的嘴和肉垂、扇尾鸽的姿态及尾羽等具有何等巨大的差异量；这些正是目前英国养鸽者主要注意的方面。甚至在同一个亚种里，如短面翻飞鸽，众所周知要育成近乎完全标准的鸽子是极困难的，新生个体往往与标准相去甚远。因此，我们可以说，一方面要回到较不完全变异状态去的倾向，以及进一步发生各种变异的内在倾向；一方面是保持品种纯真的不断选择的力量，两者每时每刻在进行着斗争。长远看还是选择获胜，因此我们不必担心无法从优良的短面鸽品系里育出像普通翻飞鸽那样粗劣的鸽子。不过，只要选择正在迅速进行，正在进行变异的结构总会出现巨大的变异性。我们还应该注意，这些通过人类选择所引起的可变异性状，有时候会莫名其妙地专门附着于一个性别，一般是雄性，比如传书鸽的肉垂和球胸鸽的大嗉子。

现在让我们转向自然界。任何一个物种的一个部分如果比同属的其他物种异常发达，我们就可以断言，这一部分自从该属的共同祖先分出的时期以来，已经进行了异乎寻常的变异。这一时期很少会极其久远，一个物种很少能持续一个地质时代以上。所谓异常的变异量是针对非常巨大的长期变异性而言，是自然选择为了物种的利益而连续累积起来的。但是异常发达的部分或器官的变异性，既已如此巨大而且是在不很久远的时期内长久连续进行，我们一般还可发现，这些器官比在更长久时期内几乎保持稳定的体质的其他部分，具有更大的变异性。我坚信事实就是这样。一方面是自然选择，另一方面是返祖和变异的倾向，两者之间的斗争经过一个时期便会停下来；最异常发达的器官会成为稳定的，我认为这是毋庸置疑的。因此，一种器官不管怎样异常，既以近于大致同一状态传递给许多变异后代，如蝙蝠的翅膀，按照我的理论来讲，它一定在很长久的时期内保持着差不多同样的状态；这样，它就并不比任何其他构造更易于变异。只有在变异是比较新近而且异常巨大的情况下，我们才能发现所谓发育的变异性（generative variability）依然高度存在。因为在这种情形下，由于对那些按照所要求的方式和程度发生变异的个体进行继续选择，而且对返归以前较少变异的状态进行继续排除，变异性很少会固定下来。

这里所讨论的原理可以推而广之。众所周知，物种的性状比属的性状更易变异。举一个简单的例子来说明。如果在植物大属里，有些物种开蓝花，有些物种开红花，颜色只是物种的一种性状；开蓝花的物种会变为开红花的物种，谁都不会对此感到惊奇，反之亦然；但是，如果一切物种都是开蓝花的，这颜色就成为属的性状，而它的变异便是更异常的事情了。我选取这个例子，是因为多数学者所提出的解释不能在这里应用，他们认为物种的性状之所以比属的性状更易变异，是因为其分类所根据的部分的生理重要性小于属的分类所根据的那些部分。我认为这种对部分的解释是正确的，只是间接的；我在《分类》一章里还要讲到这一点。引证支持物种的性状比属的性状更易变异的说法，几乎是多此一举；但我在博物学著作里一再注意到，当作者惊奇地谈到，某一重要器官或部分在物种大群中一般是极其固定的，但在亲缘密切的物种中差异却很大，而且它在某些同种的个体中常常易于变异。这一事实表明，一般具有属的价值的性状，一经降低其价值而变为只有物种的价值时，虽然其生理重要性还保持一样，它却往往变为易于变异的状态了。同样的情形大概也可以应用于畸形：至少小圣提雷尔似乎毫不怀疑，一种器官越是在同群的不同物种中正常地表现差异，在个体中也越容易变态。

按照各个物种独立创造的流俗观点来看，在独立创造的同属各物种之间，为什么结构上相异的部分比密切近似的部分更容易变异？我对此无法做出任何说明。但是，按照物种只是特征显著的和固定的变种的观点来看，我们就可以常常看到，在比较近期内变异了的因而彼此有所差异的那些结构部分，还要继续变异。换而言之，凡是属内一切物种彼此相似的、而与其他属的构造相异的各点，就叫作属的性状。这些相同性状可以归因于共同祖先的遗传，自然选择很少能使若干不同的物种按照完全一样的方式进行变异，这些不同的物种已经适于多少广泛不同的习性。所谓属的性状是在物种最初从共同祖先分出来以前就已经遗传下来了，此后它们没有发生什么变异，或者只出现了些许的差异，所以时至今日就不大会变异了。另一方面，同属某物种与另一物种的不同各点就叫作物种的性状。这些性状是在物种从一个共同祖先分出来以后，发生了变异并且出现了差异，所以大概还应在某种程度上常常发生变异——至少比长久保持稳定的那些体质的部分，更易变异。

关于现在的主题，我只想再说两句话。我想无须详细讨论，大家都会承认，第二性征是高度变异的。同时还会承认，同群的物种彼此之间在第二性征上的差异，比在体质的其他部分上的差异更加广泛。例如，比较一下在第二性征方面有强烈表现的雄性鹑鸡类之间的差异量与雌性鹑鸡类之间的差异量，此说的正确性便一目了然。第二性征的原始变异性的原因还不够明显；但我们可以知道，为什么它们没有像其他部分那样表现了固定性和一致性，因为它们是性选择所积累起来的，而性选择的作用不及普通选择作用那样严格，它不致引起死亡，只是使较为不利的雄性少留一些后代而已。不管第二性征的变异性的原因是什么，因为它们是高度变异的，所以性选择就有了广阔的作用范围，因而也就能够轻易地使同群的物种在第二性征方面比在其他结构方面表现较大的差异量。

同种两性间第二性征的差异，一般都表现在同属各物种彼此差异所在的完全相同的那一部分，这是一个值得注意的事实。关于这一事实，我愿举出列在我的表中首当其冲的两个事例来说明；由于在这些个案中，差异具有非常的性质，其关系绝不是偶然的。甲虫足部跗节的同样数目，是极大部分甲虫类所共有的一种性状；但是韦斯特伍德（Westwood）说，木吸虫科（Engidae）里跗节的数目变异很大；并且在同种两性间，这个数目也有差异。还有，在掘地性膜翅类里，翅脉是大部分所共有的性状，所以是高度重要的性状；但是在某些属里，翅脉因物种不同而有差异，并且在同种两性间也是如此。这种关系对我的观点有明显的意义，我认为同属的一切物种肯定由一个共同祖先传下来，而任何一个物种的两性也一样。因此，不管共同祖先或其早期后代有哪一部分的结构成为变异的，这一部分的变异极有可能要被自然选择或性选择所利用，以使各个物种在自然组成中适于各自位置，而且使同一物种的两性彼此适合，使雄性和雌性适合不同的生活习惯，或者使雄性在占有雌性方面适于和其他雄性做斗争。

最后，我可以下结论，物种的性状即区别物种之间的性状，比属的性状即物种所共有的性状，具有更大的变异性；一个物种的任何部分与同属物种的同一部分相比较，表现异常发达时，这一部分常常具有极度的变异性；一个部分无论怎样异常发达，如果这是全群物种所共有的，则其变异程度是不大的；第二性征的变异性是大的，并且在亲缘密切的物种之间性状差异是大的；第二性征的差异和通常的物种差异，一般都表现在体质的同一部分，这一切原理都是紧密关联在一起的。这主要是由于，同一群物种都是一个共同祖先的后代，遗传了许多共同的东西，由于晚近发生大量变异的部分，比遗传已久而未曾变异的部分，更加有可能继续变异下去；由于随着时间的推移，自然选择至少能够完全克服返祖和进一步变异的倾向；由于性选择不及自然选择那样严格；一更由于同一部分的变异，被自然选择和性选择所积累，因此就使它适应了第二性征的目的以及一般物种的目的。

不同的物种可能会呈现出相似的变异；而一个物种的变种常常会表现出近似物种的某种性状，或者复现早期祖代的某些性状。观察一下家养族，就极易理解这些主张。地区相隔辽远的一些极不相同的鸽的品种，呈现头生逆毛和脚生羽毛的亚变种。这是原来的岩鸽所不曾具有的性状；所以，这些就是两个以上不同的族的相似变异。球胸鸽常有 14 支甚至 16 支尾羽，我们可以认为这是一种变异，代表了另一族即扇尾鸽的正常结构。我想不会有人怀疑，所有的这些相似变异，是由于这几个鸽族都是在相似的未知影响下，从一个共同亲代遗传了相同的体质和变异倾向。植物界也有相似变异的例子，见于瑞典芜菁（Swedish turnip）和芜菁甘蓝（Ruta baga）的肥大的茎（俗称根部）；若干植物学者把此等植物看作是从一个共同祖先培养出来的两个变种：如果不是这样，这个例子便成为两个所谓不同的物种呈现相似变异的例子了。除此两者之外，还可加入第三者，即普通芜菁。按照每一物种是独立创造的流俗观点，我们势必不能把这三种植物的肥大茎的相似性，都归因于共同来源的真实原因，也不能归因于同样方式变异的倾向，而势必归因于三种分离的而又密切关联的创造行为。

然而，关于鸽子，还有另一个案，即所有品种会偶尔出现深蓝灰色的鸽子，翅膀有两条黑带，腰部为白色，尾端有一条黑带，外羽近基部的外缘呈白色。由于所有这些标记都是亲种岩鸽的特性，我假定这是返祖个案，而不是若干品种出现新的相似变异，这是不会有人怀疑的。我想，可以有把握得出这样的结论，因为我们已经看到，这种颜色标记非常容易在两个不同的、颜色各异的品种的杂交后代中出现；在此，深蓝灰色带几种标记的重现并不来自外界生活条件的作用，而仅是依据遗传法则的杂交行为的影响。

有些性状已经失去许多世代乃至数百世代还能重现，这无疑很令人惊叹。但是，当一个品种和其他品种杂交仅仅一次，其后代在许多世代中偶尔还会有复现外来品种性状的倾向，有人说大约是 12 代或多至 20 代。从一个祖先得来的血（用普通的说法），在 12 世代后，其比例仅为 $\frac{1}{2048}$；然而，诚如我们所见，一般认为，返祖倾向是由极少量这种外来血液所保持的。在未曾杂交过、但双亲失去了祖代某种性状的品种里，如前所述，重现失去了的性状的倾向无论强弱，差不多可以传递给无数世代，尽管可以看到反证。品种已经亡失的性状，经过许多世代以后还重复出现，最近情理的假设是，并非个体突然又酷似数百代以前的祖先，而是世世代代都有再现该性状的倾向，最后在未知的有利条件下发展起来了。例如，在很少产生蓝色黑条鸽的巴巴里家鸽里，大概每一世代都有产生蓝色羽毛的潜在倾向。这个观点是假设，但有一些事实做支撑；通过无数世代传递下来的这种倾向，比十分无用的器官即残迹器官同样传递下来（我们手头有证据）的倾向，在理论上的不可能性不会更大。例如，金鱼草（snapdragon，*Antirrhinum*）常常出现第五雄蕊的残迹器官，它一定有该遗传的倾向。

根据我的理论，同属的一切物种既然假定是从一个共同祖先传下来的，那就可以期待，它们偶尔会以相似的方式变异；所以某一物种的一个变种在某些性状上会与另一物种相似。这另一个物种，按我的观点，只是特征显著而固定的变种而已。但是单由相似变异而发生的性状，其性质大概不重要，因为一切重要性状的存在，须依照物种的不同习性，通过自然选择而决定，而不会留给生活条件与相似遗传体质的相互作用。我们可以进一步期待，同属的物种偶尔会重现消失的祖先性状。然而，由于不知任何类群的共同祖先的确切性状，也就不能区别这两个个案。例如，如果不知道亲种岩鸽不具毛脚或倒冠毛，我们就不能说家养品种中出现这样的性状，到底是返祖现象，还仅仅是相似变异；但我们从众多标记可以推论出，蓝色是返祖的个案，因为标记和蓝色是相关联的，看样子不会从一次简单变异中一齐出现。颜色不同的品种进行杂交时，蓝色和标记频繁出现；由此我们尤其可以推论出上述一点。因此，尽管在自然状态下，我们一般必须存疑，什么个案是古已存在性状的重现，什么个案是相似的新变异。然而，根据我的理论，有时应该发现一个物种的变异着的后代具有同群的其他个体已经具有的性状，不管是返祖还是相似变异。这种情况在自然界是毋庸置疑的。

在分类中识别变异物种，难处主要在于变种好像在模仿同属中的其他物种。还有，介于两个类型之间的中间类型不胜枚举，而这些类型本身列为变种还是物种也还存疑；除非把所有这些类型都认为是分别创造的物种，上述一点就表明，变异中的类型已经获得了对方的某些性状，所以才产生了中间类型。但是最好的证据还在于性状一般不变的重要部分或器官，偶尔也发生变异，好歹获得近似物种的同一部分或器官的性状。我搜集了一大堆此种个案，但这里照例无缘列举。我只能重复一遍，这种个案的确存在，很值得我们注意。

然而，我要举出一个奇异而复杂的个案，倒不是影响了任何重要性状，而是出现在同属的若干物种里，一部分是家养的，一部分是在自然状态下的。显然属于返祖现象。驴腿上不时出现很明显的横条纹，就像斑马腿：有人声称幼驴腿最为明显，我调查后，认为这一点千真万确。还有人声称，肩上的条纹有时是双重的，在长度和轮廓方面当然易于变异。有人说有一头白驴的脊上和肩上没有条纹，这不是皮肤白化病，深色的驴子有时也很不明显或实际上完全失去了这种条纹。据说，由帕拉斯命名的古骏野驴（koulan of Pallas）肩上有双重条纹。野驴没有肩条纹，但布莱斯先生等人说，野驴的肩上偶然会出现条纹痕迹；普尔（Poole）上校告诉我说，这个物种的幼驹，一般腿上都有条纹，而肩上的条纹却很模糊。斑驴（quagga）虽然躯体部有斑马状的明显条纹，腿上却没有；然而格雷（Gray）博士所绘制的一个标本，后脚踝关节处却有极清楚的斑马状条纹。

关于马，我在英国搜集了许多极其不同品种的、各种颜色的马脊上生有条纹的个案：暗褐色和鼠褐色的马腿上生有横条纹的并不罕见，栗色马中也有过一个这样的例子；暗褐色的马有时肩上会生有不明显的条纹，而且我在一匹枣红马的肩上也曾看到条纹痕迹。我的儿子为我仔细检查并速写了双肩生有双重条纹、腿部生有条纹的一匹暗褐色比利时驾车马，还有一位信得过的人替我仔细查验过一匹小型暗褐色威尔士矮种马（Welsh pony）的双肩上生有 3 条平行的短条纹。

印度西北部，凯替华（Kattywar）品种的马，通常都生有条纹。听普尔上校说，他曾为印度政府查验过这个品种，没有条纹的马被认为不是纯种马。脊上都生有条纹；腿上也通常生有条纹，肩上的条纹也很普通，有时候是双条，有时候是 3 条；还有，脸的侧面有时候也生有条纹。幼驹的条纹最明显，老马的条纹有时完全消失了。普尔上校见过初生的灰色和枣红色凯替华马都有条纹。从爱德华（W. W. Edwards）先生给我的材料中，我有理由推测，幼小的英国赛马的脊上条纹比长成的马普遍得多。这里无须赘述。可以说，我搜集了许多腿部条纹和肩部条纹的个案，表明不同地方的极其不同品种的马都有条纹，从英国到华东，从北方的挪威到南方的马来群岛，都是如此。在世界各地，这种条纹最常见于暗褐色和鼠褐色的马；暗褐色包括广大范围的颜色，从介于褐色和黑色中间的颜色起，一直到接近乳白色。

我知道史密斯（Hamilton Smith）上校曾就这个主题写过论文，认为马的若干品种是从若干原种传下来的，其中一个暗褐色的原种生有条纹；并且认为上述的外貌都因在古代与暗褐色的原种杂交所致。但我根本不相信这种说法，不愿意将它应用于天各一方、千差万别的品种，如笨重的比利时驾车马、威尔士矮种马、结实的矮脚马、细长的凯替华马等。

我现在来讲一讲马属几个物种的杂交效果。罗林（Rollin）断言，驴和马杂交所产生的普通骡子，腿上特别容易生有条纹。我见过一匹骡子，腿上条纹如此之多，任何人乍看都会把它当作斑马的杂种。马丁（W. C. Martin）先生在一篇有关马的优秀论文里，绘有类似的骡子图。我曾见过 4 张驴和斑马的杂种彩图，腿部具有极明显的条纹，远比身体其他部分为甚；其中一匹的肩上生有双重条纹。莫顿（Moreton）爵士育有的一个著名杂种，是从栗色雌马和雄斑驴育成的，它甚至还有后来这雌马与黑色阿拉伯公马所产生的纯种后代，腿上都生有比纯种斑驴还要明显的横条纹。最后，还有一个极其值得注意的个案，格雷博士曾绘制过驴子和野驴的杂种（他告诉我，他还知道有第二个个案）；虽然驴的腿上极少生有条纹，而野驴则没有，甚至在肩上也没有条纹，但是这一杂种的 4 条腿上仍然生有条纹，并且像威尔士矮种马的杂种一样，肩上还生有 3 条短条纹，甚至脸的两侧也生有一些斑马状条纹。关于最后这一事实，我坚信绝不会有一条带色的条纹像普通所说的那样是偶然发生的，因此，驴和野驴的杂种脸上有条纹的事情便引导我去问普尔上校，是否条纹显著的凯替华品种的马脸上也曾有过条纹，如上所述，他

分或器官而言，因为它们在近代发生了变异并且由此而有所区别；但我们在第二章里也看到，同样的原理可应用于整个个体；因为，如果一个地区发现了任何属的许多物种，就是说那里曾经有过许多变异和分化，或者说那里新的物种类型的制造曾经活跃地进行过。那么，在那个地区，平均而言，我们现在可以发现极多的变种或初始物种。第二性征是高度变异的，在同群的物种里彼此差异很大。体制中同一部分的变异性，一般曾被利用以产生同一物种两性间的第二性征差异，以及同属的若干物种的种间差异。任何部分或器官，与其近缘物种的同一部分或器官相比较，如果已经发达到相当的大小或异常的状态，那么自该属产生以来必定经历了异常大量的变异；由此可以理解，为什么它至今还会比其他部分有更大的变异；因为变异是一种长久而持续的、缓慢的过程，自然选择在上述情况下尚未来得及克服进一步变异的倾向，以及重现较少变异状态的倾向。但是，如果具有任何异常发达器官的一个物种，变成许多变异后代的亲本（我认为这想必是一个很缓慢的过程，需要长久的时间），自然选择就会轻易地给这个器官以固定的性状，无论其发达方式是多么异常。从一个共同祖先遗传了几乎同样体质的物种，当暴露在相似的影响之下，自然就有表现相似变异的倾向，这些相同的物种偶尔会重现其古代祖先的某些性状。虽然重要的新变异不一定是由于返祖和相似变异而发生的，但此等变异会使自然界获得更加美妙而调谐的多样性。

不管后代和亲代之间的每一轻微差异的原因是什么——每一差异必有因——是有利于个体的差异通过自然选择的逐渐积累，才引起了结构上的一切重要变异，从而地球上无数的生物得以相互斗争，充分适应，生生不息。

第六章

学说的难点

伴随着变异的遗传学说的难点——过渡——过渡变种的不存在或稀有——生活习性的过渡——同一物种中的多样化习性——具有与近缘物种极其不同习性的物种——极度完善的器官——过渡方式——难点的个案——自然界没有飞跃——重要性小的器官——器官并不统统都是绝对完善的——自然选择学说所包括的模式统一法则和生存条件法则。

读者远在读到本章之前，想来已经遇到了成堆的难点。有些难点很严重，今日我想到它们还不免触目惊心。但是，据我所知，大多数的难点只是表面现象，而那些真实的难点，我想，对这一学说来说也不是致命的。

这些难点和异议可以分作以下几类。第一，如果物种是从其他物种一点点地无缝逐渐遗传变成的，那么，为什么我们没有到处看到无数的过渡类型呢？为什么物种恰像我们所见到的那样界限分明，而整个自然界并不是混乱的状态呢？

第二，一种动物，比方说，具有像蝙蝠那样结构和习性的动物，有可能由别种习性大相径庭的动物变化而成吗？我们能够相信自然选择一方面可以产生出很不重要的器官，如只能用作拂蝇的长颈鹿的尾巴，另一方面，可以产生出像眼睛那样的奇妙器官吗？眼睛无法模仿的完美性，我们至今没有能够充分领悟。

第三，本能能够通过自然选择获得和改变吗？引导蜜蜂营造蜂房的神奇本能实际上预示着学识渊博的数学家的发现，对此，我们应当做何解说呢？

第四，对于物种杂交时的不育性及其后代的不育性，对于变种杂交时的能育性的不受损害，我们应该怎样解释呢？

前两项将在这里讨论；本能和杂交（hybridism）会在另外的两章讨论。

论过渡变种的不存在或稀有。——因为自然选择的作用仅仅在于保存有利的变异，所以在充满生物的区域内，每一种新的类型都倾向于代替并且最后消灭比自己改进较少的亲类型以及与它竞争而受益较少的类型。因此我们看到，灭绝和自然选择是并行不悖的。所以，如果我们把每一个物种都看作是从某未知类型传下来的，那么亲种和一切过渡的变种，一般在这个新类型的形成完善过程中就已经被消灭了。

但是，依据这种理论，无数过渡的类型一定曾经存在过，为什么我们看不到它们大量埋存在地壳里呢？我会在《论地质记录的不完全》一章里讨论这一问题，将会更加便利；我在这里只说明，关于这一问题的答案主要在于地质记录的不完全实非一般所能想象。记录不全的主要原因是生物并不潜居深海，其遗体只有在足够厚实宽广的沉积体中才能嵌入保存到未来年代，抵御大量的未来剥蚀；而这种含化石的沉积体只有在缓慢下沉的浅海床上大量沉积时才能积累起来。这种偶发条件可遇不可求，万年才能遇到一次。海床可静止可抬升，沉积较少的，地质史就出现空白了。地壳是个巨大的博物馆，但自然界的收藏是在长久的间隔时期中间歇进行的。

但是，我们可以主张，当若干亲缘密切的物种栖息在同一地域内时，确实应该在今日看到许多的过渡类型才对。举一个简单的例子，当在大陆上从北往南旅行时，我们一般会时不时地看到亲缘密切的或代表的物种显然在自然组成里占据着几乎相同的位置。这些代表的物种常常相遇交叉，此消彼长，终于彼此淘汰。但如果在这些物种相混的地方来比较它们，我们就可以看出结构的各个细点一般都绝对不同，就像从各个物种的中心栖息地点采集来的标本一样。按照我的理论，这些近缘物种是从一个共同亲种传下来的，在变异的过程中，各个物种都已适应了自己区域里的生活条件，并淘汰消灭了原来的亲种以及一切连接过去和现在的过渡变种。因此，我们今日不应该希望在各地都遇到大量的过渡变种，虽然它们必定在那里存在过，并且可能以化石状态在那里埋存着。但是在具有中间生活条件的中间地带，我们现在为什么看不到密切连接的中间变种呢？这一难点在长久期间内颇使我惶惑，但是我想，它大体是能够解释的。

首先，如果一个地方现在是连续的，我们就推论它长期也是连续的，对此应当极端慎重。地质学使我们相信，大多数的大陆，甚至在第三纪末期也还分裂成岛屿；这样的岛屿上没有中间变种在中间地带生存的可能性，不同的物种大概是分别形成的。由于地形和气候的变迁，现在连续的海面在最近以前的时期，一定远远不像今日那样连续和一致。但是我不取这条道路来逃避困难；因为我相信许多定义明确的物种是在本来严格连续的地面上形成的；虽然我并不怀疑现今连续地面的以前断离状态，对于新种形成，特别对于自由杂交而漫游的动物的新种形成，有着重要的作用。

观察一下现今在广大地域内分布的物种，我们一般会看到它们在一个大界域内是相当多的，而在边界处就多少突然地逐渐稀少下来，最后终于消失。因此，两个代表物种之间的中立地带比起各自的独占地带，一般是狭小的。我们在登山时可以看到同样的事实，有时正如德康多尔所说的，一种普通的高山植物非常突然地消失了，这是十分值得注意的。福布斯在用捞网采集器探查深海时，也曾注意到同样的事实。有些人把气候和物理的生活条件看作是分布的最重要因素，这等事实应该令人惊异，因为气候和高度或深度都是在不知不觉中逐渐改变的。但是如果我们记得，几乎每一物种，甚至在分布的中心地方，倘没有竞争的物种，个体数目将巨幅增加；几乎一切物种不是吃别的物种便是被吃掉；总而言之，每一种生物都与别的生物以极重要的方式直接间接地发生关系，那么我们就会知道，任何地方的生物分布范围决不单单取决于不知不觉地变化着的物理条件，大部分取决于其他物种的存在，依赖其他物种而生活，或者被其他物种所毁灭，或者与其他物种相竞争；由于这些物种都已经是定义分明的实物（不管是怎么形成的），没有被不可觉察的各级类型混淆在一起，任何一个物种的分布范围，因依存于其他物种的分布范围，都倾向于清晰的定义。此外，各个物种在分布范围的边缘上，个体数目生存较少，由于敌害、猎物数量的波动，或季节变动，将极易遭到彻底消灭；因此，它的地理分布范围的界限就更加清晰了。

亲缘的或代表的物种生存在连续的地域内时，各物种一般都有广大的分布范围，之间有比较狭小的中立地带，它们在那里会突然地越来越稀少；如果我的这个观点正确，那么又因为变种和物种没有本质上的区别，所以同样的法则大概可以应用于两者；如果我们假想让一个正在变异中的物种适应于一片广大区域，那势必要让两个变种适应于两片大区域，并且要让第三个变种适应于狭小的中间地带。结果就是，中间变种由于栖息在狭小的区域内，个体数目较少；实际上，据我所能理解的来说，这一规律是适合于自然状态下的变种的。关于藤壶属（Balanus）里的显著变种的中间变种，我看到这一规律的显著例子。沃森先生、阿萨·格雷博士和沃拉斯顿先生给我的材料表明，当介于两个类型之间的中间变种存在的时候，其个体数目一般比所连接的两个类型要少得多。如果我们相信这些事实和推论，并且断定连接两个变种的变种个体，一般较所连接的类型少的话，那我想就能理解中间变种为什么不会存续很久——中间变种为什么照例比被原来所连接的那些类型灭绝和消失得早些。

如前所述，任何个体数目较少的类型，比个体数目多的类型，会遇到更大的灭绝机会；在这种情况下，中间类型极容易被两边存在着的亲缘密切的类型所侵犯。但我认为还有更加重要的理由，在我假定两个变种改变完善为两个不同物种的进一步变异过程中，个体数目较多的两个变种，由于栖息在较大的地域内，就比在狭小中间地带内个体数较少的中间变种占有强大优势。个体数较多的类型，比个体数较少的类型，在任何给定的时期内，都有更好的机会去呈现更有利的变异，以供自然选择利用。因此，较普通的类型在生活竞争里，就倾向于压倒淘汰较不普通的类型，因为后者的改变和改良是比较缓慢的。我相信，如第二章所指出的，这一同样的原理也可说明为什么每一地区的普通物种比稀少的物种平均能呈现较多的特征显著的变种。我可以举例来说明我的意思，假定饲养着 3 个绵羊变种，第一个适应于广大的山区；第二个适应于比较狭小的丘陵地带；第三个适应于广阔的平原。假定这三处的居民都有同样的决心和技巧，利用选择来改良品种；此时，拥有多数羊的山区或平原饲养者，将有更多的机会，比拥有少数羊的狭小中间丘陵地带饲养者在改良品种上要快些；结果，改良的山地或平原品种就会很快代替改良较少的丘陵品种；这样，本来个体数目较多的这两个品种，便会彼此密切相接，而没有那被淘汰的丘陵中间变种夹在其中。

总而言之，我认为物种终究是定义相当分明的实物，在任何一个时期内，不会有无数变异着的中间环节而造成不可分解的混乱：第一，因为新变种的形成是很缓慢的，由于变异就是一个缓慢的过程，除非有利的变异碰巧发生，同时这个地区的自然系统中有位置可以让一个或更多改变的生物更好地占据，自然选择就无所作为。这样的新位置决定于气候的缓慢变化或者新生物的偶尔移入，更重要的，也许决定于某些旧生物的徐缓变异，由此产生的新类型，便和旧类型互相发生作用和反作用。所以在任何一处地方，在任何一个时候，我们应该只能看到有少数物种在构造上表现出好歹持久的轻微变异；而这的确是我们看到的情形。

第二，现在连续的地域，在过去不久的时期一定常常是隔离的部分，那里可能有许多类型，特别属于每次生育须进行交配和漫游甚广的那些纲，已经分别变得十分不同，足以列为代表物种。在此，若干代表物种和它们的共同祖先之间的中间变种，先前在这个地区的各个隔离部分内一定存在过，但是这些环节在自然选择的过程中都已淘汰灭绝，所以现今就看不到活体存在了。

第三，如有两个以上的变种在一个严密连续地域的不同部分形成，那很可能中间地带起先有中间变种形成，但是一般存在的时间不长。因为中间变种由于已经说过的理由（即由于我们所知道的亲缘密切的物种或代表物种的实际分布情形，以及公认的变种的实际分布情形），生存在中间地带的个体数量要比所连接的变种少。单从这种原因来看，中间变种就难免偶然灭绝；在通过自然选择进一步变异的过程中，它们几乎一定要被所连接的类型所压倒淘汰；因为这些类型的个体数量多，整体上有更多的变异，这样便能通过自然选择得到进一步的改进，而进一步扩大优势。

最后，不是看任何一个时期，而是看所有时期，如果我的学说正确，那无数的中间变种肯定存在过，而把同群的全部物种密切连接起来；但是正如屡次说过的，自然选择的过程常常倾向于使亲类型和中间环节灭绝。结果，它们曾经存在的证明只能见于化石的遗物中，而这些化石的保存，如以后的一章里所要指出的，是极不完全而且间断的记载。

论具有特殊习性和构造的生物之起源和过渡。反对我的意见的人曾经问道：比方说，陆栖食肉动物怎样能够转变成具有水栖习性的食肉动物？在过渡状态中怎么能生存？我们不难阐明，在同一个群中现今有许多食肉动物呈现着从严格的陆栖习性到水栖习性之间密切连接的中间各级；并且由于各自为求生而斗争，显然其习性能够很好地适应其在自然界所处的位置。试看北美洲的水貂（*Mustela vison*），脚有蹼，毛皮、短腿以及尾的形状都像水獭。在夏季，这种动物潜水捕鱼为食，但在漫长的冬季离开冰冻的水，像鸡貂（polecats）一样，捕食家鼠和陆栖动物。如果用另一个例子来问，食虫的四足兽怎样能够转变成能飞的蝙蝠？这个问题要难得多，我将哑口无言。然而我想，这种难点无足轻重。

在这里，正如在其他场合，我处于严重不利的局面，因为从我搜集的许多惊人事例里，我只能举出一两个，来说明同属密切亲缘物种的过渡习性和结构，以及同一物种中无论恒久或暂时的多种习性。依我看，像蝙蝠这种特殊的情况，非把过渡状态的个案列成一张长表，就不足以减少其中的困难。

看一看松鼠科，这里的分级可谓细腻。从有的种类开始，其尾巴仅仅稍微扁平，还有一些种类，如理查森（J. Richardson）爵士所论述过的，其身体后部相当宽阔，两肋的皮膜相当丰满，直到所谓飞鼠；飞鼠的四肢甚至尾巴的基部，都由广阔的皮膜联结在一起，作用就像降落伞，可以在空中从这树滑翔到那树，距离之远实在惊人。不能怀疑，每一种结构对每一种松鼠在其栖息的地区都各有用处，可以逃避食肉鸟兽，可以较快地采集食物，或者，我们有理由相信，这可以减少偶然跌落的危险。然而，我们不能从这一事实就得出结论，每一种松鼠的结构在一切自然条件下都是所能想象的最佳结构。假设气候和植被变化了，假设与它竞争的其他啮齿类或新的食肉动物迁移进来了，旧有的食肉动物变异了，如此类推，会使我们相信，至少有些松鼠要减少数量或者灭绝，除非它们的结构也能相应的变异改进，所以，特别是在变化着的生活条件下，那些肋旁皮膜越来越丰满的个体将继续保存下来，我看是不难的，它的每一变异都是有用的，都会传衍下去，这种自然选择过程的累积效果，终于会有一种所谓的完美飞鼠产生出来。

现在看一看猫猴类（Galeopithecus）飞狐猴，先前曾被错放在蝙蝠类中。它那肋旁极阔的皮膜，从额角起一直延伸到尾巴，把生着长指的四肢也包含在内了，皮膜还生有伸张肌。虽然还没有适于空中滑翔结构的各级环节把猫猴类与狐猴科联结起来，然而不难设想，这样的环节先前存在过，而且各自就以滑翔不完全的飞鼠那样的步骤形成，而各级结构对于它的所有者都有用处。我觉得也没有任何不能超越的难点来进一步相信，猫猴类由皮膜连接的指头与前臂，由于自然选择而大大增长了；这一点，就飞翔器官来讲，就可以使那种动物变成蝙蝠。在某些蝙蝠里，翼膜从肩端起一直延伸到尾巴，并且把后腿都包含在内，约莫可以看到一种原来适于滑翔而不适于飞翔的结构痕迹。

假如有 12 个属左右的鸟类灭绝了或者不为人知，谁敢冒险推测，只把翅膀用作击水的一些鸟，如大头鸭（*Micropterus of Eyton*）；在水中把翅膀当作鳍用，在陆上当作前脚用的一些鸟，如企鹅；把翅膀当作风帆用的一些鸟，如鸵鸟；以及如几维鸟（*Apteryx*）等翅膀在机能上没有任何用处的一些鸟曾经存在过呢？然而上述每一种鸟的结构，在所处的生活条件下都是有用的，因为每一种都势必在斗争中求生存，但是并不一定在一切可能条件下都是最佳的。切勿从这些话去推论，这里所讲的各级翅膀的结构（大概都由于不使用的结果），都表示鸟类实际获得完全的飞翔能力所经过的步骤；但是至少表示有多少多样化过渡方式是可能的。

看到像甲壳动物（Crustacea）和软体动物（Mollusca）这些水中呼吸动物的少数种类可以适应陆地生活；又看到飞鸟、飞兽，形形色色的飞虫，先前存在过的飞爬虫，我们就可以想象那些依靠鳍拍击而稍稍上升、旋转和在空中滑翔很远的飞鱼，是可以变为完全有翅膀的动物的。如果这种事情曾经发生，谁会想象到，它们在早先的过渡状态中是大洋里的居民呢？而且据我们所知，它们的初步飞翔器官是专门用来逃脱别种鱼的吞食的呢！

看到适应于任何特殊习性而达到高度完善的结构，如飞翔的鸟翅，我们必须记住，表现有早期过渡各级结构的动物很少会留到今日，而通过自然选择会在完善的过程中淘汰。另外，我们可以断言，适于不同生活习性的结构之间的过渡状态，在早期很少大量发展，也很少具有许多从属的类型。这样，我们再回到假想的飞鱼例子，真正会飞的鱼，大概不是为了在陆上和水中用许多方法捕捉许多种类的食物，而在许多从属的类型里发展起来，直到飞翔器官达到高度完善的阶段，使得它们在生活斗争中相对于其他动物得到决定性的优势。因此，在化石状态中发现具有过渡各级结构的物种的机会总是不多的，因为个体数目少于那些结构上充分发达的物种。

现在我举两三个事例来说明同种个体间习性多样化和习性的改变。不论在哪种情况下，自然选择都能轻易使动物改变结构并适应其改变了的习性，或者专门适应若干习性中的一种。然而，难以决定的是，究竟习性变化一般先于结构，还是结构的稍微变化引起了习性变化呢？两者往往大概是同时发生的，但这些对我们并不重要。关于习性改变的情形，我们只要能举出现在许多英国昆虫专吃外来植物或人造食物就足够了。关于习性多样化，例子不胜枚举。我在南美洲常常观察霸鹟（*Saurophagus sulphuratus*）像茶隼（kestrel）似的盘旋来盘旋去，要么静静伫立在水边，然后像翠鸟（kingfisher）似的冲入水中捕鱼。在英国，有时可以看到大山雀（*Parus major*）几乎像旋木雀（creeper）似的攀行枝上，有时又像伯劳（shrike）似的啄小鸟的头部，把它们弄死。我好多次看见并且听到，它们像五子雀（nuthatch）似的在枝上啄食紫杉（yew）的种子。赫恩（Hearne）在北美洲看到黑熊大张其嘴在水里游泳数小时，像鲸鱼似的捕捉水中的昆虫。哪怕是如此极端的个案，如果昆虫的供应源源不断，而且区域内没有更加适应环境的竞争者捷足先登，我看不难出现一个熊种族通过自然选择在结构和习性上越来越适应水族生活，嘴巴越来越大，直到产生鲸鱼一样的畸形动物。

由于我们有时候会看到一些个体具有不同于同种和同属异种所固有的习性，依我看，我们可以预期这些个体偶尔会产生新种，具有异常的习性，而且在结构上或多或少地改变原种的模式。自然界里是有这样的事例的。啄木鸟攀登树木并从树皮裂缝里捕捉昆虫，我们能够举出比这种适应性更加动人的例子吗？然而北美洲有些啄木鸟主要以果实为食，另有一些啄木鸟却生着长翅飞行捉捕昆虫。拉普拉塔平原没有生长一株树，那里有一种啄木鸟，在每一个基本体制上，甚至在羽色、粗糙的音调、波动式的飞翔，能够清清楚楚地告诉我它与英国普通啄木鸟的密切血缘关系，但这种啄木鸟从来不爬树！

海燕（petrels）是最具空中性和海洋性的鸟，但是在恬静的火地海峡间有一种名叫水雉鸟（*Puffinuria berardi*）的鸟，在一般习性上，在惊人的潜水力上，在游泳姿态和被迫起飞时的飞翔姿态上，任何人都会把它误认为是海雀（auk）或鸊鷉（grebe）的；尽管如此，它在本质上还是一种海燕，只是体制的许多部分已经起了深刻的变异。关于水鸫（water-ouzel），最敏锐的观察者根据尸体检验，也决不会想象到它有半水栖的习性；然而这种陆栖鸫科鸟的异数却以潜水为生——在水中使用翅膀，用两足抓握石子。

有些人相信各种生物创造出来就像今日所看到的那样，他们遇到一种动物的习性与结构不相一致时，一定会大惊小怪。鹅鸭蹼脚的形成是为了游泳，还有什么更为明显的呢？然而产于高地的鹅，虽然生着蹼脚，却很少走近水边，除却奥杜邦（Audubon）外，没有人看见过四趾都有蹼的军舰鸟（frigate-bird）降落在海面上的。另一方面，鸊鷉和骨顶鸡（coots）都是显著的水栖鸟，但趾仅在边缘上生着膜。涉禽类（Grallatores）无膜长趾的形成，是为了便于在沼泽地和浮草上行走，还有更为明显的吗？可是美洲骨顶鸡（water-hen）几乎和骨顶鸡一样，是水栖性的；而秧鸡（landrail）几乎和鹌鹑（quail）、鹧鸪（partridge）一样，是陆栖性的。这些例子，我可以举一反三，都是习性已经变化而结构并发生相应变化。高地鹅的蹼脚在机能上可以说已经变得几乎是残迹了，虽然其结构并非如此。军舰鸟趾间深凹的膜，表明它的结构已开始变化了。

相信分别而无数次生物创造行为的人会说，在这些例子里，造物主喜欢使一种模式的生物去代替别种模式的生物；但在我看来，这只是巧言重复罢了。相信生存斗争和自然选择原理的人，则会承认各种生物都不断地在努力增加个体数目，而任何生物无论在习性或结构上只要发生很小的变异，从而较同一地方的别种生物占便宜，就能攫取该生物的位置，不管与自己原来的位置有多大的不同。这样，也就不会感到奇怪了。具有蹼脚的鹅和军舰鸟生活于干燥的陆地，很少会降落在水面上；具有长趾的秧鸡生活于草地、沼泽地上；啄木鸟生长在几乎没有树木的地方；鸫潜水，而海燕具有海雀的习性。

极端完善的和复杂的器官。眼睛具有不能模仿的装置，可以调节不同距离的焦点，接纳不同的光量，校正像差、色差。我坦承，设想眼睛能由自然选择而形成，好像是荒谬透顶。可是理性告诉我，若能明示从简单而不完全的眼睛到复杂而完全的眼睛之间的众多级差存在，并且每级对于它的所有者都有用处；若眼睛果然有细微变异，并且变异得到遗传，而这肯定是事实；若这些变异对于处在变化着的生活条件下的任何动物是有用的；那么，相信完善而复杂的眼睛能够由自然选择而形成的这个难点就不能当真，虽然在我们的想象中这是难以克服的。神经怎样对光有感觉，正如生命本身是怎样起源的一样，这不是我们研究的范围。但我可以指出，若干事实令我猜测，任何敏感的神经都能够变得感光，同时感觉到发出声音的那些空气的粗糙震荡。

探求任何物种的器官得以完善的分级，应当专门观察它的直系祖先；但这几乎不可能，于是我不得不每次去观察同群的物种，即观察共同始祖类型的旁系后代，以便看出有哪些分级是可能的，也许还有机会看出早期遗传下来的不改变或小改变的某些分级。在现存的脊椎动物里，我们仅找到极少量的眼睛结构分级，从化石物种上也了解不到什么。在脊椎动物的大纲内，也许得深入地层，到达已知最低的化石层，才能发现那些眼睛完善的早期阶段。

在关节动物（Articulata）这一大纲里，起初是单纯色素层包围着的视神经，没有任何视觉机制。从这个低级阶段，我们可以证明存在着大量结构分级，以两条根本不同的线路分叉，直到比较完善的高级阶段。例如，某些甲壳纲具有双角膜，内角膜分成若干眼面，其中都有透镜形状的隆起。其他甲壳纲的透明视锥包围着色素，其正常行为仅仅是排除测光线锥，上端呈凸面，必须做会聚动作，而下端似乎有一个不完善的玻璃体。这里的事实陈述实在是过于简短不全，却表明了现存甲壳纲眼睛存在非常多样化的分级。考虑到现存动物相对于灭绝动物来说数量极少，我看（相对于许多其他结构来说）不会特别难以相信，自然选择已经把区区色素层包围着的、透明膜遮盖着的简单视神经装置，变成了关节动物大纲里任何动物都具有的完善视觉器官了。

已经走到此处的人，如果读完本书之后，发现其中的大量事实别法无解，通过遗传学说得到了解释，就应当进一步勇往直前，承认连鹰眼那样完善的结构也可能是自然选择形成的，虽然还并不知道过渡分级。理性应该战胜妄想；但我痛感困难之大，若有人不愿把自然选择原理扩展到这种惊人的程度，我并不奇怪。

不把眼睛比作望远镜，这简直是不可能的。我们知道望远镜是由人类的最高智者经过锲而不舍的努力而完善的，自然会推论眼睛也是通过差不多的过程而形成的。但这种推论难道不自以为是吗？我们有权去假定造物主是以人类那样的智力来工作的吗？如果必须把眼睛比作光学器具，我们就应当想象，有厚层的透明组织，底下有感光的神经，然后假定这一厚层内的各部分缓慢而持续地改变密度，以便分离成不同密度和厚度的各层，彼此距离各不相同，各层的表面也慢慢地改变着形状。进而我们必须假定有一种力量，时刻密切地注意着各透明层的每个轻微的偶然改变；并且根据变化的环境，仔细选择无论以任何方式或任何程度产生较明晰影像的每一个变异。我们必须假定，该器官的每一种新状态，都是成百万地倍增着；每种状态要一直保存到更好的状态产生出来，然后旧的状态灰飞烟灭。在生物体里，变异会引起一些轻微的改变，生殖作用会使这些改变几乎无限地倍增着，而自然选择以准确的技巧挑选每一次的改进。让这种过程成百万年地进行着；每年作用于成百万的多种类个体；难道我们不相信，这种活的光学器具会比玻璃器具制造得更好，正如造物主的工作比人做得更好吗？

若能证明有任何复杂器官不可能经过无数的、连续的、轻微的变异而形成，我的理论绝对会分崩离析。但是我没有发现这种情形。无疑有许多器官，我们不知道其过渡诸级，考虑到那些孤立的物种就更加如此，因为根据我的理论，周围的类型已大都灭绝了。还有，我考虑到一个大纲内所有成员共有的一种器官，想必这是在遥远的时代里形成的，此后，本纲内一切成员才发展起来，为要找寻那器官早先经过的过渡诸级，我们必须观察极古的始祖类型，可是这些类型早已灭绝了。

我们必须极端慎言一种器官不可能通过某种过渡级而形成。在低等动物里，我可以举出大量例子来说明同样的器官同时能够进行全然不同的机能；如蜻蜓的幼虫和泥鳅（*Cobites*），消化管兼营呼吸、消化和排泄的机能。再如水螅（*Hydra*）可以把身体的内部翻出来，然后外层就营消化，而胃部就营呼吸了。此时，如果可以得到任何利益的话，自然选择可以轻易地使本来营两种机能的部分或器官专营一种机能，于是在不知不觉间，器官的性质就整体改变了。两种不同的器官，有时候同时在同一个体里营相同的机能；举一个例子，鱼类用鳃呼吸溶解在水中的空气，同时用鳔呼吸游离的空气，鳔被富有血管的隔膜分开，并有鳔管（ductus pneumaticus）供给它空气。此时，两种器官当中的一个可轻易地改变和完善，以单独担当全部的工作，在变异的过程中，可受到另一种器官的帮助；于是另一种器官可能为着完全不同的另一目的而改变，或者可能被消灭掉。

鱼鳔是一个好例证，明确地向我们阐明了一个重要的事实：本来为了一种目的——漂浮而构成的器官，可转变成极其不同目的——呼吸器官。在某些鱼类里，鳔又为听觉器官的一种补助器，或者说听觉器官的一部分已经充当鳔的补充器，我不知道哪种观点现在占上风。所有生理学者都承认鳔在位置和结构上与高等脊椎动物的肺是同源的或是"理想地相似"。因此，我似乎可以轻易认为，自然选择实际上已经把鳔变成了肺，即专营呼吸的器官。

我不怀疑，一切具有真肺的脊椎动物是从具有漂浮器即鳔的古代未知原始型一代一代传下来的。这样，正如我根据欧文教授关于这些器官的有趣描述推论出来的，就可以理解一个奇怪的现象，我们咽下去的每一点食物和饮料都必须经过气管上的小孔，虽然有一种美妙的装置可以使声门紧闭，但还有落入肺部的危险。高等脊椎动物已经完全失去了鳃——但在胚胎里，颈两旁的裂缝和弯弓形的动脉仍然标志着鳃的先前位置。不过，我们可以想象，现今完全失掉的鳃，大概被自然选择逐渐利用于某一不同的目的；同样，根据某些学者的观点，环节动物（Annelids）的鳃和背鳞，与昆虫的翅膀和鞘翅是同源的；所以，古时候一度用作呼吸的器官，实际上非常可能已转变成飞翔器官了。

我们在考察器官的过渡时，必须记住一种机能有转变成另一种机能的可能性，所以我要再举一个例子。有柄蔓足类有两个很小的皮折，我把它叫作保卵系带，用分泌黏液的方法把卵维系在一起，直到卵在袋中孵化。这种蔓足类没有鳃，全身表皮和卵袋表皮以及小保卵系带都营呼吸。藤壶科即无柄蔓足类则不然，没有保卵系带，卵松散地置于袋底，外面包以紧闭的壳；却生有巨大的褶皱鳃。我想，现在没有人会争议，这一科里的保卵系带与别科里的鳃是严格同源的；实际上是彼此逐渐转化的。所以，毋庸置疑，原来作为系带的同时也轻度帮助呼吸作用的那两个小皮褶，已经通过自然选择，仅仅由于尺寸增大和黏液腺的消失，就转变成鳃了。如果一切有柄蔓足类都已灭绝，因其所遭到的灭绝远较无柄蔓足类为甚，谁能想到无柄蔓足类里的鳃原本是用来防止卵被冲出袋外的器官呢?

虽然我们必须极端慎言任何器官不可能由连续的、过渡的分级所产生，可是无疑还有严重的难点。有些难点容我在未来著书讨论。

最大的难点之一是中性昆虫，其结构常与雄虫和能育的雌虫大有不同；这个个案将在下章讨论。鱼的发电器官是另一种特别难解的个案；无法想象这等奇异的器官是经过什么步骤产生的。但欧文等人说得对，这些器官和普通的肌肉之间，在内部结构上是密切类似的。最近有人证明，鳐有一个器官密切类似于发电装置，但按照玛得希（Matteuchi）的观察，并不放电。所以我们必须承认，自己实在是无知得很，无权主张任何的过渡都不可能有。

发电器官是另一种更大的难点；因为只见于约 12 种鱼类的身上，其中有几个种类在亲缘关系上是相距很远的。如果同样的器官见于同一纲中的若干成员，特别是这些成员具有很不相同的生活习性时，一般可以将其存在归因于共同祖先的遗传，把某些成员不具有这个器官归因于通过不使用或自然选择而招致的丧失。但假如发电器官是从这样规定的唯一古代祖先遗传下来的，就可以期望一切电鱼彼此都有特殊的亲缘关系。地质学也完全不能令人相信大多数鱼类先前有过发电器官，而变异了的后代大都已经失去这种器官。属于不同科目的几种昆虫里发现的发光器官，是相等的难点。还有其他个案，例如在植物里，花粉块生在端头具有黏液腺的柄上，这种很奇妙的装置，在红门兰属（*Orchis*）和马利筋属（*Asclepias*）上是一样的，但它们在显花植物中几乎是相距最远的属。在不同物种呈现看起来相同的异常器官的所有这些个案中，我们应该指出，尽管器官的一般外表和机能一模一样，但一般能探测到根本性的差别。我倾向于认为，就像两个人有时候会独立地得到同一个发明一样，自然选择为了各生物的利益工作着，利用着相似的变异。在两个生物里，有时候以相似方式改变了两个部分，所以其共同结构并不能归因于共同祖先的遗传。

虽然在许多情况下，要猜测器官经过什么样的过渡形式而达到今日的状态是极其困难的，但是考虑到生存的已知类型与灭绝的未知类型相比，数量极少，我感到惊异的，倒是很难举出一个器官不是经过过渡分级而形成的。此话的正确性有博物学史那古老的格言“自然界里没有飞跃”为证。有经验的学者的著作几乎都承认这句格言；米尔恩·爱德华兹（Milne Edwards）说得好，自然界在玩花样方面挥霍，却在创新方面吝啬。如果依据神创论，为什么这样呢？许多独立生物既然是分别创造以适合于自然界的一定位置，为什么它们的所有部分和器官，却这样始终如一地被逐渐分级的步骤连接在一起呢？为什么自然界不采取从结构到结构的飞跃呢？依照自然选择的学说，我们就能够明白自然界为什么这样；因为自然选择只是利用微细的、连续的变异而发生作用；从来不可能采取飞跃，而一定是以最短最缓慢的步骤前进。

表面上不重要的器官。自然选择是通过生死存亡，让具有任何有利变异的个体生存，让具有任何不利构造变异的个体灭亡，而发生作用的，所以对于次要简单部分的起源，我有时感到很难理解，因为这似乎不足以让连续变异的个体生存啊。对于完美复杂器官如眼睛的个案，这方面我有时候也感到费解，虽然这是一种很不相同的困难。

第一，我们对于任何一种生物的全部机构太无知，说不出什么样的轻微变异重要与否。上一章举出过微细性状的一些事例，如果实上的茸毛、果肉的颜色，决定了昆虫是否来攻击，或与体质的差异相关，确实会承受自然选择的作用。长颈鹿的尾巴宛如人造的蝇拂，说它适于现在的用途是经过连续的微细变异，每次变异都更适合驱蝇那样的琐事，初看来似乎难以置信。然而哪怕在这种情况下，断言之前亦应三思；我们知道，在南美洲，牛和其他动物的分布和生存绝对取决于抗拒昆虫攻击的力量：好歹只要能防这等小敌害的个体，就能扩张到新牧场，获得巨大优势。倒不是大个的四足兽真的会被苍蝇消灭（除了少数的例外），而是不断骚扰会导致其体力降低，容易得病，有饥荒来袭时无力觅食，无力逃避猛兽攻击。

现在不重要的器官，也许在某些情形里，对于早期的祖先是高度重要的，器官在以前的一个时期慢慢完善了之后，仍以近乎相同的状态传递下来，但现在已经用处极少了；结构上任何实际的有害偏差，总要受到自然选择的抑制。看到尾巴在大多数水栖动物里是何等重要的运动器官，大概就可以这样去解释它在多数陆栖动物（肺或变异了的鳔揭示了它们的水栖起源）里的一般存在和多种用途。充分发达的尾巴一旦在水栖动物里形成，其后它大概可以培养各种各样的用途，如作为蝇拂，作为握持器官，或者像狗尾那样帮助转弯，虽然转弯助力想必不大，野兔没有尾巴，照样迅速调头。

第二，我们有时很重视实际上无足轻重的性状，它们来自次等的原因，跟自然选择无关。我们应该记住，气候、食物等也许对体制没有直接影响，性状复现是由于返祖法则，相关生长在改变各种结构中的影响巨大，最后，性选择常常明显改变有意志动物的外在性状，让一个雄性得到与另一个雄性打斗或者吸引异性的优点。而且，结构变异主要来自上述或者其他未知原因时，起初对于物种可能并没有什么利益，此后却会被后代在新的生活条件下和新获得的习性里所利用。

举例说明上面最后的话。如果只有绿色的啄木鸟生存着，我们就不知道还有许多种黑色和杂色的啄木鸟，我敢说我们一定会以为绿色是一种美妙的适应色，使这种频繁往来于树木之间的鸟类得以在敌害面前隐蔽自己；结果我们就会认为这是一种重要的性状，并且是通过自然选择而获得的；其实这种颜色毋庸置疑地出于截然不同的原因，也许是来自性选择。马来群岛有一种藤棕榈（trailing bamboo），依靠丛生在枝端的结构精致的钩，攀缘最高的树木，这种装置对于这植物无疑是极有用处的；但是我们在许多非攀缘性的树上也能看到极相似的钩，所以藤棕榈的钩最初可能来自未知的生长法则，后来当该植物进一步发生变异，成为攀缘植物的时候，钩就被利用了。秃鹫（vulture）头上裸出的皮，普遍被认为是为了吞食腐败物的一种直接适应；也许是这样，也许可能是由于腐败物质的直接作用；但是当我们看到吃清洁食物的雄火鸡头皮也这样裸出时，就要慎于做任何这样的推论。幼小哺乳动物头骨上的缝被认为是帮助产出的美妙适应而改进，毫无疑问，这能使生产容易，也许这是生产所必需的；但是，幼小的鸟类和爬行动物只要从破裂蛋壳里爬出来，头骨也有缝，所以我们可以推想这种结构的发生来自生长法则，不过高等动物把它利用在生产上罢了。

对于轻微次要变异的原因，我们一无所知；考虑到各地家养动物品种间的差异——特别是在文明较低的国家里，那里还极少人工选择——就会立刻意识到这一点。某些仔细观察者相信潮湿气候会影响毛的生长，而角又与毛相关。高山品种总是与低地品种有差异；山区大概对后腿有锻炼，甚至影响骨盆的形状；于是，根据同源变异的法则，前肢和头部大概也要受到影响。还有，骨盆的形状可能因压力而影响子宫里小牛脑袋的形状。高原地区需费力呼吸，我们有理由相信，可使胸部增大；而且相关作用又有效力。各地未开化人所养育的动物还常常要为自己的生存而斗争，并且在某种程度上是暴露在自然选择作用之下的，同时体质稍微不同的个体，在不同的气候下最容易得到成功。我们有理由相信，体质和体色相关。观察者还说，牛对于蝇的攻击的感受性与体色相关，被某些植物毒倒的易感性也是这样；所以颜色也是这样服从自然选择的作用的。我们实在是太无知了，无法对于变异的若干已知未知原因的相对重要性加以思辨；我这里提到它们，只在于表明，尽管一般都承认家养品种经过寻常的世代而产生，我们却不能解释它们性状差异的原因，既然如此，我们对于物种之间的微小相似差异，还不能了解其真实原因，就不必耿耿于怀了。我为了同样的目的，可以引证人种之间的差别，标记鲜明，还可以补充说明这些差别的来源，主要是通过某种性选择。但我在这里无法铺开浩瀚的细节，推理未免显得浅尝辄止。

最近有学者反对功利说所主张的结构每一细微之点的产生都是为了所有者的利益，前节的论点促使我对这种反调说几句。他们相信许多结构创造出来，是为了人类眼里的美，或仅仅为了多样化。这个说教如果正确，对我的学说就是致命的。我完全承认，有许多结构对于所有者没有直接用处。外界条件对结构也许有一点点作用，与由此而获得的利益都不相干。相关生长无疑起了十分重要的作用，一个部分的有用变异往往会引起其他部分产生没有直接用处的多样性变化。还有以前有用的性状，或者以前来自相关生长的性状，或者来自未知原因的性状，会因为返祖法则而重新出现，尽管现在已经没有用处。性选择的作用体现为吸引雌性的美，只可颇为勉强地称为有用。但是最最重要的一点理由是，各种生物的体制的主要部分都是由遗传而来的；结果，虽然每一生物确是适于它在自然界中的位置，但是有许多结构与物种的生活习性并没有直接的关系。例如，我们很难相信，高地鹅和军舰鸟的蹼脚对于它们有什么特别的用处；我们不能相信在猴子的臂内、马的前腿内、蝙蝠的翅膀内、海豹的鳍脚内，相似的骨对于这些动物有什么特别的用处。我们可以很稳妥地把这些结构归因于遗传。但是蹼脚对于高地鹅和军舰鸟的祖先无疑是有用的，正如对于现存的水栖鸟一样。所以我们可以相信，海豹的祖先并不生有鳍脚，却生有 5 个趾的脚，适于走或抓握；我们还可以进一步大胆相信：猴子、马和蝙蝠的四肢内的若干骨头，从共同祖先遗传而来，以前是那个祖先或者祖先的祖先们专用的，而不是供现在习性多样化的这些动物使用。我们可以推论，这若干骨头可能是通过自然选择获得的，过去和现在一样，受制于各种遗传、返祖、相关生长等法则。因此，所有生物的所有结构细节（给外界条件的直接作用留一些余地）可以看作为某个祖先类型所专用，或者现在为该类型的后代所专用——要么直接，要么通过复杂的生长法则间接进行。

自然选择不可能使一个物种产生出唯独对另一个物种有利的任何变异；虽然在整个自然界中，一个物种不断地利用另一物种的结构而获益。不过，自然选择能够而且的确常常产生出直接对别种动物有害的结构，如蝮蛇的毒牙，姬蜂的产卵管能够在别种活昆虫的身体里产卵。假如我们能够证明，任何一个物种的结构的任何一部分全然为了另一物种的利益而形成，那就要推翻我的理论了，因为这种结构是不能通过自然选择产生的。虽然博物学著作里有许多陈述提到该事，但我找不到一句话看起来是有分量的。尽管响尾蛇的毒牙系用以自卫和杀害猎物，但某些作者假定它同时具有于自己不利的响器，会预先警告猎物躲避。我恨不得认为，猫准备纵跳时卷动尾端是为了使大祸临头的鼠警戒起来。但这里限于篇幅，我无法详述。

自然选择从来不使一种生物产生损害自己的任何结构，唯有根据各种生物的利益并且为了它们的利益而起作用。正如帕利（Paley）说过的，没有一种器官的形成是为了给予它的所有者以痛苦或损害。如果公平权衡各个部分所引起的利和害，我们就可以看到，从整体来说，各个部分都是有利的。随着时间的推移，生活条件改变，如果任何部分变为有害的，那就要变异；否则这种生物就要灭绝，如灭绝了的大部队那样。

自然选择只是倾向于使每一种生物跟共栖息地、被迫进行生存斗争的别种生物一样的完善，或者稍微更加完善一些。我们可以看到，这就是自然状态下所得到的完善程度。例如，新西兰的土著生物彼此相比都是完善的，但是在欧洲引进的动植物大军压境面前，正在迅速屈服。自然选择不会产生绝对的完善，并且就我们所能判断的来说，也不总是在自然界里遇见这种高标准。据权威所说，光线像差的校正，甚至在最完善的器官眼睛里，也不是完全的。如果理性促使我们热烈地赞美自然界里有无数不能模仿的装置，那么它又告诉我们说（纵然我们在两方面都易犯错），某些其他装置不那么完善。我们能够认为蜜蜂的螫针是完善的吗？对付多种敌害的时候，螫针有倒生的小锯齿无法自拔，这样，自己的内脏就被拉出，不可避免地要引起蜜蜂的死亡。

如果把蜜蜂的螫针看作在遥远的祖先里已经存在，原是穿孔用的锯齿状器具，就像这个大目里的许多成员那样，后来为了现在的目的被改变了，但没有完善，而它的毒素原本是适于产生树瘿，后来才强化，我们就大概能够理解，为什么蜜蜂一用螫针就会引起自身死亡：如果螫针的能力总体上对于蜂群有用处，虽然可以引起少数成员的死亡，却可以满足自然选择的一切要求。如果我们赞叹许多昆虫中的雄虫依靠嗅觉的神奇能力去寻找雌虫，那么，也赞叹只为了这个目的而产生万千雄蜂，对于蜂群没有一点其他用处，终于被那些勤劳而不育的姊妹弄死吗？也许是难以赞叹的，但是应当赞叹蜂后的野蛮本能的恨，促使它在幼小的蜂后女儿们刚生出来就瞬间将它弄死，或者自己在这场战斗中死亡；因为没有疑问，这对于蜂群是有好处的；母爱或母恨（幸而后者很少），对于自然选择的不可抗拒原则来说是一视同仁。如果我们赞叹兰科植物和许多其他植物的几种巧妙装置，通过昆虫的助力来受精，那么赤松精致的花粉雾，让少数几粒能够碰巧吹到胚珠上去，我们能够认为这是同等完善的吗？

本章提要。这一章讨论了可以用来反对我的理论的一些难点和异议。其中有许多是严重的，但是我想在这里对于一些事实已经澄清说明，而依照特创论的信条，这些事实是一塌糊涂。我们已经看到，物种在任何一个时期的变异都不是无限的，也没有由无数的中间分级联系起来，部分原因是自然选择的过程总是极其缓慢的，在任何一个时期只对少数类型发生作用，部分原因是自然选择这一过程本身就意味着先驱的中间级不断淘汰灭绝。现今生存于连续地域上的亲缘密切的物种，往往在这个地域还没有连续起来、生活条件还没有从这一处不知不觉地逐渐变化到另一处的时候，就已经形成了。当两个变种在连续地域的两处形成的时候，常有适于中间地带的中间变种形成；但依照上述的理由，中间变种的个体数量通常要比所连接的两个变种少；结果，这两个变种在进一步变异的过程中，由于个体数量较多，便比数量少的中间变种占有强大的优势，因此一般就会成功地把中间变种淘汰消灭掉。

我们在本章里已经看到，应该特别慎言极其不同的生活习性不能逐渐彼此转化，譬如断言蝙蝠不能通过自然选择从一种最初只在空中滑翔的动物形成。

我们已经看到，一个物种在新的生活条件下可以改变习性，或者有多样化的习性，其中有些和最接近的同类很不相同。因此，我们只要记住各生物都在试图生活于任何可以生活的地方，就能理解脚上有蹼的高地鹅、栖居地上的啄木鸟、潜水的鸫和具有海雀习性的海燕是怎样产生的了。

像眼睛那样完善的器官，要说能够由自然选择形成，这足以使任何人震惊；但是不论何种器官，只要我们知道其一系列复杂、逐渐过渡的分级，各个对于所有者都有益处，在改变着的生活条件下，通过自然选择而达到任何可以想象的完善程度，在逻辑上并非不可能达成。在不知道有中间状态或过渡状态的情形里，必须极端慎言不能有这些状态曾经存在过，因为许多器官的同源和中间状态阐明了，机能上的奇异变化至少是可能的。例如，鳔显然已经转变成呼吸空气的肺了。同时进行多种不同机能的、然后变为专营一种机能的同一器官，同时进行同种机能的、一种器官受到另一种器官的帮助而完善的两种不同器官，一定常常会大大地促进过渡。

在大多数情形里，我们实在太无知无识了，居然主张任何部分或器官对于物种的利益是极其不重要的，所以其结构上的变异，不可能由自然选择而缓缓累积起来。但我们可以认为，许多变异完全是生长法则带来的，起初对物种没有任何利益，但后来被进一步变异的后代所利用。我们还可以相信，从前高度重要的部分，虽然已变得不重要，在目前状态下，已不可能由自然选择而获得，但往往还会保留着（如水栖动物的尾巴仍然保留在陆栖后代里）。自然选择的力量仅仅通过保留生存斗争中出现的有利变异而起作用。

自然选择不会在一个物种里产生出唯独有利于或者有害于另一个物种的任何东西；虽然能够有效地产生出对于另一物种极其有用的，甚至不可缺少的或者极其有害的部分、器官和分泌物，但是在所有情形里，这同时也是对它们的所有者有用的。在生物繁生的各个地方，自然选择必须主要通过生物的相互竞争而发生作用，于是，只是依照这个地方的标准产生完美，在生存战斗中产生力量。因此，一个地方，通常是较小地方的生物，常常屈服于另一个地方，通常是较大地方的生物，这一点我们有证据。在大的地方，有比较多的个体和比较多样化的类型存在，竞争比较剧烈，完善的标准也就比较高。自然选择不一定能导致绝对的完善；依照我们的有限才能来判断，绝对的完善也不是随处可见的。

依据自然选择学说，我们能明白博物学里“自然界里没有飞跃”这句古谚的充分意义。如果只看世界上的现存生物，这句古谚并不是严格正确的；但如果把过去的一切生物都包括在内，这句古谚按照我的理论必定是严格正确的。

一般公认，全部生物都是依照两大法则形成的——“模式统一”和

“生存条件”。模式统一是指同纲生物与生活习性无关的结构上是基本一致的。依照我的理论，模式的统一可以用世系的统一来解释。曾被著名的居维叶所经常坚持的生存条件的说法，完全可以包括在自然选择的原理之内。因为自然选择的作用在于使各生物的变异部分现今适用于有机和无机的生存条件，或者在于使它们在过去的时代里如此去适应。在某些情况下，适应受到用或废的帮助，稍微受到外界生活条件的直接作用的影响，并且在一切场合里受制于生长变异的若干法则。事实上，生存条件法则是高级法则；因为通过遗传以前的变异，包括了模式统一法则。

第七章

本能

本能与习性可比，但起源不同——本能的分级——蚜虫和蚂蚁——本能是变异的——家养的本能及其起源——杜鹃、鸵鸟以及寄生蜂的自然本能——蓄奴蚁——蜜蜂及其营造蜂房的本能——自然选择学说应用于本能的难点——中性或不育的昆虫——提要。

本能问题原本可以纳入前面的章节。但我想，单独讨论比较方便，尤其是蜜蜂筑巢的本能是如此的奇妙，在许多读者看来这大概是一个足以推翻我的全部学说的难点。我先要声明一点，就是我不准备讨论智力的起源，就如我未曾讨论生命本身的起源一样。我们所要讨论的，只是同纲动物中本能的多样性，以及其他精神品质的多样性。

我并不想给本能下任何定义。我们可以容易地阐明这一术语通常包含着若干不同的精神活动；但是，说本能促使杜鹃迁徙并把蛋下在别种鸟巢里，每一个人都知道这意味着什么。我们自己需要经验才能完成的一种活动，而被一种没有经验的动物，特别是被幼小动物所完成，并且许多个体并不知道为了什么目的却能按照同一方式去完成时，一般就称为本能。但是我能阐明，这些性状没有一种是普遍的。如于贝尔（Pierre Huber）所说的，甚至在自然系统中低级的动物里，小量的判断或理性也常发生作用。

弗雷德里克·居维叶（Frederick Cuvier）等老一辈玄学者曾把本能与习性加以比较。我想，这一比较对于完成本能活动时的心理状态，提供了精确的概念，但不一定涉及它的起源。许多习惯性活动是在无意识下进行的，甚至不少直接与我们的意志相反！然而意志和理性可以改变它们。习性容易与其他习性、一定的时期、身体的状态相联系。习性一经获得，常常终生保持不变。还可以指出本能和习性之间的其他若干类似点。有如反复歌唱一首名曲，在本能里也是一种活动有节奏地随着另一种活动；如果一个人歌唱时，或在反复背诵东西时被打断了，一般地他就被迫走回头路，恢复已经成为习惯的思路。贝尔发现能制造很复杂茧床的毛毛虫（caterpillar）就是如此；如果在完成构造的第六阶段时把它抓出，放在只完成构造第三阶段的茧床里，这只毛毛虫仅重筑第四、第五、第六个阶段的构造。然而，如果把完成构造第三阶段的毛毛虫，放在已完成构造第六阶段的茧床里，那么工作大都已经完成了，可是它并没有从中感到受益，反而不知所措，并且为了完成茧床，它似乎不得不从构造的第三阶段开始（它先前是从这一阶段中断的），就这样试图去完成已经完成了的工作。

假定任何习惯性的活动被遗传——可以指出，有时确有这种情形发生——那么原为习性和原为本能之间，就变得密切相似，难以区分。如果莫扎特不是在三岁时经过极少的练习就能弹奏钢琴，而是全然没有练习就能弹奏一曲，那么可以说他的弹奏确实是出于本能的了。但是假定大多数本能是由一个世代中的习性得来的，然后遗传给后继世代，则是大错特错。能够清楚表明，我们所熟知的最奇异的本能，如蜜蜂和许多蚁类的本能，不可能是由习性得来的。

人们普遍承认，本能对于各个物种在现今生活条件之下的利益，有如肉体构造一样重要。在多变的生活条件下，本能的微小变异有利于物种，至少是可能的；如果能够指出，本能的确曾发生过些许变异，我看自然选择就不难把本能的变异保存下来并继续累积到任何有利的程度。我相信，一切最复杂的和奇异的本能就是这样起源的。使用或习性引起肉体结构的变异，并使之增强，而不使用则会使之缩小或消失，我并不怀疑本能也是这样的。但我认为，习性的效果，同所谓本能偶发变异的自然选择效果相比是次要的。也就是，产生身体构造的微小偏差有一些未知原因，也产生了变异，这就叫本能偶发变异。

除非经过有益的变异积少成多，缓慢而逐渐地积累，否则复杂的本能不可能通过自然选择而产生。因此，像身体构造的情形一样，我们在自然界中所寻求的不应是获得每一复杂本能的实际过渡的各个阶段，这些只有在各物种的直系祖先里才能找到，但应当从旁系世系里去寻求这些分级的蛛丝马迹，至少能够指出某种分级是可能的；而这一点肯定能够办到。考虑到除了欧洲、北美洲以外，动物本能还极少被观察过，并且使物种灭绝的本能更是一无所知，我感到惊异的是，最复杂本能所赖以完成的分级能够广泛被发现。“自然界里没有飞跃”的准则适用于本能的力度不亚于身体器官。同一物种在生命的不同时期或一年中的不同季节，或处于不同的环境条件下等而具有不同的本能，这往往会促进本能的变化；在这种情况下，自然选择会把这种或那种本能保存下来。这可以证明，同一物种中本能的多样性在自然界中也是存在的。

还有，像身体构造那样，各个物种的本能都是为了自己的利益，据我们所能判断的，它从来没有为了其他物种的独享利益而产生过，这和我的理论也是符合的。我知道一个极有力的事例，一种动物的活动从表面看来完全是为了别种动物的利益，这就是蚜虫自愿把甜的分泌物供给蚂蚁：这样做是出于自愿，可由下列事实来说明。我把一株酸模植物（dock-plant）上的所有蚂蚁从十来只蚜虫堆里搬走，数小时内不让回来。过了这段时间，我确实觉得蚜虫要进行分泌了。我用放大镜观察了一段时间，没有一只是会分泌的。于是，我尽力模仿蚂蚁用触角的样子，用一根毛发轻轻地触动抚摩，但还没有一只蚜虫分泌。随后，我让一只蚂蚁去接近它们，从它热切跑动的样子看来，它好像立刻觉得发现了丰盛的食物；便用触角去拨蚜虫的腹部，先是这只，然后是那只；蚜虫一接触到触角，即刻举起腹部，分泌出一滴澄清的甜液，蚂蚁慌忙吞食了。甚至十分幼小的蚜虫也有这样的动作，可见这种活动是本能，而不是经验所致。但是，排泄物极黏，被取去也许对于蚜虫是便利的，所以分泌本能大概不是专为蚂蚁的利益。虽然我不相信世界上任何动物会为了其他物种的独享利益而从事活动，然而各物种却试图利用其他物种的本能，正像利用其他物种虚弱的身体结构一样。这样，某些本能就不能看作是绝对完善的；但是详细讨论这一点以及其他类似之点，并非必不可少，所以这里就不赘述了。

本能在自然状态下有某种程度的变异以及这些变异的遗传，既然是自然选择的作用所不可少的，那我就应该尽量举出许多事例来，但是篇幅限制，无法这样做。我只能断言，本能确实是变异的——例如迁徙的本能，不但在范围和方向上能变异，而且也会完全消失。鸟巢也是如此，变异部分发生于对选定的位置以及居住地性质和气温的依赖度，但常常由于全然未知的原因而发生变异。奥杜邦曾举出几个显著的例子，说明美国北方和南方同一物种的鸟巢有所不同。对于敌害的恐惧必然是一种本能品质，我们在从未离巢的雏鸟身上可以看到，但这种恐惧可由经验或因看见其他动物对于同一敌害的恐惧而强化。对于人类的恐惧，如我在他处指出的，栖息在荒岛上的各种动物是慢慢获得的。甚至英国也可以看到这样的事例，即一切大型鸟比小型鸟更怕人，因为更多地遭受过人的迫害。英国的大型鸟更怕人，可以稳妥地归于这个原因；在无人岛，大型鸟并不比小型鸟更怕人；喜鹊（magpie）在英国很警惕，但在挪威却很驯顺，埃及的羽冠乌鸦（hooded crow）也是不怕人的。

有许多事实可以证明，自然状态下产生的同类动物的脾气极为多样化。还有若干个案可以举出，表明某些物种偶发的奇特习性若对这个物种有利，就会通过自然选择产生新的本能。但我十分清楚，泛泛而谈，没有详细的事实，在读者的脑海中只会产生微弱的效果。我只好重复保证，不说没有可靠证据的话。

简略考察一下家养的若干例子，则自然状态下本能遗传变异的可能性将加强，甚至出现大的可能性。由此可见，习性和所谓偶发变异的选择，在改变家养动物精神品质上分别发生的作用。有许多奇异而真实的例子可以说明，与某种心境或某一时期有关的各种不同脾气嗜好以及怪癖都是遗传的。但是让我们看看众所熟知的几种狗的例子。毫无疑问，幼小的指示犬第一次带出去，有时就能够指示猎物的所在，甚至能够援助别的犬类（我曾亲见这动人的情形）；寻回犬（retriever）确实在某种程度上可以把寻回的特性遗传下去；牧羊犬并不跑在羊群之内，而有在羊群周围环跑的倾向。幼小的动物不依靠经验而有这些活动，同时各个体又差不多以同一方式进行，并且都欣然且不知道目的地去进行——幼小的指示犬并不知道指示方向是在帮助主人，有如白蝴蝶并不知道为什么要在圆白菜叶子上产卵一样——我无法看出这些活动在本质上与真正的本能有什么区别。如果看见一种狼，在幼小而且没有受过任何训练时，一旦嗅出猎物，先站着一动不动，随后又用特别的步法慢慢爬过去；又看见另一种狼环绕鹿群追逐，却不直冲，以便把鹿赶到远的地点去，必然要把这活动叫作本能。所谓家养下的本能，的确远不及自然的本能那么固定；但是它所蒙受的选择作用也极不严格，而且是在较不固定的生活条件下，在无比短暂的时间内传递下来的。

不同品种的犬类进行杂交时，即能很好地看出这家养下的本能、习性以及脾气的遗传性是何等强烈，并且混合得多么奇妙。例如众所周知，灵缇犬与斗牛犬杂交，可影响勇敢性和顽强性至许多世代；牧羊犬与灵缇犬杂交，则使全族都得到捕捉野兔的倾向。这家养下的本能，如用上述杂交方法来试验，是与自然的本能相类似的；自然的本能也按照同样的方式奇异地混合在一起，而且长期表现出其祖代任何一方的本能的痕迹。例如，勒罗伊（Le Roy）描述过一条犬，曾祖父是狼；它只有一点表示了野生祖先的痕迹，即呼唤它时，无法直线走向主人。

家养下的本能有时被说成为完全由长期的强迫养成的习性所遗传下来的动作，我看这是不正确的。从未有人会想象去教或者曾经教过翻飞鸽去翻飞——据我所见到的，幼鸽从不曾见过鸽的翻飞，却会翻飞。我们相信，曾经有过一只鸽子表现了这种奇怪习性的微小倾向，并且在连续的世代中，经过对最好的个体的长期选择，才造成像今日那样的翻飞鸽；据布伦特（Brent）先生说，格拉斯哥附近的家养翻飞鸽，一飞到十八英寸高的地方就要翻筋斗。假如未曾有过一条犬自然具有指示方向的倾向，是否会有人想到训练狗去指示方向是存疑的；人们知道这种倾向有时会出现，我就看见过一次，见于纯种㹴犬身上。指示方向的最初倾向一旦出现，此后在每一世代中有计划选择和强迫训练的遗传效果，将会很快大功告成；而且无意识选择至今仍在继续进行，每个人虽然本意不在改进品种，但总试图获得最善于指示方向和狩猎的犬。另一方面，在某些情形下，仅仅习性一项已经足够了；没有动物比小野兔更难以驯服的了，也几乎没有动物比小家兔更驯顺的了。但我很难设想家兔仅仅是因为驯服性才被选择下来；所以从极野的到极驯服的性质的遗传变化，必须全部归因于习性和长久持续的严格圈养。

自然的本能在家养的状况下可以消失：最显著的例子见于少孵蛋或不喜孵蛋的鸡品种。仅仅由于司空见惯，我们才看不出家养动物的心理曾经有过多么普遍的变化。对于人类的亲近和热爱已经成了犬的本能，这是毋庸置疑的。一切狼、狐、胡狼（jackal）以及猫属的物种即使驯养后，也极渴望攻击鸡、羊和猪；火地岛和澳洲这些地方的未开化人不养犬，因为曾发现这种倾向在家里养的犬身上是不能矫正的。另一方面，已经文明化了的犬，甚至在十分幼小的时候，也很少必要去教它不要攻击鸡、羊和猪！无疑它们偶尔会攻击一下子，就要遭一顿打；如果还不能矫正，就会被处死；那个习性通过某种程度的选择，也许协同地靠遗传使家犬文明化了。另一方面，小鸡完全出于习性，原本惧怕猫狗的本能已经消失了；而小雉鸡尽管是由母鸡抚养的，明显却是具有这种本能的。倒不是小鸡失去了一切惧怕，而只是失去了对于猫狗的惧怕，因为，母鸡发出报告危险的叫声，小鸡便从母鸡的翼下跑开（小火鸡尤其如此），躲到四周的草丛或林子里去了。这显然是本能的动作，便于母鸡飞走，就如我们在野生的陆栖鸟类里所看到的那样。但是小鸡还保留着这种本能，在家养的状况下已经没有用处，因为母鸡由于不使用这种本能的缘故，已经几乎失掉了飞翔能力。

因此，我们可以断定，动物在家养下可以获得新的本能；而失去自然的本能，这一部分是由于习性，一部分是由于人类在连续世代中选择和累积了特殊的精神习性和精神活动，而它们的最初发生，我们无知地看作是出于偶然的原因。在某些情形下，只是强制的习性一项已足以产生这种遗传的心理变化；在另外一些情形下，强制的习性就不能发生作用，这一切都是有计划选择和无意识选择的结果。但是在大多数情形下，习性和选择大概是双管齐下的。

我们只要考察少数事例，大概就能很好地理解本能在自然状态下如何由于选择作用而改变的。我只选择三个例子，其余的可能要以后著书讨论了——即杜鹃在别种鸟的鸟巢里下蛋的本能，某些蚂蚁蓄奴的本能，以及蜜蜂造蜂房的本能。学者们已经把后两种本能，一般地而且恰当地列为一切已知本能中最为奇异的了。

现在已经有共识，杜鹃的这种本能的比较直接的决定性原因，是它并不是每日都会下蛋，而是隔几天下一次蛋；所以，如果自己筑巢，自己孵蛋，则最先下的蛋便须搁置一些时间后才能得到孵化，同一个巢里就会有不同龄期的蛋和小鸟了。这样，下蛋和孵蛋的过程就会特别漫长且不方便，特别是雌鸟在很早就要迁徙，而最初孵化的小鸟势必要由雄鸟单独哺养。但是美洲杜鹃就处于这样的困境；她自己筑巢，而且要在同一时期内产蛋和照顾相继孵化的幼鸟。有人说美洲杜鹃有时也在别种鸟巢里下蛋，但我从权威的布留尔（Brewer）博士那里听到，这是不对的。不过，我可以举出各种鸟类偶尔在别种鸟巢里下蛋的若干事例。现在假定欧洲杜鹃的古代祖先也有美洲杜鹃的习性，但偶尔也会在别种鸟的鸟巢里下蛋。如果这种偶尔的习性有利于老鸟，如果小鸟由于利用了其他物种的误养本能，比起母鸟哺养更为强壮——母鸟必须同时照顾不同龄期的蛋和小鸟，不免受到拖累——那么老鸟或寄养的小鸟都会受益。以此类推，我可以相信，这样哺养起来的小鸟大概就会遗传母鸟那种偶然的奇特习性，倾向于把蛋下在别种的鸟巢里，这样就能够成功哺养幼鸟。我相信杜鹃的奇异本能会由这种连续过程而产生出来。补充一句，格雷博士等人说，欧洲杜鹃并未完全失去母爱和对后代的关怀。

鸟类偶尔会把蛋下在同种别种的鸟巢里这种习性，在鸡科里并非不普通，并且可以解释近缘鸵鸟群的奇特本能的来源。至少是美国种的个案，若干母鸵鸟共同先在一个巢里，然后在另一个巢里下一些蛋，由雄鸟去孵。这种本能或可以解释为雌鸟下蛋很多，但如杜鹃一样，隔二差三才下一次。然而美洲鸵鸟的这种本能，还没有达到完善；因为有多得出奇的蛋都散落在地上，我在一天的游猎中，就拾得了不下 20 个被丢弃的蛋。

许多蜂是寄生的，总是把卵产在别种蜂的蜂巢里，这个个案比杜鹃更令人瞩目；这种蜂随着寄生习性，不但改变了本能，而且改变了结构；它们不具有采集花粉的器具，如果要为幼蜂贮藏食料，这是必不可少的。泥蜂科（Sphegidae，形似胡蜂）的某些物种同样也是寄生的；法布尔最近提出充分的理由认为：一种小唇沙蜂（Tachytes nigra）虽然通常都是自己筑巢，而且为幼虫储蓄麻痹了的食物，但发现别种泥蜂所造储蓄有食物的巢，便会加以利用，而变成临时的寄生者。这种情形和杜鹃的假设情形是一样的，我觉得如果一种临时的习性对于物种有利，同时被害的蜂类不会因巢和储蓄的食物被无情夺取而遭到灭绝，自然选择就不难把它永久化。

蓄奴的本能。这种奇妙的本能，是由于贝尔最初在红褐蚁身上发现的，他是一位比他著名的父亲更为优秀的观察者。这种蚂蚁绝对依赖奴隶而生活；没有奴隶的帮助，这个物种一年之内一定会灭绝。雄蚁和能育的雌蚁不从事任何工作，工蚁即不育的雌蚁虽然在捕捉奴隶上极为卖力勇敢，但不做其他任何工作。它们不能营造自己的巢，也不能哺喂自己的幼虫。在老巢已不适用，势必迁徙的时候，是由奴蚁来决定迁徙的事情的，并且实际上把主人们衔在颚间搬走。主人们十分的不中用，当于贝尔捉了 30 只关起来而里面没有一只奴蚁时，虽然那里放着它们最喜爱的丰富食物，而且有自己的幼虫和蛹刺激它们工作，它们还是无所事事；它们甚至不会自己吃东西，许多蚂蚁就此饿毙。于贝尔随后放进一只奴蚁——黑蚁（F. fusca），它即刻开始工作，喂哺和拯救那些生存者；并且营造了几间虫房来照料幼虫，一切都整得井井有条。有什么比这十分肯定的事实更为奇异的呢？如果我们不知道任何其他蓄奴的蚁类，大概就无法想象如此奇异的本能是怎样完善的。

血蚁（*Formica sanguinea*）同样蓄奴，也是于贝尔最初发现的。这个物种见于英格兰南部，大英博物馆的史密斯（F. Smith）先生研究过它的习性。关于这个问题以及其他问题，我深深感激他的帮助。虽然我充分相信于贝尔和史密斯先生的叙述，但仍然以怀疑的心情来处理这个问题，任何人对于蓄奴的这种异常丑恶本能的存在有所怀疑，大概都得谅解。因此，我愿意稍微详细地谈谈我的观察。我曾掘开 14 个血蚁巢，都发现了若干奴蚁。奴种的雄蚁和能育的雌蚁，只见于它们自己固有的群中，在血蚁巢中从未看见过。黑色奴蚁，不及红色主人的一半大，外貌上对比强烈。蚁巢被微微扰动时，奴蚁偶尔跑出外边来，像主人一样十分激动，并且保家卫国；当蚁巢被扰动得很厉害，幼虫和蛹暴露出来的时候，奴蚁和主人会一齐奋发地把它们运送到安全的地方。因此，奴蚁显然是熟门熟路。在连续 3 个年头的 6 月和 7 月里，我在萨里郡和萨塞克斯郡，曾对几个蚁巢观察了几个小时，从来没有看到一只奴蚁自蚁巢里走出走进。在这些月份里，奴蚁的数目很少，因此我想数目多的时候，行动大概就不同了；但史密斯先生告诉我说，5 月、6 月以及 8 月间，在萨里和汉普郡，他在各种不同的时间内注意观察了蚁巢，虽然 8 月份奴蚁的数目很多，但也不曾看到它们走出走进蚁巢。因此，他认为它们是严格的家奴。而主人却不然，我们能经常看到它们不断地搬运着造巢材料和各种食物。然而在今年 7 月，我遇见一个奴蚁特别多的蚁群，观察到有少数奴蚁和主人混在一起离巢，沿着同一条路向着约 25 码远的一株高大的欧洲赤松前进，它们一齐爬到树上去，大概是为了找寻蚜虫或胭脂虫的。于贝尔有过许多观察的机会，他说，瑞士的奴蚁在造蚁巢的时候常常和主人一起干，而在早晚间则单独看管门户。于贝尔还明确地说，奴蚁的主要职务是搜寻蚜虫。两个国家里的主奴两蚁的普通习性如此不同，大概仅仅由于在瑞士被捕捉的奴蚁数目比英格兰的多。

有一天，我有幸看到了血蚁搬巢，于贝尔描述过，主人们谨慎地把奴蚁带在颚间，这真是极有趣的奇观。另一天，大约有 20 只蓄奴蚁在同一地点猎取东西，而且显然不是在找寻食物，这引起了我的注意。它们走近一种奴蚁——独立的黑蚁群，并且遭到猛烈的反击。有时候 3 只奴蚁揪住蓄奴血蚁的腿不放，蓄奴蚁残忍地弄死了小抵抗者，并且把尸体拖到 29 码远的巢中去当食物，但得不到一只蛹来培养为奴。于是我从另一个巢里掘出一小团黑蚁的蛹，放在邻近战场的一处空地上。于是这班暴君热切地把它们捉住并且拖走，大概以为毕竟是在最后的战役中获胜了。

同时，我在同一场所放下另一物种——黄蚁（F. flava）的一小团蛹，其上还有几只小黄蚁攀附在蚁巢破片上。如史密斯先生所描述的，这个物种有时会沦落为奴，但很少见。这种蚁虽然这么小，但极为勇敢，我看到过它们凶猛地攻击别种蚁。有一个事例，我惊奇地看见蓄奴血蚁巢下有一块石头，底下是一个独立的黄蚁群；我偶然地扰动这两个巢，小蚂蚁就以惊人的勇气去攻击它们的大邻居。当时我渴望确定血蚁能否辨别常捉作奴隶的黑蚁的蛹与很少捉拿的小型而凶猛的黄蚁的蛹，明显地它们的确能够立刻辨别；因为我们看见遇到黑蚁的蛹时，它们会即刻热切地去捉，而遇到黄蚁的蛹，甚至遇到其巢的泥土时，便会惊慌失措，赶紧跑开；但是，大约经过一刻钟，当这种小黄蚁都爬走之后，它们才能鼓起勇气，把蛹搬走。

一天傍晚，我看见另一群血蚁，发现若干这种蚁拖着黑蚁的尸体（可以看出不是迁徙）和无数的蛹回巢。我跟着背着战利品鱼贯而行的蚁追踪前去，大约有 40 码（计 36.576 米）之远，到了一处密集的石楠科灌木丛，我看到最后一只血蚁出现，拖着一只蛹，但无法在密丛中找到被蹂躏的蚁巢。然而那巢一定就在附近，因为有两三只黑蚁极度张皇地冲出来，有一只嘴里还衔着自己的蛹一动不动地停留在石楠的小枝顶上，在破碎的家上方。

这些都是关于蓄奴的奇异本能的事实，无须我来证实。让我们看一看，血蚁的本能习性和欧洲大陆上的红褐蚁的鲜明对照。后一种不会筑巢，不会决定自己的迁徙，不会为自己和幼蚁采集食物，甚至不会自己吃东西：完全依赖于无数的奴蚁。血蚁则不然，拥有很少的奴蚁，初夏时奴蚁是极少的。主人决定在何时何地营造新蚁巢，并且在迁徙的时候，还会衔着奴蚁走。瑞士和英格兰的奴蚁似乎都专门照顾幼蚁，主人单独做捕捉奴蚁的远征。瑞士的奴蚁和主人一齐工作，搬运材料回去造巢；主奴共同地，但主要是奴蚁在照顾它们的蚜虫，并进行所谓的挤乳；这样，主奴都为本群采集食物。在英格兰，通常是主人单独出去搜寻筑巢材料，为它们自己、奴蚁和幼蚁搜寻食物。所以，在英格兰，奴蚁为主人所服的劳役，比在瑞士少得多。

血蚁的本能靠什么步骤发生，我不愿妄加臆测。但是，据我所看到的，不蓄奴的蚁如果有其他物种的蛹散落在蚁巢近旁，也要把这些蛹拖进去，所以这些本来贮作食物的蛹可能发育起来；这样无意识地被养育起来的外来蚁将会追随自己的固有本能，做它们所能做的工作。如果它们的存在证明对于捕获它们的物种有用——如果捕捉工蚁比自己生育工蚁对这个物种更有利——那么，本是采集蚁蛹供食用的这种习性，大概会因自然选择而加强，并且变为永久的，以达到非常不同的蓄奴目的。本能一旦获得，即使它的应用范围远不及英国的血蚁（如我们所看到的，这种蚁类在依赖奴蚁的帮助上比瑞士的同一物种为少），我看自然选择也不难增强和改变这种本能——始终假定每一个变异对于物种都有用处——直到形成一种像红蚁那样卑鄙地依靠奴隶来生活的蚁类。

蜜蜂营造蜂房的本能。这个问题不拟详加讨论，而只是把我所得到的结论的纲要说一说。凡是考察过蜂巢的精巧结构的人，看到如此美妙地适应它的目的而不热烈赞赏，必定是愚钝不堪。听到数学家说蜜蜂已实际上解决了深奥的问题，把蜂房造成适当的形状，来容纳最大可能容量的蜜，而在建造中则用最小限度的贵重蜡质。有人说，一个熟练的工人，用合适的工具和度量衡，也很难造出正形的蜡质蜂房来，但是一群蜜蜂却能在黑暗的蜂箱内把它造成。随便你说这是什么本能都可以，乍一看似乎是不可思议的，如何能造出所有必要的角和面，甚至如何能觉察出做工正确。但是这难点并不像最初看来那样大；我想可以证明，这一切美妙的工作都是来自几种简单的本能。

我研究这个问题，是受沃特豪斯先生的引导。他阐明，蜂房的形状和邻接蜂房的存在有着密切的关系；下述观点大概只能看作是他的理论的修正。让我们看看伟大的分级原理，看看自然是否向我们揭示了其工作方法。这个简短系列的一端有大黄蜂，用旧茧来贮蜜，有时候在茧壳上添加蜡质短管，而且同样也会做出分隔的、很不规则的圆形蜡质蜂房。这系列的另一端则有蜜蜂的蜂房，排列为双层：每一个蜂房，众所周知，都是六面柱体，六边的底边倾斜地联合成三个菱形所组成的倒角锥体。菱形都有一定的角度，并且在蜂巢的一面，一个蜂房的角锥形底部的三条边，正好构成了反面的三个连接蜂房的底部。这一系列里，处于极完美的蜜蜂蜂房和简单的大黄蜂蜂房之间的，还有墨西哥蜂（*Melipona domestica*）的蜂房，于贝尔曾经仔细描述过和绘制过。墨西哥蜂的身体构造介于蜜蜂和大黄蜂之间，但与后者关系比较接近；能营造差不多规则的蜡质蜂巢、圆柱形蜂房，在里面孵化幼蜂，此外还有一些用作贮蜜的大型蜡质蜂房。这些大型的蜂房接近球状，大小差不多相等，并且聚集成不规则的一堆。这里应该注意的要点是，蜂房总是营造得彼此很靠近，如果完全成为球状时，蜡壁势必就要交切或串通；但是从来不会如此，因为这种蜂会在有交切倾向的球状蜂房之间把蜡壁造成平面的。因此，每个蜂房都是由外方的球状部分和两三个或更多平面构成的，这要看这个蜂房与两三个或更多的蜂房相连接来决定。一个蜂房连接三个蜂房时，由于球形是差不多大小的，这种情形常常而且必然发生，所以三个平面连合成为一个角锥体；据于贝尔说，这种角锥体明显与蜜蜂蜂房的三边角锥形底部十分相像。这里和蜜蜂蜂房一样，任何蜂房的三个平面必然成为所连接的三个蜂房的构成部分。墨西哥蜂用这种营造方法，显然可以节省蜡；因为连接蜂房之间的平面壁并不是双层的，其厚薄和外面的球状部分相同，然而每一个平面壁却构成了两个蜂房的共同部分。

考虑这个个案时，我觉得如果墨西哥蜂在一定的彼此距离间营造球状蜂房，并且造成一样大小，同时对称排列成双层，那么这构造就会像蜜蜂的蜂巢一样完美了。所以我写信给剑桥的米勒（Miller）教授，根据他的复信，我写出了以下的叙述，这位几何学家惠读后并且告诉我说，这是完全正确的：

设若干同等大小的球，球心在两个平行层上；每一个球的球心与同层中围绕它的六个球的球心相距等于或稍微小于半径乘以 $\sqrt{2}$，即半径乘以 1.41421；并且与别一平行层中连接的球的球心相距也如上；于是，如果把这双层每两个球的交接面都画出来，就会形成一个双层六面柱体，其互相衔接的面都是由三个菱形所组成的角锥形底部联结而成的；这个角锥形与六面柱体的边所成的角，与经过精密测量的蜜蜂蜂房的角度完全相等。

因此，我们可以稳妥地断定，如果能把墨西哥蜂的并不是很奇异的已有本能稍微改变一下，便能造出像蜜蜂那样巧夺天工的蜂房。我们必须假定，墨西哥蜂有能力来营造真正球状的且大小相等的蜂房；鉴于它们已经能够在一定程度上做到这点，鉴于还有许多昆虫也能够在树木上造成多么完美的圆柱形孔穴，分明是依据一个固定的点旋转而成的，这就没有什么值得奇怪的了。我们必须假定，墨西哥蜂能把蜂房排列在水平层上，而其圆柱形蜂房就是这样排列的。我们必须进一步假定，当几只工蜂分别营造球状蜂房时，好歹能正确地判断彼此应当距离多远，而这是最困难的事；不过，已经能判断距离了，所以总是能使球状蜂房有某种程度的交切；然后把交切点用完全的平面连接起来。我们必须再进一步假定，六面柱体由同层连接球体的交接面形成之后，可以任意延长六面柱体的长度，使之符合仓储蜂蜜的要求，而这一点不难；就像粗鲁的大黄蜂给旧茧的圆孔增加蜡质圆管一样。本来并不奇异的本能——不比指导鸟类造巢的本能更奇异，经过这样的变异之后，我相信蜜蜂通过自然选择就获得了难以模仿的营造能力。

这种理论可用试验来证明。照特盖特迈耶（Tegetmeier）先生的榜样，我把两个蜂巢分开，中间放一块长而厚的方形蜡版：蜜蜂随即开始在蜡版上凿掘圆形的小凹穴；向深处凿掘这些小穴时，逐渐使它们拓宽，变成约莫蜂房直径的浅盆形，看起来恰似真正的球状或者球的一部分。下面的情形是极有趣的：凡是几只蜂彼此靠近开始凿掘盆形凹穴时，相互之间的距离恰使盆形凹穴得到上述宽度（大约相当于一个普通蜂房的宽度），并且在深度上达到这些盆形凹穴所构成的球体直径的$\frac{1}{6}$，这时盆形凹穴的边便交切，或彼此串通。一遇到这种情形，这些蜂便停止往深处凿掘，并且开始在盆边之间的交切处造起平面的蜡壁，所以，每一个六面柱体并不是像普通蜂房那样，建筑在三边角锥体的直边上面，而是建造在一个平滑盆形的扇形边上面的。

然后我把一块薄而狭窄的涂有朱红色、其边如刃的蜡片放进蜂箱里去，以代替以前所用的方形厚蜡版。于是蜜蜂即刻一如既往地在蜡片的两面开始凿掘一些彼此接近的盆形小穴。但蜡片太薄，如果盆形小穴的底掘得像上述试验一样深，两面便要彼此串通了。然而蜜蜂并不会让这种情形发生，及时停止了开掘；于是那些盆形小穴，掘得深一点时，便出现了平的底，这等由剩下未被咬去的一小薄片朱红色蜡所形成的平底，根据目测，正好位于蜡片正反面的盆形小穴之间的想象上的交切面处。部分地方只咬去一点点，其他地方则是在对面的盆形小穴之间留下大片菱形板，不是自然状态的东西，所以不能精巧地完成工作。这些蜂在朱红色蜡片的两面，浑圆地咬去蜡质，并使盆形加深，其工作速度想必是差不多的，这是为了能够成功地在交切面处停止工作，而在盆形小穴之间留下平面。

鉴于薄蜡片十分柔软，我想，当蜂在蜡片两面工作时，不难觉察到什么时候咬到适当的薄度，于是停止工作。在普通的蜂巢里，我认为蜂在两面的工作速度，并不能永远实现完全相等；我注意过一个刚开始营造的蜂房底部上半完工的菱形板，其一面稍为凹进，我想这是这面掘得太快的缘故，另一面则凸出，因为这面工作得慢一些。在一个著名事例里，我把这个蜂巢放回蜂箱里去，让蜂继续工作一小段时间，然后再检查蜂房，发现菱形板已经完工，并且已经完全平了：蜡片是极薄的，所以绝对不可能是从凸的一面把蜡咬去，做成上述的样子；我猜测这种情形大概是站在蜂房相反两面的蜂，把可塑而温暖的蜡恰到好处地推压弯曲到中间板处（我试验过，很容易做），这样就找平了。

从朱红蜡片的试验可以看出，若要建造一堵蜡质的薄壁，蜂便彼此站在一定的距离，以同等的速度凿掘下去，并且努力做成同等大小的球状空室，但永远不会让空室彼此串通，这样就可造出形状适当的蜂房。检查一下正在建造的蜂巢边缘，一眼就可看出首先在蜂巢的周围造一堵粗糙的围墙缘边，然后从两面对咬，加深每一个蜂房时，总是绕圈工作。并不在同一时间内营造任一蜂房三边角锥形的整个底部，而是看情况先搞定位于正在建造的极端边缘的一两块菱形板；并且在没有营造六面壁之前，绝不完成菱形板上部的边。这些叙述有些和大名鼎鼎的老于贝尔所说的有所不同，但我相信是正确的；如果有篇幅，我将阐明这符合我的理论。

于贝尔说，最初的第一个蜂房是从侧面相平行的蜡质小壁凿掘造出来的，就我所看到的，这一叙述并不严格正确。最初着手的经常是一个小蜡兜，但这里我不拟详论。我们知道，在蜂房的结构里，凿掘起着何等重要的作用；但如果设想蜂不能在适当的位置——即沿着两个连接的球形体之间的交切面——营造粗糙的蜡壁，就是极大的错误。我有几件标本明显指出是能够这样做的。甚至在环绕着建造中的蜂巢周围的粗糙边缘即蜡壁上，有时候也可以观察到弯曲的情形，所在的位置相当于未来蜂房的菱形底面。但在一切场合中，粗糙的蜡壁是靠大口咬掉两面的蜡而完成的。蜂的这种营造方法是奇妙的；总是把最初的粗糙墙壁，造得比最后要留下的蜂房的极薄的壁厚10倍乃至20倍。要理解它们的工作方法，可以假定泥水匠首先用水泥堆起一堵宽阔基墙，然后在近地面处的两侧把水泥同等地削去，直到中间部分形成一堵光滑而很薄的墙壁；泥瓦匠们总是把削去的水泥堆在墙壁的顶上，还要加入新水泥。于是，薄壁就这样不断地垒上去，但上面总是有一个厚大的顶盖。一切蜂房，无论刚开始营造还是已经完成的，上面都有这样一个坚固的蜡盖，因此，蜂能够聚集在蜂巢上爬来爬去，而不会把薄六面壁损坏。壁的厚度只有约 $\frac{1}{400}$ 英寸（计0.0635毫米），菱形底片大约比其厚一倍。用上述这样特别的营造方法，可以极端地省蜡，同时还能不断地使蜂巢加固。

大批蜜蜂聚集一起工作，乍看这对于理解蜂房的营造方式会增加困难；一只蜂在一个蜂房工作一小段时间后，便到另一个蜂房，所以，如于贝尔所说的，甚至第一个蜂房开始营造时就有20只蜂在工作。我用实践的方法阐明了这一事实：用朱红色的极薄熔蜡涂在一个蜂房六面壁的边上，或者涂在一个营造着的蜂巢围墙的极端边缘上，结果必定看到蜂把这颜色极细腻地分布开去——细腻得就像画家布色——有颜色的蜡从涂抹的地方一星一星地取去，放到周围蜂房扩大着的边缘上去。营造的工作在多蜂之间似乎有某种平衡分配，彼此本能地站在同一相对距离上，都试图凿掘相等的球形，然后，建造起或者说留下不咬球形之间的交切面。说起来实在是奇异，有时会遇到困难，例如两个蜂巢呈角度相遇时，往往把已成的蜂房彻底拆掉，用不同的方法重造，而有时候再现拆去的形状。

蜂遇到可以各就各位进行工作的一处地方，例如一块木片上，而且这块木片恰好处于向下建造的一个蜂巢的中央部分之下，那么这个蜂巢势必就要营造在木片的一面之上——在这种情况下，这些蜂便会筑起新的六面体一堵墙的基础，突出于已经完成的蜂房之外，位置严格规定。只要蜂能彼此站在适当的距离并且与最后完成的蜂房墙壁保持适当的距离，掘造了想象的球形体，就足以在两个邻接的球形体之间造起中间蜡壁来；但据我所看到的，非要到那蜂房和邻接的几个蜂房大都造成之后，从不咬去和修光蜂房的角。蜂在一定环境条件下，能在两个刚开始营造的蜂房中间把一堵粗糙的壁建立在适当位置上，这种能力是很重要的；因为这与一项事实有关，最初看来它似乎可以推翻上述理论；这事实就是，黄蜂最外边缘上的一些蜂房也常常是严格的六边形；但这里没有篇幅讨论这一问题。我并不觉得单独一只昆虫（例如黄蜂蜂后）去营造六边形的蜂房会有什么大的困难，只要能在同时开始的两三个巢房的内侧和外侧交互地工作，始终与刚开工的蜂房部件保持适当的距离，掘造球形或圆筒形，并且建造起中间的平壁。我们甚至可以想象，一只昆虫固定于一点开始构筑蜂房，然后移动出去，先到一点，然后到另外五个点，到中心点的相对距离和点之间的距离恰到好处，可以打造诸交切面，构筑孤立的六边形。但我不知道这种个案有没有观察到过，而且构筑单个六边形也没有什么好处，因为这就比构筑圆柱体需要更多的建筑材料。

自然选择仅仅靠构造或本能的微小变异的积累才发挥作用，而各个变异都对个体在其生活条件下是有利的。所以，我们可以合理地发问：变异了的建筑本能所经历的漫长而级进的连续阶段，都趋向现今那样完善的建筑规划，对于蜜蜂祖先，这曾起过怎样有利的作用呢？我想，解答这个问题并不困难：我们知道，蜂为了采足花蜜，常常受到很大的压力。特盖特迈耶先生告诉我说，实验已经证明，蜜蜂分泌一磅蜡须消耗 12 到 15 磅干糖；所以一个蜂箱里的蜜蜂为了分泌营造蜂巢所必需的蜡，必须采集并消耗大量的液状花蜜。还有，许多蜂在分泌的过程中，势必有许多天不能工作。大量蜂蜜的贮藏，对于维持大群蜂的冬季生活是必不可缺少的；并且我们知道，蜂群的安全主要决定于大量的蜂得以维持。因此，大大节省蜂蜜，从而省蜡，必定是任何蜂族成功的重要因素。当然，其成功还可能决定于寄生物等敌害的数量，决定于截然不同的原因，所以根本不取决于蜜蜂所能采集的蜜量。但是，让我们假定采集蜜量的能力决定了任何一处地方大黄蜂的数量，这倒是常常发生；让我们进一步假定，蜂群度过了冬季，结果就需要贮藏蜂蜜：在这种情形下，如果其本能有微小的变异，使得蜡房造得靠近些，略略彼此相切，无疑会有利于这批土蜂；一堵公共的壁即使仅连接两个蜂房，也会节省少许蜡。因此，如果蜂房造得日益整齐，日益相互靠近，并且像墨西哥蜂的蜂房那样聚集在一起，就会日益不断地对这种大黄蜂有利；因为这样各蜂房的大部分界壁将会用作邻接蜂房的界壁，就可以省蜡。还有，由于同样的原因，如果墨西哥蜂能把蜂房造得比现在接近些，并且在各方面都更规则些，这于己有利；因为，如我们所看到的，蜂房的球形面会完全消失，代以平面；而墨西哥蜂所造的蜂巢就会达到蜜蜂巢那样完善的地步。在建造上超越这种完善的阶段，自然选择便不能再起作用；因为据我们所知，蜜蜂蜂巢在节省蜡的方面绝对是完美的。

因此，我认为一切既知本能中最奇异的本能——蜜蜂的本能，可以根据自然选择利用了简单本能之无数的、连续发生的微小变异来解释；自然选择曾经缓慢、逐步完善地使得蜂在双层上掘造彼此保持一定距离的、同等大小的球形体，并且沿着交切面筑起和凿掘蜡壁。当然，蜂不会知道自己在彼此保持一定的距离来掘造球形体，正如它们不会知道六面柱体与底部的菱形板是什么角度。自然选择过程的动力在于节蜡；各蜂群在蜡的分泌上消耗最少的蜜，得到了最大的成功，并且把新获得的节约本能遗传给了新蜂群，以便在生存斗争中获得成功的最大机会。

无疑还可用许多极难解释的本能来反对自然选择学说——例如有些本能，我们不知道是怎样起源的；有些本能，我们不知道有中间过渡阶段的存在；有些本能看上去很不重要，自然选择不大会发生作用；有些本能在自然系统相距甚远的动物里竟几乎相同，所以不能用共同祖先的遗传来说明其相似性，结果只好相信这些本能是通过自然选择而独立获得的。我不预备在这里讨论这些个例子，而仅仅讨论一个特别的难点，起初我认为这个难点是难以克服的，并且实际上对于我的整个理论是致命的。我所指的就是昆虫社会里的中性即不育的雌虫；这些中性虫在本能和结构上常与雄虫以及能育的雌虫有很大的差异，可是由于不育，却不能繁殖同类。

这个问题很值得详加讨论，但这里只举一个个案，即不育的工蚁。工蚁怎么会变为不育的个体是个难点，但不比结构上任何其他显著的变异更难于解释；我们可以证明，自然状态下某些昆虫以及别种节足动物偶尔也会变为不育；如果这种昆虫是社会性的，而且每年生下若干能工作但不能生殖的个体对于群体有利的话，那我认为我们不难理解这是由于自然选择的作用，但必须跳过这种初步的难点不谈。最大的难点在于工蚁与雄蚁和能育的雌蚁在结构上有巨大的差异，如工蚁具有不同形状的胸部，缺翅膀，有时没有眼睛，并且具有不同的本能。单以本能而论，蜜蜂可以极好地证明工蜂与完全的雌蜂之间有惊人的差异。如果工蚁或别种中性虫原是正常的动物，那我就会毫不迟疑地假定，一切性状都是通过自然选择慢慢获得的；这就是说，由于生下的个体在结构上都具有微小的有利变异，又都遗传给了后代；而且后代又发生变异，又被选择，如此等等，不一而足。但是工蚁和双亲之间的差异很大，又是绝对不育的，所以绝不可能把历代获得的构造上或本能上的变异遗传给后代。于是，我们可以设问：这怎么能符合自然选择的学说呢?

首先，请记住，家养生物和自然状态下的生物里，结构的各种各样差异是与一定年龄或性别相关的，这方面有无数的案例。差异不但与性别相关，而且与生殖系统活跃的那一短暂时期相关，例如，许多鸟类的求偶羽、雄鲑的钩颌，都是这种情形。公牛经人工去势后，不同品种的角甚至相关地表现了微小的差异；某些品种的去势公牛，与同品种的公牝双方比较，犄角会比其他品种更长。因此，我认为任何性状变得与昆虫社会里某些成员的不育状态相关，并不存在多大难点；难点在于理解这种结构上的相关变异如何因自然选择作用而慢慢累积起来。

这个难点表面上看来是难以克服的，可是只要记住选择作用既可以应用于个体，也可以应用于全族，而且可以由此如愿以偿，那么难点便会缩小，或者如我所相信的，便会消除。比如，一棵味道好的蔬菜煮熟吃了，该个体就消灭了。可是园艺家播下同种蔬菜的种子，信心十足地期望收获差不多的变种。养牛者喜欢肉和脂肪交织成大理石纹的样子，牛已经被屠宰了，但是养牛者有信心继续找到同样的牛。我对于选择的力量也是信心十足，并不怀疑总是产生异常长角的去势公牛的品种，可以慢慢培养，只要仔细观察什么样的公牛和牝牛个体交配才能产生最长角的去势公牛；虽然没有一只去势的牛曾经繁殖过同类。我想社会性的昆虫也是如此：与同群某些成员的不育状态相关的构造、本能上的轻微变异，对于群体有利，结果能育的雄体和雌体得到了繁生，并把这种产生具有同样变异的不育成员的倾向，传递给了能育的后代。我认为，这一过程重复过了许多次，直到同一物种的能育雌体和不育雌体之间产生了巨大的差异量，就像我们在许多种社会性昆虫里所见到的那样。

但我们还没有谈及登峰造极的难点：有几种蚁的中性虫不但与能育的雌虫和雄虫有所差异，而且彼此之间也有差异，有时差异甚至到了让人几乎难以置信的程度，并且因此被分成两个等级（castes），甚至三个等级。还有，这些等级一般并不彼此逐渐重叠，而是区别得十分清楚，有如同属的两个物种，同科的两个属。例如，埃西顿（Eciton）行军蚁的中性工蚁和兵蚁具有大相径庭的颚和本能：隐角蚁（Cryptocerus）只有一个等级的工蚁，头上生有一种奇异的盾，用途不清楚；墨西哥的蜜蚁（Myrmecocystus）有一个等级的工蚁从不离巢，由另一个等级的工蚁喂食，腹部发育得很大，能分泌出一种蜜汁，以代替蚜虫所排泄的东西；蚜虫或者可以被称为蚁乳牛，欧洲的蚁常把它们守卫圈禁起来。

如果不承认这种奇异而十分确实的事实可以瞬间颠覆我的理论，人们必然会想，我对自然选择的原理过于信心饱满了。如果中性虫只有一个等级，我相信它与能育的雄虫和雌虫之间的差异是通过自然选择得到的，在这种比较简单的情形里，根据普通变异类推，我们可以断言，各种连续的、微小的、有利的变异，最初并非发生于同一窝中的所有中性虫，而只发生于少数的中性虫；经过长期持续选择能够产生极多的具有有利变异的中性虫能育亲种，一切中性虫最终就都会具有所需的性状。按照这种观点，我们应该在同一巢中偶尔发现那些表现有构造分级的同种中性虫；实际我们是发现了，鉴于欧洲以外的中性昆虫很少仔细检查过，甚至可以说并不稀罕。史密斯先生曾阐明，有几种英国蚁的中性虫彼此在大小方面，有时在颜色方面，表现了惊人的差异；并且在两极端的类型之间，有时可由同巢中的一些个体连接起来：笔者就比较过这种完美的级进情形。我们有时可以看到，大形或者小形的工蚁数目最多；或者大形和小形两种都多，而中间形的数目却很稀少。黄蚁有大工蚁和小工蚁，中间形的工蚁有一些；如史密斯先生所观察的，在这个物种里，大工蚁有单眼（ocelli），虽小但能够清楚辨认；而小工蚁的单眼则是残迹。在仔细解剖了几只工蚁标本之后，我能确定小工蚁的眼睛根本不发育，远非单单用其小比例所能解释；并且我充分相信，虽然我不敢很肯定地断言，中间形工蚁的单眼正好处在中间状态。所以，一个巢内有两群不育工蚁，不但在大小上，并且在视觉器官上，都表现出了差异，然而有少数中间状态的成员连接起来。我再补充几句题外的话，如果小工蚁对于蚁群最有利，产生越来越多小工蚁的雄蚁和雌蚁不断被选择，最后所有的工蚁都具有那种形态了。于是就形成了一个蚁种，其中性虫差不多就像褐蚁属（*Myrmica*）的工蚁那样。褐蚁属的工蚁甚至连残迹的单眼都没有，尽管这个属的雄蚁和雌蚁都生有很发达的单眼。

我再举一例：同一物种的不同级的中性虫之间，我满有信心地期望可以找到重要结构的各个过渡阶段，欣然利用史密斯先生所提供的取自西非驱逐蚁（*Anomma*）同巢中的许多标本。我不举实际的测量数字，只做一个严格精确的说明，读者大概就能最好地了解这工蚁之间的差异量；差异就好比看到一群建筑工人，其中有许多是 5 英尺 4 英寸高，还有许多是 16 英尺高；但我们必须再假定那高个儿工人的头比矮个儿工人不止大 3 倍，却要大 4 倍，而颚则要大近 5 倍。再者，大小不同的工蚁的颚不仅在形状上大有差异，牙齿的形状和数目也相差悬殊。但重要的事实却是，虽然工蚁可以依大小分为不同的等级，却不知不觉地彼此逐渐过渡，其结构大不相同的颚也是这样。关于后面一点我有把握，卢伯克先生曾用描图器为我所解剖的几种大小不同的工蚁的颚逐一作图。

根据摆在我面前的这些事实，我相信自然选择由于作用于能育的蚁双亲，便可以形成一个物种，专门产生体形大而具有某一形状的颚的中性虫，或者专门产生体形小而结构大不相同的颚的中性虫；最后，这是登峰造极的难点，一群工蚁具有一种大小和结构，另一群工蚁具有不同大小和结构，同时存在——最先形成的是一个逐渐过渡的系列，这就像驱逐蚁的情形那样，然后，由于自然选择支持生育它们的双亲，就产生了越来越多最有利于蚁群的两极端类型，最后具有中间结构的个体不再产生。

我认为，奇异事实就是这样发生的，同一巢里生存的、区别分明的不育工蚁两级，不但彼此之间大不相同，并且和双亲之间也大不相同。我们可以看出工蚁的生成对于蚁社会有多大的用处，与社会分工对于文明人的用处同理。由于蚁是用遗传的本能和遗传的工具或武器来工作的，而不用学得的知识和制造的器具，所以完美分工只能通过工蚁不育来实施。如果它们能育，就会杂交，其本能和结构就会混杂。我认为，大自然通过自然选择在蚁群中实施了这一令人惊叹的分工。但是必须坦白承认，我虽然完全相信自然选择，若不是有这等中性虫个案让我心悦诚服，决不会料到这一原理是如此高度有效。所以，为了阐明自然选择的力量，并且因为这是我的理论所遭到的特别严重的难点，我对于这个个案做了稍多的但挂一漏万的讨论。而且这个个案也很有趣，证明了动物同植物一样，把无数的微小的必须称为偶发的结构变异，只要是稍微有利的就累积下来，没有锻炼或习性参加作用，任何量的变异都能实现。蚁群的不育成员的锻炼，或者习性，或者意愿，丝毫也不可能影响专事遗留后代的能育成员的构造或者本能。我觉得奇怪的是，至今没有人提出用这种中性虫的演示个案去反对众所熟知的拉马克（Lamarck）

的学说。

提要。本章勉力简要地指出了家养动物的精神品质要变异，且这种变异是遗传的。我又更简要地阐明本能在自然状态下也是轻微变异的。没有人会争辩本能对于各种动物有极端的重要性。所以我认为，在多变的生活条件下，自然选择不难把任何稍微有用的本能上的微小变异累积到任何程度。在许多情况下，习性或者用废大概也参加作用。我不敢说本章所举事实能在很大程度上巩固我的理论；但是根据我所能判断的，没有难解的个案可加以颠覆。另外，本能不总是绝对完善，而是易犯错误；没有一种本能可说是为了其他动物的独享利益而产生的，但各种动物都利用其他动物的本能；博物史上的格言“自然界里没有飞跃”，适用于身体结构也适用于本能，并且可用上述观点来清楚解释，别无他解——所有这些事实都确证了自然选择的学说。

这个理论也得到其他几种关于本能的事实的加强；常见的个案如密切近似的但不相同的物种，当天各一方并且生活在相当不同的生活条件下时，常常保持了几乎同样的本能。例如，根据遗传原理，我们能够理解，为什么南美鸫跟英国鸫的特别造巢方法一样，用泥来涂抹它们的巢；为什么北美洲的雄性鹪鹩（*Troglodytes*）像英国的雄性猫形鹪鹩（Kitty-wrens）那样地营造“雄鸟之巢”栖居——这种习性完全不像任何其他已知鸟类。最后，这可能是不合逻辑的演绎，但据我想象，这样的说法最能令人满意，如小杜鹃把义兄弟逐出巢外、蓄养奴隶的蚁类、姬蜂科（ichneumonidae）幼虫寄生在活的毛毛虫体内，不把这种本能看作是特别赋予或特别创造的，而看作是引导一切生物进化——即繁殖、变异，让最强者生存、最弱者死亡的一般法则的小小结果。

第八章

杂种性质

首代杂交不育性和杂种不育性的区别——不同程度的不育性，不是普遍的，受近亲交配的影响，因家养而消除——支配杂种不育性的法则——不育性不是特别的禀赋，而是伴随其他差异而起——首代杂交不育性和杂种不育性的原因——变化了的生活条件的效果和杂交的效果之间的平行现象——变种杂交的能育性及混种后代的能育性不是普遍的——不考虑能育性的情况下，杂种和混种的比较——提要。

博物学者们一般抱有一种观点，认为一些物种互相杂交，被特别地赋予了不育性，借以阻止生物的混杂。这一观点乍看是对的，因为物种生活在同区域，如果可以自由杂交，很少能够保持不混杂的。杂种普遍都不育，我看这一点的重要性被最近一些作者低估了。根据自然选择理论，这个个案尤其重要，因为杂种的不育性不可能对它们有利，从而并不能由各种不同程度的、连续的、有利的不育性的持续保存而获得。不过，我希望能够阐明，不育性并不是特别获得或者禀赋的品质，而是伴随其他获得差异而产生的。

讨论这一主题时，有两类截然不同的事实，一般却被混淆在一起，即两个物种在第一次杂交时的不育性，以及由它们产生出来的杂种的不育性。

纯粹的物种当然具有完善的生殖器官，然而互相杂交时，则很少产生后代，或者不产生后代。另外，从动植物的雄性生殖质都可以明显看出，杂种的生殖器官在性机能上无能，虽然生殖器官本身的构造在显微镜下看来还是完善的。在上述的第一种情形里，形成胚体的雌雄性生殖质是完善的，在第二种情形里，雌雄性生殖质要么完全不发育，要么发育不完全。我们必须考虑两种情形所共有的不育性的原因，这种区别是重要的。由于把两种情形下的不育性都看作是并非我们理解能力所能掌握的一种特别禀赋，这种区别大概就容易被忽视了。

变种。即知道或认为是从共同祖先传下来的类型——杂交时的能育性，以及它们的杂种后代的能育性，对于我的理论，与物种杂交时的不育性有同等的重要性；因为这似乎在物种和变种之间划出了明确而清楚的区别。

首先，是关于物种杂交时的不育性及其杂种后代的不育性。科尔路特和盖特纳两位认真可敬的观察者几乎毕生研究这个问题，凡是读过他们若干研究报告和著作的，不可能不深深地感到某种程度的不育性是非常普遍的。科尔路特把这个规律普遍化了。可在 10 个例子中，他发现有两种类型，它们虽被大多数作者看作是不同物种，在杂交时却是十分能育的。于是，科尔路特快刀斩乱麻，毫不犹豫地将其列为变种。盖特纳也把这个规律同样普遍化了，而对科尔路特所举的 10 个例子的完全能育性提出质疑。但是在这些和许多其他个案里，盖特纳不得不细数产籽数，以指出其中有任何程度的不育性。他总是把两物种杂交时、杂种后代所产种子的最高数目，与双方纯亲种在自然状态下种子的平均数相比。但是我看由此引入了严重的出错原因：进行杂交的植物必须去势，更必须隔离，以防止昆虫带来其他植物的花粉。盖特纳所试验的植物几乎全都是盆栽的，看样子放在他家一间屋子里。这些做法无疑常常会损害植物的能育性；他在列表中所举植物有 20 个个案，都去势了，并且以自花进行人工授粉（一切豆科植物除外，公认难操纵），这 20 种植物的一半，能育性受到了某种程度的损害。还有，盖特纳几年里反复杂交樱草和黄花九轮草，我们有充足理由将其当变种，所以他收获能育种子的只有一两次。他使普通的红花海绿（*Anagallis arvensis*）和蓝花海绿（*Anagallis coerulea*）进行杂交，发现它们是绝对不育的，而这些类型曾被最优秀的植物学家们列为变种。他在许多同类个案中都得出了同样的结论。依我看，我们可以怀疑许多物种互相杂交时是否的确这样不育，这是盖特纳所认为的。

我们可以肯定，一方面，各个物种杂交时的不育性程度大不相同，并且不易觉察地分级消失；另一方面，纯粹物种的能育性易受各种环境条件的影响，所以从一切实用的目的看，极难说出完全的能育性在何处终，而不育性又从何处始。关于这一点，我想没有比史上最有经验的观察者科尔路特和盖特纳所提出的证据更为可靠的了，他们对于一模一样的物种曾得出决然相反的结论。关于某些可疑类型究应列为物种还是变种的问题，试把最优秀的植物学家们提出的证据，与不同的杂交工作者从能育性推论出来的证据或同一作者从不同年代的试验中推论出来的证据加以比较，也是最有意义的，但是这里限于篇幅，无法详论。由此可见，无论不育性或能育性都不能在物种和变种之间划出确定的界限。从这一来源得出的证据逐渐减弱，其可疑的程度不亚于从其他体质和构造上的差异所得出的证据。

关于杂种在连续世代中的不育性，虽然盖特纳谨慎地防止了一些杂种和纯种的父母本相杂交，能够把它们培育到六七代，其中一个个案甚至培育到了 10 代，但是他肯定地说，它们的能育性从不增高，反而普遍地大幅度降低了。我不怀疑这是常见的情况，能育性往往在开始几代里突然下降。我认为所有的这些实验里，能育性的减低都是出自一个独立的原因，即过于接近的近亲交配。我曾搜集到多如牛毛的事实，表明很接近的近亲交配减低能育性，另一方面，与不同的个体或变种进行偶然的杂交可增高能育性，所以这名育种者几乎普遍相信的观点的正确性，我是无可置疑的。试验者们很少种植大量的杂种；并且因为亲种，或其他近缘杂种一般都养在同一园圃内，所以在开花季节必须谨慎防止昆虫进入；所以，杂种在每一世代中一般便会由自花的花粉而受精；我确信这样会损害本已由于杂种根源而降低的能育性。盖特纳反复说过的一句重要陈述，使我的这一信念加强了，他说，哪怕能育性较低的杂种，如果用同类杂种的花粉进行人工授精，不管由操纵所常常带来的不良影响，能育性往往还是决定性增高的，而且会继续不断增高。在人工授粉的过程中，偶然从另一朵花的花药上采取花粉，犹如常常从准备受精的花本身的花药上采取花粉一样是常见的事（从我的经验得知）；所以，两朵花的杂交，就这样实现了，即使大概是同一植株的两朵花。还有，凡是进行复杂的试验，像盖特纳如此谨慎的观察者也要把杂种的雄蕊去掉，这就可以在每一世代中保证用异花花粉进行杂交，这朵异花要么来自同一植株，要么来自同一杂种性质的另一植株。因此，我相信，与自发的自花受精正相反，人工授精的杂种在连续世代中可以增高能育性这一奇异的事实，是可以依据避免过于接近的近亲交配来解释的。

现在让我们谈一谈第三位极有经验的杂交工作者赫伯特牧师所得到的结果。赫伯特的结论中强调某些杂种是完全能育的，与纯亲种一样能育，就像科尔路特和盖特纳强调不同物种之间存在着某种程度的不育性是普遍的自然法则一样。赫伯特对于盖特纳试验过的完全同样的一些物种进行了试验。结果之所以不同，我想一方面是由于赫伯特的园艺绝技，一方面是有温室可供使用。在他的许多重要陈述中，我只举出一项作为例子，即“在长叶文殊兰（*Crinum capense*）蒴果中的各个胚珠上授以卷叶文殊兰（*C. revolutum*）的花粉，就会产生自然受精情形下（他说）我从未看见过的植株。”所以，我们在这里看到，两个不同物种的第一次杂交，就会得到完全的甚至超完全的能育性。

文殊兰属这个例子使我想起一个奇妙的事实，有的个体植物，如半边莲属（*Lobelia*）的部分物种，朱顶红属（*Hippeastrum*）的全部物种，容易用不同物种的花粉，但不易用同种花粉来受精。我们已经发现这些植株对不同物种的花粉结籽，虽然对于自花花粉不育，但发现其花粉使其他物种的受精是完全正常的。所以，对于一些个体以及某些物种的一切个体，比用自花受精，实际上更容易产生杂种。例如，朱顶红（*Hippeastrum aulicum*）的一个鳞茎开了四朵花，赫伯特在其中的三朵花上授以自花受精，然后在第四朵花上授以从三个不同物种传下来的复杂种（compound hybrid）的花粉受精，其结果是："前三朵花的子房很快就停止生长，几天后完全枯萎，至于由杂种花粉受精的蒴则生长旺盛，迅速达到成熟，并且结下能够自由生长的优良种子。"赫伯特先生于1839年写信给我说，他已经实验五年了，其后多年继续同一试验，结果始终如一。这还被其他观察者所证实，个案有朱顶红及其亚属，还有其他属，如半边莲属（*Lobelia*）、西番莲属（*Passiflora*）、毛蕊花属（*Verbascum*）。尽管实验植株看上去完全健康，尽管同一种花胚珠花粉对于其他物种完全正常，可是在相互自花授粉时却机能不全，必须推论，植株处于非自然状态之中。然而，这些事例可以证明，与自花授粉的同物种相比，决定一个物种杂交能育性的高低，其原因常常是何等的微细而不可思议。

园艺家的实际试验虽然缺少科学精密性，却值得留意。众所周知，天竺葵属、倒挂金钟属（*Fuchsia*）、蒲包花属（*Calceolaria*）、矮牵牛属（*Petunia*）、杜鹃花属等物种之间，进行过何等复杂方式的杂交，然而许多这些杂种都能自由结籽。例如，赫伯特断言，从绉叶蒲包花

（*Calceolaria integrifolia*）和车前叶蒲包花（*Calceolaria plantaginea*）这两个习性上颇不相同的物种得到一个杂种，“自己完全能够繁殖，就像来自智利山区的自然物种”。我煞费苦心地探究过杜鹃花属复杂杂交的能育性程度，可以确定多数是完全能育的。诺布尔（C. Noble）先生告诉我，他把小亚细亚杜鹃花（*Rhod. ponticum*）和北美山杜鹃花（*Rhod. catawbiense*）之间的杂种嫁接在某些砧木上，这个杂种“有我们所能想象的自由结籽能力”。杂种在恰当的处理下，如果能育性在每一连续世代中经常不断地减低，如盖特纳所相信的那样，那这件事早就被艺园者注意了。园艺家把同一杂种培育在广大园地上，只有这样才是恰当的处理，因为昆虫的媒介作用，若干个体可以彼此自由杂交，阻止了接近的近亲交配的有害影响。只要检查一下杜鹃花属杂种不育种的花，任何人都会轻易相信昆虫媒介作用的效力，它们不产生花粉，柱头上却可见来自异花的大量花粉。

对动物进行的仔细试验，远比植物要少得多。如果我们的分类系统是可靠的，这就是说，如果动物各属彼此间的区别程度不亚于植物，就可以推论，系统上区别较大的动物，比植物易于杂交；但是我想，杂种本身则更加不育了。我怀疑任何完全能育的杂种动物个案是否可以看作彻底地确凿属实下来了。然而，我们应当记住，由于很少有动物能够在圈养中自由生育，正规的实验做得不多。例如，金丝雀曾和九种其他雀科鸣禽杂交，由于九种鸟都不能在圈养中自由生育，我们就无权指望它们与金丝雀的第一次杂交品种或者其杂种是完全能育的。至于能育的动物杂种在连续世代中的能育性，我几乎不知道任何事例，从不同父母同时培育出同一杂种的两个家族，可以避免接近的近亲交配的恶劣影响。相反，动物的兄弟姊妹通常却在每一连续世代中进行杂交，违背了每一位饲养者反复提出的告诫。在这种情形下，杂种固有的不育性继续增高，完全不足为奇。如果我们这样做，就像纯种动物的兄弟姐妹交配那样，因为它们不论什么原因都极少有不育倾向，该品种肯定会在几代之内消失。

虽然我不能举出彻底可靠的例子，说明动物的杂种是完全能育的，但有理由相信凡季那利斯羌鹿（*Cervulus vaginalis*）和列外西羌鹿（*Reevesii*）间的杂种以及东亚雉（*Phasianus colchicus*）和环颈雉（*P. torquatus*）间的杂种是完全能育的。欧洲的普通鹅和中国鹅（A. cygnoides）是截然不同的物种，一般都列为不同的属，但它们的杂种在我国与任一纯粹亲种杂交，常常是能育的，并且在一个仅有的例子里，杂种互相交配，也是能育的。这是艾顿先生的成就，他从同一对父母培育出两只杂种鹅，但不是同时孵抱的；从这两只杂种鹅又育成一窝8只杂种鹅（是当初两只纯种鹅的孙代）。然而，在印度这些杂种鹅一定更是能育的；因为布莱斯先生和赫顿大尉这两位异常能干的法官告诉我，印度到处饲育着大群这样的杂种鹅群；因为在纯粹的亲种已不存在的地方，饲养是为了养家糊口，所以它们必定是高度能育的。

由帕拉斯最初提出的学说，基本上被现代博物学接受了，那就是大部分家养动物是从两个以上的野生物种传下来的，后来杂交混合。根据这一观点，原始的亲种要么一开头就产生了完全能育的杂种，要么就是杂种在此后的家养状况下变为能育的。我认为后一种情形的可能性似乎最大，我愿意相信它，尽管没有直接证据。例如，我相信家狗是从几种野生祖先传下来的，大概除了南美洲某些原产家狗，所有的家狗互相杂交，都是十分能育的；但类推起来使我大大怀疑，这几个原始物种是否在最初曾经互相杂交，而且产生了能育的杂种。因此有理由相信，普通欧洲牛与印度瘤牛互相交配是能育的；而根据布莱斯先生给我的材料，我想它们必须认作不同的物种。根据关于许多家畜起源的这个观点，我们必须要么放弃不同物种杂交时普遍不育性的信念，要么承认动物的不育性不是恒久的性状，可以在家养的状况下消除。

最后，根据动植物互相杂交的一切确定事实，可以得出结论，第一次杂交及其杂种具有某种程度的不育性，乃是极其一般的结果；但根据我们目前的知识而言，却不能认为这是绝对普遍的。

支配第一次杂交不育性和杂种不育性的法则。关于支配第一次杂交和杂种不育性的情况与法则，我们现在要讨论得详细一些。主要目的在于看一看，这些法则是否表示物种被专门赋予了这种不育的性质，以阻止它们的杂交混合，一片混乱。下面的法则和结论主要是从盖特纳令人称赞的植物杂交工作中得出来的。我曾煞费苦心地确定这些法则在动物方面究竟能应用到什么程度，鉴于我们关于杂种动物的知识极其贫乏，我惊奇地发现这些同样的法则如此普遍地适用于动植物界。

前面已经指出，第一次杂交能育性和杂种能育性程度，是从零能育逐渐级进到完全能育。令人惊奇的是，这种级进可以由很多奇妙的方式表现出来，但这里只能提出事实的最简略概要。如果把某一科植物的花粉放在另一科植物的柱头上，它所能产生的影响并不比无机的灰尘大。从这种绝对零能育起，把不同物种的花粉放在同属某物种的柱头上，可以产生数量不同的种子，而形成一个完全系列的级进，直到几乎完全能育，甚至十分完全能育；我们知道，在某些异常情形下，它们甚至会有过度的能育性，超过用自己花粉的能育性。杂种也是如此，有些杂种，甚至用纯粹亲种的花粉受精，也从来没有产生过、大概永远也不会产生出一粒能育的种子；但在某些这等例子里，我们可以看出能育性的最初痕迹，即以纯粹亲种的花粉受精，可以致使杂种的花比不如此受粉的花凋谢较早；而花的早谢为初期受精的一种征兆，是众所熟知的。从这种极度的不育性起，我们有自交能育的杂种，可以产生越来越多的种子，直到具有完全的能育性为止。

从很难杂交的和杂交后很少产生后代的两个物种产生出来的杂种，一般是很不育的；但是第一次杂交的困难和这样产生出来的杂种的不育性——这两类事实常被混淆在一起——之间并不严格平行。在许多情形里，两个纯粹物种异常易于杂交，并产生无数的杂种后代，然而这些杂种是显著不育的。另一方面，有一些物种很少能够杂交或者极难杂交，但是终于产生出来的杂种却很能育。甚至在同一个属的范围内，例如在石竹属（*Dianthus*）里，也有这两种相反的情形存在。

第一次杂交的能育性和杂种的能育性比起纯粹物种的能育性，更易于受不良条件的影响。不过，能育程度也内在地易于变异，因为同样的两个物种在同样的环境条件下进行杂交，能育程度并不永远一样，而是部分地决定于碰巧选作试验之用的个体的体质。杂种也是如此，因为在同一个蒴果里的种子培育出来的并处于同样条件下的若干个体，其能育程度通常会有很大的差异。

分类系统上的亲缘关系（systematic affinity）这一术语，是指物种之间在结构体质上的相似性而言，特别是生理重要性很大、亲缘物种之间差别很小的部分的结构。物种第一次杂交的能育性以及由此产生的杂种的能育性，主要是受分类系统的亲缘关系所支配的。被分类学家列为不同科的物种之间从没产生过杂种；而密切近似的物种一般容易杂交，这就阐明了这一点。但是分类系统上的亲缘关系和杂交难易之间的对应并不严格。无数的例子证明，极其密切近似的物种并不能杂交，或者极难杂交；另一方面，很不同的物种却极其容易杂交。同一个科里也许有一个属，如石竹属有许多物种极易杂交；而另一个属，如麦瓶草属（*Silene*），却功败垂成，极其接近的物种不能产生一个杂种。哪怕同一个属的范围内也同样会千差万别。例如，烟草属（*Nicotiana*）的许多物种几乎比任何其他属的物种更容易杂交，但是盖特纳发现并非特别不同的一个物种——智利尖叶烟草（*N. acuminata*）曾和不下八个烟草属的其他物种进行过杂交，它顽固地不能受精，也不能使其他物种受精。如此等等，不一而足。

没有人能够指出，就可辨识的性状而言，究竟是什么种类或什么数量的差异足以阻止两个物种杂交。这可以证明，习性和一般外形极其明显不同的，而且花的每一部分，甚至花粉、果实，以及子叶有着极显著差异的植物也能杂交。一年生植物和多年生植物，落叶树和常绿树，生长在不同的地点且适应极其不同气候的植物，也常常容易杂交。

所谓两个物种的交互杂交（reciprocal cross），是指这样的个案：例如，先以母驴和公马杂交，然后再以母马和公驴杂交；如此，这两个物种就是互交了。互交的难易程度常常大相径庭。这种个案极其重要，证明了任何两个物种的杂交能力，常和分类亲缘关系完全无关，和两者的整个体制上任何可辨别的差异无关。另一方面，它们清楚地表明，杂交能力与我们无法识别的体质差别相关，且仅限于生殖系统。科尔路特很早以前就观察到相同的两个物种之间互交结果的这种差别。兹举一例，紫茉莉（*Mirabilis jalapa*）容易由长筒紫茉莉（*M. longiflora*）的花粉来受精，且其杂种是充分能育的；但是科尔路特曾经试图以紫茉莉的花粉使长筒紫茉莉受精，接连八年试验二百多次，完全失败。还可以举若干同样显著的例子。特莱（Thuret）在某些海藻即墨角藻属（*Fuci*）里观察到同样的事实。另外盖特纳发现，互交难易度的小幅度差别是极普通的。他甚至在许多植物学家仅仅列为变种的亲缘接近的类型，如一年生紫罗兰（*Matthiola annua*）和无毛紫罗兰（*Matthiola glabra*）之间，观察到了这种情形。还有一个值得注意的事实，即互交产生的杂种，当然是完全相同的两个物种混合而来，不过一个物种先用作父本然后用作母本，一般在能育性上却略有不同，有时还表现了高度的差异。

我们还可举出盖特纳若干其他的奇妙规律：例如，某些物种特别能和其他物种杂交；同属的其他物种特别能使其杂种后代类似自己；但是这两种能力不一定相辅相成。有一些杂种，不像通常那样具有双亲之间的中间性状，却总是与某一方密切相似；这等杂种虽然外观很像纯粹亲种的一方，但都是极端不育的，极少例外。还有，通常具有双亲间中间构造的杂种里，有时会出现例外异常的个体，与纯粹亲种的一方密切相似；这些杂种几乎总是极端不育，哪怕同一个蒴果里的种子培育出来的其他杂种相当能育。这些事实表明，杂种的能育性根本不取决于外观上与一纯粹亲种相似。

从支配第一次杂交和杂种能育性的上述若干规律，可见必须看作是真正不同物种的类型在杂交时，其能育性是从零能育逐渐到完全能育，某些条件下甚至可以过分地能育；除了显著易受有利和不利条件影响外，能育性是内在可变异的；第一次杂交的能育性以及由此产生的杂种的能育性在程度上并非一模一样；杂种的能育性和它与一亲种外观的相似性无关；最后，两个物种之间第一次杂交的难易，并不总是受制于分类的亲缘关系，即彼此相似的程度。最后这一点已由同样两个物种之间的互交结果中表现的差异所明确证实了，其中某一物种用作父本或母本时，杂交的难易一般有某些差异，有时有极大的差异。而且，互交产生的杂种往往能育性有差异。

那么，这些复杂奇妙的规律，是否表明仅仅为着阻止自然状况中的混淆，物种才被赋予了不育性呢？我想未必。我们必须假定避免混淆对于各不同物种都是同等重要的，而为什么当各物种进行杂交时，不育性的程度会有如此极端的差异呢？为什么同一物种的个体中，不育程度会内在地易于变异呢？为什么某些物种易于杂交，却产生很不育的杂种；而其他物种极难杂交，却产生很能育的杂种呢？为什么同样两个物种的互交结果中常常会有如此巨大的差异呢？我们甚至可以问，为什么会允许杂种的产生呢？既然赋予物种以产生杂种的特别能力，然后又以不同程度的不育性来阻止它进一步繁殖，而这又和亲种第一次结合的难易并无严格关联。这似乎是一种奇怪的安排。

相反，上述规律和事实，依我看清楚地表明了第一次杂交的和杂种的不育性，仅仅是伴随于或者是决定于杂交物种生殖系统为主的未知差异。差异是奇特的、有限的，两物种的互交中，一个物种的雄性生殖质虽然常常能自由作用于另一物种的雌性生殖质，但不能反过来起作用。最好举例来充分解释我所谓的不育性是伴随其他差异而发生的，而不是特别赋予的一种性质。由于一种植物嫁接或芽接在其他植物之上的能力，对于它们在自然状态下的利益来说并不重要，所以我设想没有人会假定这种能力是特别赋予的性质，而承认这是伴随两种植物生长法则的差异而发生的。我们有时可以从树木生长速度的差异、木质硬度的差异、树液流动期间和树液性质的差异等看出某一种树不能嫁接另一种树的理由；但是在很多情形下，却完全看不出任何理由来。无论两种植物大小差异巨大，无论木本草本，无论常绿落叶，也无论对于广泛不同气候的适应性，都不会总是阻止它们嫁接在一起。杂交的能力受分类系统的亲缘关系所限，嫁接也是如此，还没人能把属于不同科的树嫁接在一起；相反，密切近似的物种以及同一物种的变种，虽不是一律，却通常容易嫁接。但是这种能力和杂交中一样，并不是绝对受分类系统的亲缘关系所支配。虽然同一科中许多不同的属可以嫁接，但是在另一些情形里，同属物种却不能彼此嫁接。梨和榅桲（quince）列为不同的属，梨和苹果列为同属，但是把梨嫁接在榅桲上远比嫁接在苹果上来得容易。甚至不同的梨变种在榅桲上的嫁接，其难易程度也有所不同；不同杏、桃变种在某些李变种上的嫁接，也是如此。

盖特纳发现同样两个物种的不同个体往往在杂交中会有内在的差异，萨哥瑞特（Sagaret）认为同样两个物种的不同个体在嫁接中也是如此。在互交中，结合的难易常常是很不相等的，在嫁接中也往往如此。例如，普通醋栗不能嫁接在黑穗醋栗（currant）上，然而黑穗醋栗却能嫁接在普通醋栗上，虽然可能会有些困难。

我们已经看到，具有不完全生殖器官的杂种的不育性和具有完全生殖器官的两个纯粹物种难于结合，是两回事，然而这两类不同情形在一定程度上是平行的。嫁接的情况类似；杜因（Thouin）发现刺槐属（*Robinia*）三个物种在本根上可以自由结籽，嫁接在其他物种上也不难，但嫁接后就不结实了。另一方面，花楸属（*Sorbus*）某些物种嫁接在其他物种上所结的果实，则比在本根上多一倍。后面这一点使我们想起朱顶红属、半边莲属等的特别情形，由不同物种的花粉比由本株的花粉来受精，能够产生更多的种子。

因此，我们看出，虽然嫁接植物的单纯愈合和雌雄性生殖质在生殖中的结合之间有着明确的根本性区别，但是不同物种的嫁接和杂交的结果，还存在着大致的平行现象。正如我们必须把支配树木嫁接难易的奇异而复杂的法则，看作是伴随营养系统为主的一些未知差异而发生的一样，我相信支配首代杂交的难易程度更为复杂的法则，伴随着生殖系统中一些未知差异而发生。这两方面的差异，如我们预料到的，在某种范围内是遵循着分类系统的亲缘关系的，所谓分类系统的亲缘关系，就是试图用以说明生物间的各种相似和相异的情况。这些事实似乎绝没有指明各不同物种在嫁接或杂交上的难度大小是一种特别的禀赋；虽然在杂交的场合，这种困难对于物种类型的存续和稳定是重要的，而在嫁接的场合，这种困难对于植物的利益并不重要。

首代杂交不育性和杂种不育性的原因。现在可以细看一下首代杂交和杂种的不育性的可能原因。这两者截然不同，我们刚刚说过，两个纯粹物种结合，具有完全的生殖器官，而杂种的生殖器官则是不完全的。即使第一次杂交，对于实现结合的困难程度，显然决定于几种不同的原因。有时雄性生殖质由于生理的关系，不可能到达胚珠，例如雌蕊过长以致花粉管不能到达子房的植物，就是如此。也有人观察过，把一个物种的花粉放在另一个远缘物种的柱头上时，虽然花粉管伸出来了，但并不能穿入柱头的表面。再者，雄性生殖质虽然可以到达雌性生殖质，但不能引起胚胎的发育，特莱对于墨角藻所做的一些试验，似乎就是如此。我们还无法理解这些事实，正如某些树为什么不能嫁接在其他树上一样。最后，也许胚胎可以发育，但早期即行死去。最后这一选项还没有得到充分的注意；但是在山鸡和家鸡的杂交工作上经验丰富的休伊特（Hewitt）先生曾给我转述过他的观察，我相信胚胎的早期死亡是第一次杂交不育性的最常见原因。一开始我不愿相信这种观点；因为杂种一旦产生，如我们所看到的骡的情形，一般是健康而长命的。然而，杂种在降生前后，是处于不同的环境条件之下的：如果杂种产生和生活在双亲所生活的地方，一般是处于适宜的生活条件之下的。但是，杂种只继承了母体的本性和体质的一半；所以产生之前，还在母体的子宫内或在由母体所产生的蛋或种子内养育的时候，可能已经处于某种程度的不适宜条件之下了，因此容易在早期死去；特别是一切极其幼小的生物，对于有害或不自然的生活条件是显著敏感的。

关于两性生殖质发育不全的杂种的不育性，情形很不相同。我已经不止一次提出过自己收集到的大量事实，说明动植物离开其自然条件，生殖系统就极易受到严重的影响。事实上这是动物驯化的重大障碍。如此诱发的不育性和杂种的不育性之间，有许多的相似之点。两者的不育性和一般的健康无关，且不育的个体往往身体肥大或异常茂盛。而且，不育性以不同的程度出现；雄性生殖质最易受影响，但是有时雌性比雄性受到的影响更严重。两者不育的倾向在某种程度上和分类系统的亲缘关系是一致的，因为动植物的全群都是由于同样的不自然条件而招致不育的，并且全群的物种都有产生不育杂种的倾向。另一方面，一群中的一个物种时常会抵抗环境条件的巨变，而能育性则无所损伤；某些物种会产生异常能育的杂种。未经试验，无人知晓，任何动物是否能够在圈养中生育，任何外来植物是否能够在栽培下自由地结籽；未经试验，也无人知晓，一属中的任何两个物种究竟能否产生好歹不育的杂种。最后，如果生物在几个世代内都处在不是它们的自然条件下，就极易变异，我认为变异的原因是生殖系统受到特别的影响，虽然比引起不育性发生的那种影响为小。杂种也是如此，因为正如每一个试验者所观察到的，杂种的后代在连续的世代中也是极易变异的。

因此，我们可以看出，当生物处于新的不自然的条件之下时，以及当杂种从两个物种的不自然杂交中产生出来时，生殖系统都以相似方式蒙受不育影响，而与一般健康状态无关。在前一种情形下，生活条件受扰乱，虽然程度很轻微，以致觉察不到；在后一种情形下，也就是杂种，外界条件虽然保持一样，但是由于两种不同的构造和体质合为一体，体制便受到扰乱。两种体制混为一种，在发育上，周期性的活动上、不同部分和器官的相互关联上，以及它对生活条件的相互关系上，没有某种扰乱发生，几乎是不可能的。如果杂种能够互相杂交而生育，就会把同样的混成体制一代一代地传递给后代，因此毫不奇怪，不育性虽有某种程度的变异，但不致减弱。

我们必须承认，除非做一些模糊的假设，否则我们无法理解有关杂种不育性的若干事实。例如，互交产生的杂种，其能育性并不相等；再如，与一纯粹亲种偶然地、例外地密切类似的杂种，其不育性有所增强。我不敢说上述论点已经切中事物的根源；为什么生物置于不自然条件下就会变为不育，我们还无法解释这个问题。我试图阐明的仅仅是，在某些方面有相似之处的两种情形，同样造成不育的结果，一是生活条件受扰乱，二是体制因两种体制合二为一而受到了扰乱。

听起来好笑，我怀疑同样的平行现象也适用于类似的但很不相同的一些事实。生活条件的微小变化对于所有生物都是有利的，这是一个古老的几乎普遍的信念，而且建立在大量证据之上。我看到农民和园艺者就这样做，他们常常从不同土壤和气候的地方交换种子、块茎等，然后再换回来。在动物病后复原的期间，我们能清楚地看到它们在生活习性上的几乎任何变化，这都是有很大好处的。还有，关于动植物，充分证据证实，同一物种非常不同的个体之间杂交，也就是不同品系、亚种的杂交，会增强后代的生活力和能育性。根据第四章提到的事实，我认为，哪怕是雌雄同体，一定量的杂交是不可或缺的；而且最近亲属之间的近亲交配，若连续经过几代，而且生活条件保持不变，总要招致后代的衰弱不育。

因此，一方面，生活条件的微小变化对于所有生物都有利；另一方面，轻微程度的杂交，即已有微小变异的同一物种雌雄之间的杂交，似乎会增强后代的生活力和能育性。但是，我们看到，大变化或者特定性质的变化往往会给生物带来某种程度的不育；且大杂交，即大不同的生物，或者不同的物种雌雄杂交，会产生某种程度不育的杂种。我很难确信，这种平行现象是偶然还是错觉。上述两组事实似乎被某个共同的、不明的纽带联结在一起了，它在本质上和生命的原则相关。

变种杂交的能育性及其混种后代的能育性。作为一个极有力的论点主张，物种和变种之间一定存在着某种本质区别，而且以前所有的话肯定有错误，因为变种彼此在外观上无论有多大差异，却十分容易杂交，且产生完全能育的后代。我充分地承认这几乎完全属实。但观察自然状况下产生的变种时，就立刻困难重重；如果有两个向来认定的变种，杂交中有任何程度的不育性，大多数学者就会立刻把它们列为物种。例如，被大多数优秀植物学者认为是变种的蓝花海绿和红花海绿、报春花属和樱草，据盖特纳说这在杂交中是颇为不育的，因此他便把它们列为无疑的物种了。如果我们这样循环论证下去，就必然要认可在自然状况下产生的一切变种都是能育的了。

如果转过来看一看家养状况下产生或者假定产生的变种，我们更要疑惑不解了。例如说德国狐狸犬比其他犬类更容易与狐狸结合，某些南美洲的土著家犬和欧洲犬不能轻易杂交时，每个人心目中都会有一种解释，而且大概是正确的，即这些犬类本来是从不同物种传下来的。但是，外观上有着广泛差异的很多家养变种，例如鸽子或圆白菜都有完全的能育性，是值得注意的事实，特别是当我们想起有何等众多的物种，虽然彼此极其密切近似，但杂交时却极端不育。然而，我们考虑到以下几点，可知家养变种的能育性并不那么引人注目。第一，可以阐明，两物种之间的区区外在差异并不能确定相互杂交的不育性程度，所以同样的规则适用于家养变种；第二，某些知名学者认为，长期的驯化过程倾向于在连续的杂种世代中消除不育性，因为一开始程度就轻。如果这一点属实，我们当然不应该指望发现在相近的生活条件下不育性出现又消失了。最后，我觉得这是最重要的一点，动植物新品种是通过人类按部就班的无意识选择力量在家养条件下培育出来的，为了人类的使用和愉悦而生；既不想，也不能选择生殖系统的轻微变化，或者与生殖系统相关的其他体质差异。给几个变种提供同样的食物，一视同仁地对待，并不希望改变其一般生活习性。大自然在恒久的时代里，对于整个体制的作用是均匀和缓慢的，反正是为了各个生物本身的利益；于是可能直接或者更可能间接地通过相关生长，修改任何一个物种若干后代的生殖系统。有鉴于人类和大自然所进行的选择过程存在这种差别，结果若有差异，也就不足为奇了。

我一直以来说起同一物种的变种进行杂交，好像都是恒定能育的。但是，下面将扼要叙述的少数事例，就是存在一定程度不育性的证据，这似乎是无可辩驳的。这一证据和我们相信无数物种的不育性的证据，至少是有同等价值的。这一证据也是从反对说证人那里得来的，他们把能育性和不育性千篇一律地作为区别物种的稳妥标准。盖特纳在自家花园培育了一个矮型黄籽的玉米品种，同时在近旁培育了一个高型红籽的品种，这一工作进行了数年之久；这两个品种虽然是雌雄异花的，但绝没有自然杂交。于是，他用一类玉米的花粉在另一类的 13 个花穗上进行受精，仅有一个花穗结了一些籽，也不过结了 5 粒种子，因为这些植物是雌雄异花的，所以人工授精的操作在这里不会发生有害的作用。我相信没有人会怀疑这些玉米变种是不同物种；有必要注意这样育成的杂种植物本身是完全能育的；所以，连盖特纳也不敢承认这两个变种是不同的物种了。

吉鲁·德·别沙连格（Girou de Buzareingues）杂交了 3 个葫芦变种，和玉米一样是雌雄异花的。他断言它们之间的差异愈大，相互受精就愈不容易。这些试验有多大的可靠性我不知道，但是萨格瑞特把试验的类型列为变种，他分类的主要根据是不育性的试验。

下面的情形就更值得注意了，乍看似乎是难以相信的，但这是如此优秀的观察者和反对说证人盖特纳在许多年内，对于毛蕊花属的 9 个物种所进行的无数试验的结果，即同种黄色变种和白色变种的杂交，比其同色变种的花粉授精，产生较少的种子。进而，他断言一个物种的黄色变种和白色变种与另一物种的黄色变种和白色变种杂交时，则同色变种之间的杂交比异色变种之间的杂交，能产生较多的种子。然而，这些变种除了花的颜色以外，并没有任何不同之处，有时这一个变种还可从另一个变种的种子培育出来。

从我对某些蜀葵变种的观察，倾向于认为它们有类似的情况。

科尔路特工作的准确性已被其后的每一位观察者证实了，他证明了一项值得注意的事实，即普通烟草的一个变种，如与一个大不相同的物种进行杂交，比其他变种更能育。他对普通被称作变种的五个类型进行了试验，而且是极严格的试验，即互交试验，发现它们的杂种后代是完全能育的。但是这 5 个变种中的一个，无论用作父本或母本与黏性烟草（*Nicotiana glutinosa*）进行杂交，所产生的杂种，总是不像其他 4 个变种与黏性烟草杂交的杂种那样不育。因此，这个变种的生殖系统必定以某种方式某种程度上变异了。

有鉴于此，由于很难确定自然状态下的变种不育性，假定的变种若有任何不育性一般列为物种；由于人在生产最明确的家养变种时只选择外在性状，而并不想或者不能在生殖系统里产生隐秘的机能差异；从这几个考虑和事实看来，我想变种并不能证明其一般能育性是普遍出现的，它不能作为变种和物种之间的根本区别。依我看变种的一般能育性，不足以推翻我就第一次杂交和杂种一般不育性而非永远不育所取的观点，也就是，那不是一种特别禀赋，而是缓慢得到的变异的连带现象，特别是发生于杂交类型的生殖系统的变异。

除了能育性之外，杂种与混种的比较。杂交物种的后代和杂交变种的后代，除了能育性以外，还可以在其他几方面进行比较。我们曾强烈地希望在物种和变种之间划出一条明确界限的盖特纳，在种间杂种后代和变种间混种后代之间只能找出很少的而且依我看来是十分不重要的差异。另一方面，它们在许多重要的点上却是极其密切一致的。

这里将极其简略地讨论这一问题。最重要的区别是，在首代里混种较杂种易于变异，但是盖特纳却认为经长期培育的物种所产生的杂种在首代里是常常易于变异的；我本人也曾见过这一事实的显著例子。盖特纳进而认为极其密切近似物种之间的杂种，较极其不同物种之间的杂种易于变异；这表明变异性的差异程度是分级消失的。众所熟知，当混种和较为能育的杂种繁殖到几代时，后代的变异性都大极了；但是，还能举出少数例子，表明杂种或混种长久保持着一致的性状。然而，混种在连续世代里的变异性也许较杂种为大。

混种的变异性较杂种大，在我看来这完全不足为奇。因为混种的双亲是变种，而且大都是家养变种（关于自然变种只做过很少的试验），这意味着变异性大都是新近出现的，因此我们可以期待这种变异性常常会继续，而且叠加于光由杂交行为产生的变异性上面。首次杂交或者杂种在首代的变异性相对于连续世代的极端变异来说微不足道，这是奇事，值得注意，因它涉及并且加强了我所提出的关于普通变异性的原因的观点：由于生殖系统对于变化了的生活条件是显著敏感的，所以生殖系统往往就无能，起码无法发挥正常机能来产生和双亲类型相同的后代。首代杂种是从生殖系统未曾受到任何影响的物种传下来的（经过长久培育的物种除外），所以不易变异；但是杂种本身的生殖系统却已受到了严重的影响，所以其后代是高度变异的。

我们还是回转来谈谈混种和杂种的比较：盖特纳说，混种比杂种更易重现任一亲类型的性状；但是，如果属实，这也肯定不过是程度差别而已。盖特纳还坚持说，任何两个物种虽然彼此密切近似，但与第三个物种杂交，杂种彼此间有很大的差异，然而一个物种的两个很不相同的变种，如与另一物种进行杂交，其杂种彼此差异并不大。但是据我所知，这个结论是建立在一次试验上的，并且似乎和科尔路特所做的几个试验的结果正相反。

盖特纳所能指出的杂种植物和混种植物之间的不重要差异，也就是这个了。另一方面，混种和杂种形似各自的亲本，特别是从近缘物种产生出来的那些杂种，按照盖特纳的说法，也是依据同一法则的。两个物种杂交时，其中一个有时具有优势的遗传力迫使杂种像自己。我相信关于植物的变种也是如此；并且关于动物，肯定也是一个变种常常较另一变种具有这种优势的遗传力。从互交中产生出来的杂种植物，一般是彼此密切相似的；从互交中产生出来的混种植物也是如此。无论是杂种还是混种，如果在连续世代里反复地和任何一个亲本进行杂交，都会重现任一纯粹亲类型的性状。

这几点显然也适用于动物；但是部分地由于第二性征的存在，使得上述问题过于复杂，特别是由于物种间杂交和变种间杂交里某一性较另一性强烈地具有优势的遗传力。例如，我想那些主张驴较马具有优势遗传力的作者们说得对，无论骡或驴骡都更像驴而少像马；但是，公驴较母驴更强烈地具有优势的遗传力，所以由公驴和母马所产生的后代骡，比由母驴和公马所产生的后代驴骡更像驴。

一些作者特别着重只有混种后代密切相似于一方亲本的假设事实；但这种情形有时候杂种里也发生，我承认比混种里少得多。看一看我所搜集的事实，由杂交育成的动物，凡与一方亲本密切相似的，其相似之点似乎主要局限于性质上近于畸形和突然出现的那些性状，如皮肤白变症、黑变症（melanism）、无尾无角、多指多趾，而与通过选择慢慢获得的那些性状无关。于是，突然重现双亲任一方的完全性状的倾向，也是混种远比杂种更易发生。混种是由变种传下来的，常常是突然产生的，性状上是半畸形的；杂种是由物种传下来的，而物种则是慢慢而自然地产生的。总的来说，我完全同意普罗斯珀·卢卡斯博士的见解，他搜集了有关动物的大量事实后，得出如下的结论：不论双亲彼此的差异有多少，就是说，在同一变种个体的结合中，在不同变种个体的结合中，或在不同物种个体的结合中，子代类似亲代的法则都是一样的。

除了能育性和不育性的问题以外，物种杂交的后代和变种杂交的后代，在一切方面似乎都有普遍和密切的相似性。如果把物种看作是特别创造出来的，并且把变种看作是根据次级法则（secondary laws）产生的，这种相似性便会令人瞠目结舌，但这完全符合物种与变种之间无本质区别的观点。

本章提要。差异足可列为物种的类型之间的首代杂交以及它们的杂种，很普遍地但并非一律不育。不育性的程度不一，而且往往相差极微小，以致史上两位最谨慎的试验者根据这一标准也会在类型的排列上得出完全相反的结论。不育性在同一物种的个体里是内在地易于变异的，并且对于适宜和不适宜的生活条件是显著敏感的。不育性的程度并不严格遵循分类系统的亲缘关系，但由若干奇妙而复杂的法则支配。在同样的两个物种的互交里不育性一般是不同的，有时是大为不同的。首代杂交以及由此产生出来的杂种里，不育性的程度并非总是相等的。

在树的嫁接中，某一物种或变种嫁接在其他树上的能力，取决于植物生长系统的一般未知的差异；同样，在杂交中，一个物种和另一物种在结合上的难易，取决于生殖系统里的未知差异。我们之所以没有理由认为物种被特别赋予了各种程度的不育性，以便防止自然状况下的杂交和混淆，是因为没有理由认为，树木被特别赋予了各种差不多的难嫁接性，以便防止树木在森林中接合。

纯粹物种的生殖系统是完善的，其首代杂交的不育性似乎决定于几种条件，有时候主要决定于胚胎的早期死亡。杂种的生殖系统不完善，生殖系统乃至整个体制因两个不同物种的混合而扰乱，其不育性和自然的生活条件受到扰乱的纯粹物种所屡屡发生的不育性，似乎是密切近似的。这一观点有另一种平行现象的支持：只有微弱差别的类型之间的杂交，有利于后代的生活力和能育性；生活条件的微小变化有利于一切生物的生活力和能育性。两个物种的难以杂交及其杂种后代的不育性，纵然起因不同，其程度一般是相应的，这并不奇怪；因为两者都取决于杂交物种间的某种差异量。首代杂交的容易和如此产生的杂种的能育，以及嫁接的能力——虽然嫁接能力显然决定于广泛不同的条件——在一定程度上统统与被试验类型的分类系统亲缘关系相平行，这也不奇怪。因为分类系统的亲缘关系试图表达一切物种的相似性。

已知是变种的类型之间，或者充分相似到足以被认为是变种的类型之间的首代杂交，以及它们的混种后代，一般都是能育的，但不一定普遍如此。如果我们记得，我们是多么易于用循环法来辩论自然状态下的变种；如果我们记得，大多数变种是在家养状况下仅仅根据对外在差异的选择而产生出来的，而不是根据生殖系统的差异，则变种的几乎普遍而完全的能育性，就不值得奇怪了。除了能育性的问题之外，其他一切方面杂种和混种之间还有最密切而一般的相似性。最后，本章简单举出的一些事实，依我看似乎这与物种及变种没有根本区别这一观点并不矛盾，甚至支持这个观点。

第九章

论地质记录的不完全

论今日中间变种的缺失——论灭绝的中间变种的性质及其数量——从沉积速率和剥蚀速率来推算时间的经过——古生物标本的贫乏——地质层的间断——在任何一个地质层中中间变种的缺乏——物种群的突然出现——物种群在已知的最下化石层中的突然出现。

第六章列举了对于本书所持观点的主要异议。异议大多数已经讨论过了。其中之一，即物种类型的区别分明以及物种没有无数的过渡环节把它们混淆在一起，是显而易见的难点。我曾举出理由来说明，为什么这些环节今日在显然极其有利于它们存在的环境条件下，也就是说在具有渐变的物理条件的广大而连续的地域上，通常并不存在。我曾尽力阐明，每一个物种的生活更关键是取决于其他已经明确的生物类型，而非气候，所以具有真正支配力量的生活条件并不像热度或湿度那样不知不觉地级进消失。我也曾尽力阐明，由于中间变种的存在数量比它们所连接的类型要少，在进一步的变异改进的过程中，一般要被淘汰和消灭。然而，无数的中间环节目前在整个自然界中没有到处发生，主要原因当在于自然选择这一过程，因为新变种会通过这一过程不断地代替和消灭它们的亲类型。正因为这种灭绝的过程曾经大规模地发生作用，地球上既往生存的中间变种一定是大规模存在的。那么，为什么在各地质层（geological formation）和各地层（stratum）中没有充满这种中间环节呢？地质学的确没有揭示任何这种微细级进的生物环节；这大概是反对我的理论的最明显、最重要的异议，我相信地质记录的极度不完全可以解释这一点。

第一，应当永远记住，根据我的理论，何种中间类型肯定是既往生存过的。观察任何两个物种时，我难免要想象到直接介于它们之间的那些类型。但这是完全错误的观点；我们应当总是追寻介于各个物种及其共同的，但是未知的祖先之间的类型；而祖先一般在某些方面不同于全部变异后代。举一个简单的例证：扇尾鸽和球胸鸽都是从岩鸽传下来的；如果掌握了所有曾经生存过的中间变种，我们就会掌握这两个品种和岩鸽之间各有一条极其绵密的系列，但是没有任何变种是直接介于扇尾鸽和球胸鸽之间的。例如，结合这两个品种的特征——稍微扩张的尾部和稍微增大的嗉囊——的变种，是没有的。而且，两个品种已经变得如此不同，如果我们不知道有关其起源的任何历史的和间接的证据，而仅仅根据这两个品种和岩鸽在构造上的比较，就不可能去决定它们究竟是从岩鸽传下来的呢，还是从其他某一近似类型的皇宫鸽（*C. oenas*）传下来的。

自然的物种也是如此，如果观察很不相同的类型，如马和貘（tapir），我们就没有理由可以假定直接介于它们之间的环节存在过，但可以假定马或貘和未知的共同祖先之间存在过环节的。共同祖先在整个体制上与马和貘具有极其普遍的相似性；但某些个别构造上可能和两者有很大的差异，甚至超越两者之间的彼此差异。因此，在所有的这种情形里，除非我们同时掌握了一条近于完全的中间环节链，否则哪怕将祖先的构造和它的变异后代加以严密的比较，也辨识不出任何两个物种以上的亲类型。

根据我的理论，两个现存类型中的一个来自另一个大概是可能的。例如马源于貘；这样，应有直接的中间环节曾经存在于它们之间。但是这种情形意味着一个类型极长期保持不变，而其子孙却发生了大量的变化；而生物与生物之间的竞争与亲子竞争原理将会使这种情况极少发生；因为，在所有情形里，改进的新生物类型都倾向于淘汰未改进的旧类型。

根据自然选择学说，一切现存物种都曾经和本属的亲种有联系，差异并不大于今日我们看到的同一物种的变种之间；这些目前一般已经灭绝了的亲种，同样又和更古老的物种有联系；如此反复回溯，总是会汇聚到每一个大纲（class）的共同祖先。所以，所有的现存物种和灭绝物种之间的中间过渡环节的数量，必定不计其数。假如这一学说是正确的，那么这些环节必曾在地球上生存过。

论时间的经过。除了未发现这样无限数量的中间环节的化石遗骸之外，另有一种反对意见认为，变化既然都是通过自然选择缓慢达到的，就没有时间足以完成如此大量的生物变化。如果读者不是地质学者，我几乎不可能使他领会一些事实，从而对时间经过有所了解。赖尔爵士的《地质学原理》将被后世历史学家承认在自然科学中掀起了一场革命，凡是读懂这部大著作的人，如果不承认过去时代曾是何等的久远，还是立刻把拙作收起来吧。只研究《地质学原理》、阅读不同观察者关于各地质层的专门论文，而且注意到各作者怎样试图对于各地质层，乃至各地层的持续时间提出的不妥概念，还是不够的。我们必须亲自考察层层相叠的地层，仔细观察大海如何碾碎古老的岩石，进行新的沉积，才能指望对过去的时间有所了解，而这时间的一分一秒在我们的周围比比皆是。

我们在沿着由不很坚硬岩石所形成的海岸线漫步时，注意看看陵削（degradation）过程是有好处的。在大多数的情形里，达到海岸悬崖的海潮每天只有两次，且时间短暂，只有当波浪挟带着细沙砾石时才能侵蚀海岸岩崖；有良好的证据可以证明，清水对侵蚀岩石是没有什么效果的。最后，岩崖的基部终于被蚀空，大岩块倾落下来，碎块便固定在那里，然后一点一点地被侵蚀，直到体积缩小到能够被波浪翻滚的时候，才会很快地被磨碎成石子、砂或泥。但是我们常常看到后退的岩崖基部有圆形巨砾，密密覆盖着海产生物，表明它们很少被磨损，而且很少被翻动。还有，如果我们沿着任何正在蒙受陵削作用的海岸岩崖行走几英里路，就会发现目前正在被陵削着的崖岸，不过只是短短的一段，或只是环绕海角，才断断续续地存在着。地表和植被的外貌表明，基部被海水冲刷已经是许多年之前的事情了。

我认为，认真研究我国海蚀现象的人，会对岩石海岸侵蚀的缓慢印象深刻。休·米勒和约旦山的优秀观察者史密斯先生在这方面的观察，十分令人瞩目。鉴于此，任何人都可以去观察厚度达数千英尺的砾岩层，虽然其形成速度也许比其他沉积岩快一些，但由于是由磨损的鹅卵石组成，每一块都带有时间的印记，很好地表明了岩层积累的缓慢。请记住赖尔深奥的评语，沉积层的厚度和广度是地壳其他地方所受陵削的结果和程度。许多地方的沉积层隐含着多么巨量的陵削啊！拉姆齐教授把英国不同部分的连续地质层的最大厚度告诉过我，根据大多数场合里的实测，少数情况为估测，其结果如下：

古生代层（火成岩层不在内）　57 154 英尺（计 17 420.5392 米）

第二纪层　13 190 英尺（计 4 020.312 米）

第三纪层　2 240 英尺（计 682.752 米）

——合计 72 584 英尺（计 22 123.6032 米），折合成英里差不多有 $13\frac{3}{4}$ 英里（计 22 128.48 米）。有些地质层在英格兰只是一些薄层，而在欧洲大陆上却厚达数千英尺。另外，每一个连续的地质层之间，按照大多数地质学者的意见，空白时期也极久长。所以英国沉积岩的高耸叠积层，只能对于所经过的堆积时间提供不确切的观念，想必它消耗了何等漫长的时间啊！一些优秀的观察者估计，密西西比大河的沉积速度是上万年只有 600 英尺（计 182.88 米）。这种估算称不上是严格精确的，可是考虑到海流传送极薄的沉积层跨越何等广阔的空间，任何一个地区的积累过程想必是极其缓慢的。

可是不考虑被剥蚀物质的积累速度，许多地方的地层剥蚀量也许能提供时间经过的最佳证据。记得看到火山岛被波浪冲蚀，四面削去成为高达一两千英尺的直立悬崖时，我曾深受剥蚀证据的触动；由于以前的液体状态，熔岩流凝成缓度斜面，我们一眼就可以看出，坚硬的岩层一度在大洋里伸展得何等辽远。断层把这同类故事说得更明白——即那些巨大的裂隙，地层沿着断层在这一边隆起，或者在那一边陷下，高度或深度竟达数千英尺；自从地壳破裂以来，而今地表已经因海蚀作用而变得如此完全平坦，以致在外观上已经看不出这种巨大位错的任何痕迹。

例如克拉文断层（Craven fault）延伸 30 多英里（计 48 280.32 米），沿着这一断层线，地层的垂直总变位自 600 到 3 000 英尺（计 182.88 米至 914.4 米）变化不等。关于在安格尔西（Anglesea）陷落达 2 300 英尺（计 701.04 米）的情形，拉姆齐教授曾发表过一篇报告；他告诉我说，他充分相信梅里奥尼斯郡（Merionethshire）有一个陷落竟达 12 000 英尺（计 3657.6 米）。然而在这些情形里，地表上已没有任何东西可以表示这等巨大的运动了；裂隙两边的石堆已经夷为平地了。面对这种事实，使我得到一种印象，差不多就像去拿捏永恒这个概念一样无奈。

我还想举一个著名的个案——威尔德地带的剥蚀。必须承认，该地带的剥蚀是小菜一碟，跟拉姆齐教授大作里的相关个案相比不值一提，那可是古生代地层的大剥蚀，部分地块的厚度达到 10 000 英尺（计 3048 米）啊。可是，站在北唐斯山上，眺望南唐斯山，就是生动的一堂课。我们只要记住西边不远处，北南峭壁合拢了，就可以有把握地浮想联翩，只见威尔德地带从白垩地层后期开始的有限时期内覆盖着岩石大圆顶。南北唐斯山的距离大约是 22 英里（计 35 405.568 米），而各个地层的厚度平均为 1 100 英尺（计 335.28 米），这是拉姆齐教授告诉我的。如果按照某些地质学家设想的那样，威尔德地带下面分布着更古老的岩石带，其侧翼的沉积岩覆盖会积累得比其他地方薄，那么上述估计就错误了。不过，这种疑点来源大概不会对该地区极西点的估计产生太大的影响。假如我们知道大海通常侵蚀任何给定高度的悬崖线的速度，就可以衡量剥蚀威尔德地带的时间要求。当然这是不可能做到的，但我们为了大致形成这方面的概念，可以假定大海侵蚀 500 英尺（计 152.4 米）高悬崖的速度是每世纪 1 英寸（计 2.54 厘米）。一开始这显得太慢，但这相当于 1 码高的悬崖在整个海岸线上侵蚀速度大约每 22 年 1 码（计 91.44 厘米）。我怀疑任何岩石都会以这个速度被侵蚀，哪怕是柔软的白垩，除非是暴露无遗的海岸。当然高耸的悬崖陵削更快，因为有碎块掉下。另外，我不相信，一二十英里长的海岸线整个锯齿面同时陵削。我们必须记住，几乎所有的地层都含有坚硬的岩层结核，长期抵御磨损，形成基底防波堤。所以在普通情况下，我断言 500 英尺（计 152.4 米）高的悬崖，整段剥蚀每个世纪有 1 英寸（计 2.54 厘米）就足够多了。这样，根据上述数据，威尔德地带的剥蚀必定需要 306 662 400 年，也就是 3 亿来年。

清水对于微坡的威尔德地带抬高后的作用不可能很大，但会少许减少上述估算。另外，我们知道这个地区出现过水平面波动，作为陆地可能存在过千百万年，因此逃避了海侵：浸入海底同样长的时间，则逃避了海岸波的作用。所以，从第二纪后期开始，过去的世纪很有可能比

3 亿年长得多。

说这些话是因为我们很有必要得到一些岁月流逝的概念，管它多么不完善。每一年，全世界，陆地上和海水里居住着大批的生物类型。在漫长的年代里，想必会有无数的生物代代相传啊！而以我们的脑力竟无法理解这些。现在让我们看一看最丰富的地质博物馆，那里的陈列品是何等贫乏啊！

论古生物标本的贫乏。大家都承认，古生物标本的搜集是极不完全的。我们永远都不应忘记那位尊敬的古生物学者爱德华·福布斯（Edward Forbes）的话，他说，大多数的化石物种都是根据单个的而且常常是破碎的标本，或者是根据某一个地点的少数标本而了解和命名的。地球表面只有一小部分曾做过地质学发掘，从欧洲每年的重要发现看来，可以说没有一处地方曾仔细发掘过。完全柔软的生物没有一种能够保存下来。落在海底的贝壳和骨骼，如果没有沉积物的掩盖，便会腐朽而消失。我认为我们始终采取了十分错误的观点，默认差不多整个海底都有沉积物正在进行堆积，并且其速度足够埋藏和保存化石的遗骸。海洋的极大部分都呈亮蓝色，这说明了水的纯净。记载下来的许多个案中有一个地质层经过长久间隔的时期以后，被另一后生的地质层整合遮盖起来，而下层在这间隔的时期中并未遭受任何磨损，这种情形往往只有根据海底常常恒久不变的观点才可以得到解释。埋藏在沙子或砾层里的遗骸，遇到岩床上升的时候，一般会由于雨水的渗入而分解。我想，生长在海滩高潮与低潮之间的许多种类动物，难得保存下来。例如，藤壶亚科（Chthamalinlae，无柄蔓足类的亚科）的若干物种，在遍布全世界的海岸岩石上，数量非常之多。它们都是严格的海岸动物，除了在深海中生存的一个地中海物种在西西里被发现过化石以外，至今还没有在任何第三纪地质层里发现过任何其他物种；然而，我们已经知道，藤壶属曾经生存于白垩纪。软体动物属石鳖（Chiton）的情况也差不多。

毋庸赘言，第二纪和古生代的陆栖生物，我们所搜集的化石证据是极其支离破碎的。例如，直到最近，除了赖尔爵士和道森博士在北美洲石炭纪地层中发现一个外，在这两个广阔时代中还没有发现过其他陆地贝壳。关于哺乳动物的遗骸，看一眼赖尔的《手册》附录的历史表，就可明白真相，比细读文字能更好地理解遗骸保存是何等的偶然和稀少。只要记住第三纪哺乳动物的骨骼大部分是在洞穴或湖沼的沉积物里发现的，且没有一个洞穴或湖成层是属于第二纪或古生代的地质层，稀少就不足为奇了。

但是，地质记录的不完全主要还是由于另外一个比上述任何原因更为重要的原因：地质层被广阔的间隔时期所隔开。当我们看到著作中地质层的表格，或者在实地考察时，就很难不相信它们是密切连续的。但是，例如根据默奇森（R. Murchison）爵士关于俄罗斯的巨著，我们知道该国重叠的地质层之间有着何等广阔的间隙；在北美洲以及世界的许多其他地方也是如此。如果最熟练的地质学者只把注意力局限在这等广大地域，那么他决不会想象到，在他的本国还是空白荒芜的时代里，巨大沉积物已在世界其他地方堆积起来了，而且其中含有新而特别的生物类型。同时，如果在各个分离的地域内，对于连续地质层之间所经过的时间长度不能形成任何概念，那么我们可以推论在任何地方都不能确立这种概念。连续地质层的矿物构成屡屡发生巨变，一般意味着周围地域有地理上的巨大变化，因此便产生了沉积物，这与各个地质层之间曾有过极久的间隔时期的观点是相符合的。

我想，我们能理解为什么各区域的地质层几乎一律是间断的；就是说不是彼此紧挨着。最打动我的是，当我调查最近期间升高几百英尺的南美洲千百英里海岸时，竟没有任何近代的沉积物有足够的广度，可以持续哪怕是一个短的地质时代而不被磨灭。全部西海岸都有特别海产动物栖息着，可是那里的第三纪层非常不发达，大概没有各种连续而特别的海产动物的记录会保存到久远的年代。我们只要稍微一想，便能解释为什么沿着南美洲西边升起的海岸，不能到处发现含有近期，即第三纪的遗骸的大范围地质层，虽然在悠久的年代里沉积物的供给一定是丰富的，有海岸岩石的大量陵削和注入海洋里的泥河。无疑应当这样解释，即当海岸和近海岸沉积物一旦被缓慢而逐渐升高的陆地带到海岸波浪研磨作用的范围之内时，便会不断地被侵蚀掉。

我想，我们可以有把握地断言，沉积物必须堆积成极厚的、极结实的、极大的巨块，才能在最初升高和水平面波动的期间，抵御波浪的不断作用以及其后的大气陵削作用。这样又厚又大的沉积物堆积可由两种途径形成：一种是在深海底进行堆积，按照福布斯的研究成果，我们断言，深海底极少有动物栖息，所以当大块沉积物上升之后，对于当时生存的生物类型所提供的记录是很不完全的；另一种是在浅海底进行堆积，如果浅海底不断徐徐沉陷，沉积物就可以堆积到任何的厚度和广度。在后一种情形里，只要海底沉陷的速度与沉积物的供给差不多平衡，海一直就会是浅的，而且有利于生物生存，这样，一个富含化石的地质层便形成了，而且在上升变为陆地时，厚度也足以抵抗大量的陵削。

我相信，所有的古代地质层，凡是富含化石的，都是这样在沉陷期间形成的。自从 1845 年我发表了关于这个问题的观点之后，就注意着地质学的进展，使我感到惊奇的是，当作者们讨论到这种或那种巨大地质层时，纷纷得出结论，这些巨大地质层是在海底沉陷期间堆积起来的。我可以补充说，南美洲西岸的唯一古代第三纪地质层肯定就是在水平面向下沉陷期间堆积起来的，并且由此达到了相当的厚度；这一地质层虽然厚度巨大，足以抵抗它曾经蒙受过的那种陵削作用，但今后将很难持续到久远的地质时代里去。

所有地质学事实都明白地告诉我们，每个地域都曾经过许多缓慢的水平面波动，而且波动的影响范围显然是很大的。结果，富含化石且广度和厚度足以抵抗其后陵削作用的地质层，在沉陷期间，是在广大的范围内形成的，但只限于沉积物的供给足以保持海水的浅度并且足以在遗骸未腐化以前把它们埋藏和保存起来的地方。相反，在海底保持静止的期间，沉积物就不能在最适于生物生存的浅海部分厚积。在上升的交替期间，这种情形就会更少发生；确切地说，那时堆积起来的海床，由于升起和进入海岸作用的界限之内，一般都毁坏了。

于是，地质记录势必要断断续续的了。我对这种观点的正确性有把握，它们严格遵循赖尔爵士谆谆教导的一般原理，而且福布斯独立地取得了类似的结论。

这里还有一句话值得稍加注意。在抬升期间，陆地面积以及连接的浅海滩面积将会增大，而且常常形成新的生物活动场所；——前面已经说过，所有环境条件对于新变种和新种的形成是极有利的；但是这期间的地质记录一般是空白的。另一方面，在沉陷期间，生物分布的面积和生物数目将会减少（最初分裂为群岛的大陆海岸除外），结果，沉陷期间虽然会发生生物的大量灭绝，但少数新变种或新物种却会形成；而且也是在这一沉陷期间，富含化石的沉积物将被堆积起来。我们几乎可以说，自然防止了过渡或者连接类型的频繁发现。

从上述的理由看，毫无疑问，地质记载从整体来看是极不完全的。但是，如果把注意力只局限在任一地质层上，我们就更难理解为什么始终生活在其中的亲缘物种之间，没有发现密切级进的诸变种。同一个物种在同一地质层的上部和下部呈现清晰的变种，这些情形有记载，但很稀少，可以忽略。虽然各地质层的沉积无可争论地需要极久的年代，还可以举出若干理由来说明，为什么都不包含一个级进的环节系列，介于当时生活的物种之间；但我对于下述理由，还不敢声称给予了相应的重视。

虽然各地质层可以表示一个极为漫长的时间流逝的过程，但比起一个物种变为另一个物种所需要的时间，也许还显得短些。古生物学者勃龙（Bronn）和伍德沃德（Woodward）曾经断言，各地质层的平均存续期间比物种类型的平均存续期间长两三倍。我知道他们的意见很值得尊重，但是，在我看来，有不可克服的许多困难阻碍着我们在这方面所下的任何恰当的结论。当我们看到一个物种最初在任何地质层的中央部分出现，就去推论它以前不曾在他处存在过的话，那是极其轻率的。还有，当我们看到一个物种在一个沉积层最上面部分形成以前就消灭，就去假定它在那时已经全部灭绝，也是同等轻率的。我们忘记了欧洲的面积和全世界比起来是何等之渺小，而全欧洲同一地质层的几个阶段也不是完全确切相关的。

我们可以稳妥地推论，一切种类的海产动物由于气候等的变化，都曾有大规模的迁徙；当我们看到一个物种最初在任何地质层中出现时，可能是那时刚刚迁移到这个区域中去的。例如，众所周知，若干物种在北美洲古生代层出现的时间比欧洲同样地层为早，显然从美洲的海迁移到欧洲的海是需要时间的。我在考察世界各地最近沉积物的时候，到处都可以看见少数至今依然生存的某些物种在沉积物中虽很普通，但在周围密接的海中则已灭绝；相反，某些物种在周围邻近海中现在虽很繁盛，但在这一沉积物中却是绝无仅有。考察一下欧洲冰期（只是一个全地质时期的一部分）生物的确认迁徙量，其间的海陆沧桑，气候的极端变化，以及时间的悠久经过，都是同一个冰期内发生的，这不失为很好的一课。然而在世界的任何部分，含有化石遗骸的沉积层，是否曾经在整个这一冰期于同一区域内连续进行堆积，是存疑的。例如，密西西比河口附近，在海产动物能够繁生的深度范围以内，沉积物不可能在整个冰期内堆积起来；我们知道，此期间美洲的其他地方曾经发生过巨大的地理变化。像在密西西比河口附近浅水中于冰期的某一分期内沉积起来的这等地层，在上升的时候，生物的遗骸由于物种迁徙和地理变化，大概会最初出现和消失在不同的水平面中。在遥远的将来，如果有一位地质学者调查这等地层，大概要下结论，那里埋藏的化石生物的平均持续过程比冰期的期间为短，而不说实际上远比冰期为长，这就是说，它们从冰期以前一直延续到今日。

为了在同一个地质层的上、下部得到介于两个类型之间的完全级进系列，沉积物必须在长久期间内连续进行堆积，以便来得及进行缓慢的变异过程；因此，这堆积物一定是极厚的，并且进行着变异的物种一定是在整个期间生活在同一区域中。但是我们知道，含有化石的厚地质层，只有在沉陷期间才能堆积起来；并且沉积物的供给必须抵消沉陷量，使海水深度保持平稳，才可以使同种物种在同一地方生活。但是，这种沉陷运动有使沉积物来源地沉没在水中的倾向，所以沉陷运动持续时，便会减少沉积物供给。事实上，沉积物的供给和沉陷量之间完全接近平衡，大概是一种罕见的偶然事情；因为不止一个古生物学者观察到在极厚的沉积物中，除了它们的上下限附近，通常是没有生物遗骸的。

各个单独的地质层似乎和任何地方的整个地质层相似，堆积一般也是间断的。正如我们常常看到的那样，一个地质层由极其不同的矿物层构成时，我们可以合理地去设想沉积过程曾经备受打扰，而洋流变化、不同沉积物的供应一般是旷日持久的地理变化造成的。哪怕极其细密地对一个地质层进行考察，也无法知道其沉积所耗费的时间长度。许多事例阐明，厚仅数英尺的岩层，却代表着其他地方厚达数千英尺、因而堆积需要莫大时间的地层，但不知情的人们会怀疑这样薄的地质层会代表长久时间的过程。还有，地质层的下层升高后，被剥蚀，再沉没，继而被同一地质层的上层所覆盖，这方面的例子也有很多。这表明它的堆积期间有何等广阔的间隔时期，容易被人忽视。更有甚者，巨大的硅化木依然像当年生长时那样直立着，这明显证明了沉积过程有许多长的间隔期间以及水平面的变化，如果没有树木碰巧保存下来，大概不会想到这一点的。例如，赖尔和道森先生曾在加拿大新斯科舍省（Nova Scotia）发现了 1400 英尺（计 426.72 米）厚的石炭纪层，含有古代树根的层次，彼此相叠，不少于 68 层不同的水平面。因此，如果一个地质层的下部、中部、上部都出现了同一个物种，可能是这个物种没有在沉积的全部期间生活在同一地点，而是在同一个地质时代内曾经几度绝迹和重现。所以，如果这个物种在任何一个地质年代内发生了显著的变异，则地质层的截面也许不会含有我的理论上一定存在的全部微细的中间级进，而只是含有突然变化的类型，虽然也许是轻微的。

最重要的是要记住，学者们没有金科玉律来区别物种和变种；他们承认各个物种都有细小的变异性，但当他们遇到任何两个类型之间有稍微大一些的差异量，除非有密切的中间级进把它们连接起来，否则就要把两个类型都列为物种。按照刚才所讲的理由，我们不可能希望在任何一个地质的截面中都看到这种连接。假定 B 和 C 是两个物种，并且在下面的地层中发现第三个 A；哪怕 A 严格地介于 B 和 C 之间，除非它能同时被一些中间变种与上述任何一个类型或两个类型极密切连接起来，否则就会干脆被排列为第三个物种。不要忘记，如同前面所解释的，A 也许是 B 和 C 的实际原始祖先，但在各方面构造并不一定严格地都介于两者之间。所以，我们可能从同一个地质层的下、上层中得到亲种和它的若干变异后代，不过如果没有同时得到无数的过渡级进，就辨识不出其血统关系，因而就不得不把它们排列为不同的物种。

众所周知，许多古生物学者是根据何等微小的差异来区别物种的。如果标本得自同一个地质层的不同层次，他们就更毫不犹豫了。某些有经验的贝类学者，现在已把德奥比格尼（D' Orbigny）等学者所定的许多极完全的物种降为变种了；根据这种观点，我们确能看到按照我的理论所应当看到的那类变化证据。而且，如果我们观察一下稍广阔的间隔时期，就是说观察一下同一个巨大地质层中的不同而连续的层次，就会看到埋藏的化石，虽然普遍被列为不同的物种，但彼此之间的关系比起相隔更远的地质层中的物种，要密切得多；但是这个问题只能留待下章再加讨论。

还有一个理由值得注意：关于繁殖快而移动不大的动植物，像我们在前面已经看到的那样，我们有理由来推测，它们的变种最初一般是地方性的；这种地方性的变种，非到相当程度地改变完善了，不会广为分布去淘汰它们的亲类型的。按照这种观点，任何地方的一个地质层中要想发现任何两个类型之间的一切早期过渡阶段，机会是很小的，因为连续的变化被假定是地方性的，局限于某一地点。大多数海产动物的分布范围都是广大的；并且我们看到，植物里分布范围最广的，最常出现变种；所以，关于贝类等海产动物，那些具有最广大分布范围的，远远超过已知的欧洲地质层界限以外的，最常先产生地方变种，终于产生新物种；因此，我们在任何一个地质层中追踪过渡诸阶段的机会又大大减少了。

我们不应忘记，今天有完美的标本供观察，却很少能用中间变种把两个类型连接起来，从而证明它们同种，除非从许多地方采集到许多标本。而在化石物种方面，学者极少能够做到多方采集。我们只要问问，例如，地质学者在未来的某一个时代能否证明牛、羊、马、犬各品种是从一个或几个原始祖先传下来的，又如，栖息在北美洲海岸的某些海贝实际上是变种呢，还是所谓的不同物种呢？某些学者将它们列为物种，不同于欧洲代表种，而另一些学者仅仅将它们列为变种。这样一问，我们恐怕就能最好地了解用大量微细的中间化石环节来连接物种是不可能的。未来的地质学者只有发现了化石状态的大量中间级进之后，才能证明这一点，而依我看这种成功是极不可能的。

地质学研究虽然替现存和灭绝的属里增加了大量物种，并且缩小了少数物种群之间的间隔，却并没有通过大量微细的中间变种把物种连接起来，从而打破物种之间的区别。由于这一点没有做到，也许成为反对我的观点的一个最重大、最明显的异议。值得用一个想象的例证把上述诸原因总结一下。马来群岛的面积大约相当于从北角（North Cape）到地中海以及从英国到俄罗斯的欧洲面积；所以，除去美国的地质层之外，面积与多少精确调查过的全部地质层不相上下。我完全同意戈德温—奥斯汀（Godwin-Austen）先生的意见，马来群岛的现状（大量大岛屿被广阔的浅海所隔开），大概可以代表欧洲以前的状况，大多数地质层正在进行堆积。马来群岛是全球生物最丰富的区域之一，然而，如果把所有曾经生活在那里的物种都搜集起来，我们就会看出它们所代表的世界博物史是何等的不完全！

但是我们有充分的理由认为，马来群岛的陆栖生物在我们假定堆积在那里的地质层中，保存得极不完全。我想，严格的海岸动物，或生活在海底裸露岩石上的动物，被埋藏的不会很多；而且那些被埋藏在砾石和沙中的生物也不会保存到久远的时代。在海底没有沉积物堆积的地方，或者在堆积的速率不足以保护生物体免于腐败的地方，遗骸便无法保存下来。

在马来群岛，我想含化石地质层只能于沉陷期间形成，使其厚度足以延续到一个世代，在未来时代中延续的距离，不亚于过去第二纪层那样悠久。这等沉陷期间彼此要被巨大的间隔时期所分开，在这期间，地面要么保持静止要么继续上升；上升时，每个含化石地质层，会被不断的海岸作用随堆积随毁坏，就如我们现今在南美洲海岸所见到的那样。在沉陷期间，生物灭绝的情况也许极多；在上升期间，大概会出现极多的生物变异，可是这个时候的地质记录极不完全。

群岛全部或一部分沉陷以及与此同时发生的沉积物堆积的任何漫长的时间，是否会超过同一物种类型的平均持续期间，是存疑的；这等偶然的事情对于任何两个以上物种之间的一切过渡级进的保存是不可缺少的。如果这些级进没有全部保存下来，过渡的变种看上去只能像是许多不同的物种。各个沉陷的漫长期间还可能被水平面的波动所打断，同时在这样长久的期间内，轻微的气候变化也可能发生；在这等情形下，群岛的生物就要迁移，因而在任何一个地质层里就不能保存有关它们变异的紧密连接的记录。

群岛的多数海产生物，现在已超越了它的界限而分布到数千英里以外；以此类推，可以使我相信，主要是这些广为分布的物种，最常产生新变种。这等变种最初是地方性的，局限于一个地方，但当它们得到了任何明确的优势，或者进一步变异和改进时，就会慢慢地散布开去，并且把亲缘类型淘汰掉。当这等变种重返故乡时，因已不同于先前的状态，虽然其程度也许是极其轻微的，却是一刀切的，所以按照许多古生物学者所遵循的原理，它们大概会被列为不同的新物种。

如果这等说法有某种程度的正确性，我们就没有权利去期望在地质层中找到这等无限数目的、差别微小的过渡类型。按照我的理论，这些类型曾经把一切同群的过去物种和现在物种连接在一条长而分枝的生物环节中。我们只应寻找少数的环节，它们的彼此关系有的远些，有的近些；而这等环节，就算是极密切的，如果见于同一地质层的不同层次，也会被许多古生物学者列为不同的物种。我不讳言，如果不是在每一地质层的初期及末期生存的物种之间缺少无数过渡的环节，而对我的理论构成如此严重威胁的话，我将不会想到在保存得最好的地质断面中，生物突变的记录还是如此的贫乏。

全群近似物种的突然出现。物种全群在某些地质层中突然出现的事情，曾被某些古生物学者——如阿加西斯、匹克泰特，特别是塞奇威克（Sedgwick）教授——看作是反对物种能够变迁这一观点的致命异议。如果同属或同科的大量物种真的一下子降生了，那么对于通过自然选择而缓慢变异的遗传学说，的确是致命的。因为依据自然选择，所有从某一个祖先传下来的一群类型的发展，一定是极其缓慢的过程；并且这些祖先一定在变异后代出现以前就已经生存很久了。但是，我们始终把地质记录的完全性估价得过高，并且由于某属或某科未曾见于某一阶段下面，就错误地推论在那个阶段以前没有存在过。我们常常忘记，整个世界与仔细调查过的地质层的面积比较起来，是何等巨大；我们还会忘记物种群在侵入欧洲和美国的古代群岛以前，也许在他处已经存在了很久，而且慢慢地繁衍着。我们也没有适当地考虑到在我们的连续地质层之间所经过的间隔时间——这一时间有时候大概要比各个地质层堆积起来所需要的时间会更长久。这些间隔会给予充分的时间使物种从某一个、若干个亲类型繁衍下来，而这种物种在以后生成的地质层中好像突然创造出来似的出现了。

这里我要把以前说过的话再说一遍，即一种生物对于某种特别的新生活方式的适应，例如空中飞翔，大概是需要长久连续的年代；但是，如果这种适应一旦成功，并且少数物种就此比别的物种获得了巨大的优势，那么只要较短的时间内，就能产生出许多分歧的类型来，从而迅速地、广泛地散布于全世界。

我现在举几个例子来证明前面的话，表明我们何等容易犯错误，去假定全群物种曾经突然产生。我可以再提一件大家熟知的事实，几年前发表的一些地质学论文都说哺乳动物纲是在第三纪开头才突然出现的。而现在已知的富含化石哺乳动物的堆积物之一，是属于第二纪层的中期的；并且在这个大纪刚刚开头的新红砂岩中发现了一头真的哺乳动物。居维叶一贯主张，任何第三纪层没有猴子出现过；但是，目前在印度、南美洲和欧洲甚至于更古的第三纪始新统中发现了猴类的灭绝种。不过，最最触目惊心的个案是鲸科。这种海生动物骨骼巨大，全世界分布，所以第二纪地层没有发现一根鲸骨的事实，似乎充分证实了这个大目突然产生的观点，时间是第二纪末期与第三纪早期地层。可是，我们现在可以在 1858 年发表的赖尔《手册》增刊中看到鲸在上层海绿石砂中存在的明证，年代略早于第二纪末年。

我再举一例，这是我亲眼看到的，故印象深刻。我在一篇论化石无柄蔓足类的报告里曾说，根据现存的和灭绝的第三纪物种的大量数目，根据全世界——从北极区到赤道——栖息于从高潮线到 50 英寻各种不同深度区域的许多物种个体数目的异常繁多，根据最古的第三纪层中保存下来的标本的完整状态，根据甚至一个壳瓣（valve）的碎片也容易辨识：根据这一切情况，我曾推论如果无柄蔓足类生存于第二纪，就肯定会保存下来而且被发现；但因为这一时代的岩层中并没有发现过一个物种，我曾断言这一大群是在第三纪的开头突然发展起来的。这使我很痛苦，因为当时我想，这会给一个大群物种的突然出现增加一个事例。但我的著作行将出版的时候，老练的古生物学者波斯凯（M. Bosquet）先生寄给我一张完整的标本图，无疑是一种无柄蔓足类，是他亲手从比利时的白垩层中采到的。就好像是为了使此个案尽可能触目惊心，这种蔓足类是属于很普通的、巨大的、遍地存在的一属，即藤壶属，而该属中甚至还没有一个标本在任何第三纪层中发现过。所以，我们现在肯定知道蔓足类在第二纪存在过，而这些可能是许多现存第三纪物种的祖先。

有关全群物种分明突然出现的情况，古生物学者连篇累牍提到的，就是硬骨鱼类的个案，出现是在白垩纪深处。这一群鱼类包含现存物种的大部分。最近，匹克推特教授将它们的存在往前更加推了半个时期，某些古生物学者认为，某些更加古老的鱼类，其亲缘尚未完全弄清楚的，实际上就是硬骨鱼类。但是，假定如阿加西斯认为的全部硬骨鱼类真是在白垩层开头时出现的，这当然是值得高度注意的事实；除非同样能阐明这一物种群在全世界在同一时期内突然同时出现了，我看它并没有对我的理论造成不可克服的困难。赤道以南并没有发现过任何化石鱼类，对此就不必多说了；而且通读匹克推特的古生物学，当可知道欧洲的几个地质层也只发现过很少的物种。少数鱼科现今的分布范围是有限的；硬骨鱼类先前大概也有过相似的有限分布范围，只是在某一个海里得以发展后，才广泛地分布开来。同时我们也无权假定世界上的海洋能像今天一样从南到北总是自由开放的。甚至在今天，如果马来群岛变为陆地，印度洋的热带部分就会形成一个完全封锁的巨大盆地，那里海产动物的任何大群都可能繁衍起来；直到其中某些物种适应了较冷的气候，并且能够绕过非洲或澳洲的南方海角，因而到达远处的海洋之前，也就局限在那里。

根据这等考虑，主要是我们对于欧洲和美国以外地方的地质学的无知，近十余年来的发现所掀起的古生物学知识革命，我认为对于全世界生物演替问题进行独断，犹如学者在澳洲的不毛之地待了五分钟就来讨论那里生物的数量和分布范围一样，都是太轻率了。

近似物种群在已知的最下化石层中的突然出现。还有一个相关难点，更加严重。我是指同一群的物种在已知的最下化石岩层中突然出现的情形。这使我相信同群的一切现存物种都是从单一的祖先传下来的论据，大多数也同样有力地适用于最早的既知物种。例如，我不能怀疑一切志留纪的三叶虫类（trilobites）都是从某一种甲壳动物传下来的，这种甲壳类一定远在志留纪以前就已生存了，并且和任何既知的动物可能都大不相同。某些最古的志留纪动物，如鹦鹉螺（*Nautilus*）、海豆芽（*Lingula*）等，与现存物种并无多大差异；按照我的理论，我们不能假设这些古老的物种是所属目的一切物种的原始祖先，因它不具有任何程度的中间性状。而且，即使它们是这些目的祖先，当然也早就被大量的改进后代所淘汰消灭了。

所以，如果我的理论正确，毋庸置疑远在志留纪最下层沉积以前已经过了长久的时期，这与从志留纪到今日的整个时期一样长，甚至更加长久；而且在这样广大的不为人知的时期内，世界上充满了生物。

至于浩瀚的原始时期内，为什么未发现记录呢？关于这一问题我还不能给予圆满的解答。以默奇森爵士为首的卓越的地质学者坚信，我们在志留纪最下层所看到的生物遗骸，是地球生命的最初曙光。其他极有能力的鉴定者则反对这一结论，如赖尔和福布斯。我们不要忘记，精确知道的，不过是这个世界的一小部分。不久以前，巴兰德（M. Barrande）在志留系之下，增添了另一个更下面的时期，饱含奇特的新物种。他所谓的原生区下面有龙敏德岩层（Longmyndbeds），那里检测到了生命迹象。甚至在某些最低等的无生岩（azoic rock）中，也有磷质结核和沥青物质存在，也许表明该时期曾有生命存在。按照我的理论，志留纪之前无疑在某些地方积累了大堆大堆的含化石岩层，可是想要理解这些堆积的消失又谈何容易。如果说那些最古的岩层已经由于剥蚀作用而完全消失，或者说由于变质作用而整个消灭，我们只消在年代继它们之后的地质层中发现微小的残余物，且这残余物应该一般是以变质状态存在的。但是，我们所拥有的关于俄罗斯和北美洲的巨大地面上的志留纪沉积物的描述，并不支持一个地质层越古越蒙受极度的剥蚀和变质作用这样的观点。

目前，这种个案还无法解释，因而真的会被当作有力的论据来反对本书所持的观点。为了指出下文可能得到某种解释，我提出以下假说。根据欧洲和美国各地质层中生物遗骸的性质——它们似乎没有在深海中栖息过，并且根据构成地质层的厚达数英里的沉积物的量，我们可以推论产生沉积物的大岛屿或大陆地，始终是处在欧洲和北美洲的现存大陆附近。但是我们不知道在若干连续地质层之间的间隔期间，事物的状态曾经是怎样的；不知道欧洲和美国在这些间隔期间究竟是干燥的陆地，还是没有沉积物的近陆海底，还是广阔的、深不可测的海底。

看看现今的海洋，其面积是陆地的三倍，周围还散布着许多岛屿；但我们知道，几乎没有一个真正的海洋岛提供过一件古生代或第二纪地质层的残余物。因此，我们也许可以推论，在古生代和第二纪，大陆和大陆岛没有在今日海洋的范围内存在过；因为大陆和大陆岛如果存在过，那么古生代层和第二纪层就大有可能由它们磨损的沉积物堆积起来，且由于在非常长久时期内肯定会发生水平面的波动，至少有一部分隆起了。于是，如果这等事实有推论价值，那么就可以推论，在现今海洋展开的范围内，自从有任何记录的最古远时代以来，都是海洋的存在；另一方面也可以推论，在现今大陆存在的处所，也是大片陆地的存在，自从志留纪以来无疑遭受了巨大的水平面波动。我论珊瑚礁一书中所附的彩色地图，使我做出结论，各大洋至今依然是沉陷的主要区域，大的群岛依然是水平面波动的区域，大陆依然是上升的区域。但是我们有权设想，自远古以来事情就是这样的吗？大陆的形成，似乎由于多次水平面波动，上升力量占优势所致；但优势运动的地域，难道在时代的推移中没有变化吗？远在志留纪以前的一个时期，现今海洋展开的处所，也许会有大陆存在，而现今大陆存在的处所，也许有清澈广阔的海洋存在。例如，如果太平洋海底现在变为大陆，就算那里有比志留纪层还古的沉积层曾经沉积下来，我们也无权假定应该在那里找到它们。因为这些地层沉陷数英里到更接近地心的地方，并且上面有来自水的巨大压力，很可能要比始终接近地球表面的地层遭受远为严重的变质作用。

世界上某些地方裸露变质岩的广大区域，如南美洲，一定曾在巨大压力下遭受过灼热，我总觉得这等区域需要专门的解释；我们大概可以相信，在这广大区域里可以看到许多远在志留纪以前的地质层是处在完全变质的状态之下的。

这里所讨论的几个难点是，在连续的地质层中许多介于现今生存和既往曾经生存的物种之间，并没有发现无数的过渡环节；欧洲的地质层中，有成群的物种突然出现；按现在所知，志留纪层以下几乎全无含化石地质层。这一切无疑都是性质极其严重的难点。所有最卓越的古生物学者，即居维叶、欧文、阿加西斯、巴兰德、福尔克纳、福布斯等，以及所有最伟大的地质学者，如赖尔、默奇森、塞奇威克等，都一致而且常常激烈地坚持物种的不变性。因此，我们清楚地看到上述难点的严重性了。但是，我有理由相信，大权威赖尔爵士经过进一步斟酌，对于这个主题持严重的怀疑了。我觉得跟这些大权威分庭抗礼不胜唐突之至，我跟其他人一样，所有的知识都归功于他们。那些认为自然地质记录多少是完全的人们，不重视本书提出的其他事实和论据的人们，无疑会毫不犹豫地反对我的理论的。至于我自己，则遵循赖尔的比喻，把自然地质的记录看作是一部已经散失不全，并且用变化着的方言写成的世界历史；在这部历史中，我们只有最后的一卷，而且只涉及两三个国家。在这一卷中，又只是在这里或那里保存了一个短章，每页甚至只有寥寥几行。慢慢变化着的史家语言的每个字，在断断续续的各章中又多少有些不同，可能表达了埋藏在连续而相互隔开的地质层中的、表面上突变的诸生物类型。按照这种观点，上面所讨论的难点就可以大事化小，小事化无了。

第十章

论生物的地质演替

新物种慢慢地陆续出现——论它们变化的不同速率——物种一旦灭绝即不再出现——出现和消灭时物种群与单一物种所遵循的一般规律是一样的——论灭绝——论全世界生物类型同时发生变化——灭绝物种相互间及它与现存物种的亲缘——论古代类型的发展状况——论同一区域内同一模式的演替——前章和本章提要。

现在让我们来看一看，与生物在地质上的演替有关的若干事实和法则，究竟是与物种不变的普通观点相一致呢，还是与物种通过传承和自然选择缓慢地、逐渐地发生变化的观点相一致呢？

无论在陆上和水中，新的物种是极其缓慢地陆续出现的。赖尔曾阐明，第三纪的若干阶段里有这方面的证据，这几乎是不可能加以反对的；而且每年都倾向于把各阶段间的空隙填充起来，使灭绝类型与现存类型之间的比例更加成为渐进系统。在某些最近代的岩层里（如果用年来计算，当然确属极古代的），不过一两个物种是灭绝了的类型，并且其中只有一两个新的类型，第一次出现，或者是地方性的，或者据我们所知，是遍于地球表面的。如果我们信任西西里岛菲利皮（Philippi）的观察的话，该岛海水生物有许多连续的变化，但都是循序渐进的。第二纪地质层是比较间断的；但据勃龙说，埋藏在各层里的许多灭绝物种的出现和消灭都不是同时的。

不同纲和不同属的物种，并没有按照同一速率或同一程度发生变化。在最古老的第三纪层里，在大批灭绝的类型中还可以找见少数现存的贝类。福尔克纳曾就同样的事实举出过一个显著的例子，喜马拉雅山下的沉积物中有一种现存的鳄鱼与许多消灭了的奇怪哺乳类和爬行类在一起。志留纪的海豆芽与本属的现存物种差异很小；然而志留纪的大多数其他软体动物和所有甲壳类已经大变了。陆栖生物似乎比海栖生物变得快，瑞士最近观察到了这种动人的例子。我们有理由相信，高等生物比低等生物的变得要快得多，尽管这一规律是有例外的。按照匹克推特的说法，生物的变化量并不会严格地对应于地质层的演替，所以两个连续地质层之间生物类型的变化程度很少是一模一样的。然而，如果我们只把密切关联的地质层比较一下，可发现一切物种都进行过某种变化。如果一个物种一度从地球表面上消失，我们有理由相信同样的类型不会再出现。只有巴兰德所谓的“殖民动物”对于后一规律是一个极明显的例外，在一个时期内侵入到较古的地质层里，于是使既往生存的动物群又重新出现；但赖尔的解释似乎可以令人满意，他说这是从断然不同的地理区域来的暂时移民的个案。

这些事实与我的理论是很一致的。我不赞成一成不变的发展定律，让一个地域内所有生物都突然地、同时地，或者同等程度地发生变化。变异的过程一定是极缓慢的。各物种的变异性与所有其他物种没有依赖。至于这种变异是否会通过自然选择而得到利用，是否好歹被积累起来，因而引起变异物种或多或少的变异量，则取决于许多复杂的偶发事件——取决于具有有利性质的变异、互交力量、繁育速度、当地缓慢变化的物理条件，特别是与变化着的物种相竞争的其他生物的性质。因此，毫不奇怪，某一物种保持相同形态比其他物种长久得多；或者，纵使有变化，也变化得较少。我们在地理分布上看到了同样的情况，例如，马德拉的陆栖贝类和鞘翅类昆虫，与欧洲大陆上的最近亲缘差异很大，而海栖贝类和鸟类却没有改变。根据前章所说，高等生物对于有机和无机的生活条件有着更为复杂的关系，我们大概就能理解陆栖生物和高等生物比海栖生物和低等生物的变化速度显然要快得多。当任何地区的许多生物已经变异和改进，我们根据竞争的原理以及生物与生物间许多重大关系的原理，就能理解不曾在某种程度上发生变异和改进的任何类型都易于被消灭。因此，我们如果能观察足够长的间隔时间，就可以明白为什么同一个地方的一切物种终究都要变异，因为不变异就要归于灭绝。

同纲的各成员在长久而相等期间内的平均变化量也许近乎相同；但是，富含化石的、持续久远的地质层的堆积有赖于沉积物在沉陷地域的大量沉积，所以现在的地质层几乎必须在广大的、不规则的间歇期间内堆积起来；结果，埋藏在连续地质层内的化石所显示的有机变化量就不相等了。按照这一观点，每个地质层并不标志着一出神创论的新戏，而不过是节奏缓慢的戏剧里随便拉出的一个场景罢了。

我们能够清楚理解，为什么物种一旦灭亡了，纵使有完全一样的有机无机的生活条件再出现，也决不会再出现了。因为物种的后代虽然可以在自然组成中适应并且占据另一物种的确切位置（毫无疑问，这种情形曾发生过无数次），从而把它淘汰掉；但是新旧两个类型不会完全相同，几乎肯定都从各自不同的祖先遗传了不同的性状。例如，如果扇尾鸽都毁灭了，养鸽者长期努力复原，可能育出一个和现有品种很难区别的新品种来。但原种岩鸽如果也同样被毁灭掉，我们有充分理由相信，在自然状况下，亲本类型一般要被改进了的后代所淘汰消灭，于是，我们就很难相信与现存品种相同的扇尾鸽能从任何其他鸽种，甚至从任何其他十分稳定的家鸽族育出来，因为新形成的扇尾鸽几乎肯定会重新祖先那里遗传某种轻微不同的性状。

物种群，即属和科，在出现和消灭上所遵循的一般规律与单一物种相同，变化有缓急，程度也有大小。一个群，一经消灭就永不再现；也就是说，一群物种只要存在，总是连续的。我知道这一规律有几个显著的例外，但例外少得惊人，连福布斯、匹克推特和伍德沃德（虽然都坚决反对我所持的观点）都承认这个规律的正确性。而且这一规律与我的理论是严格一致的。因为同群的所有物种都是从一个物种传下来的，很明显只要该群的任何物种在漫长的时代中出现，其成员就已经连续地生存了同样长的时期，以便产生变异新种或者未变异旧类型。例如，海豆芽属的物种，必定连续存在，形成一条连绵不断的世代系列，从志留纪最底部地层直到现在。

我们可以在上一章里看到，物种的全群有时会呈现一种假象，好似突然出现的；对这一事实，我试着提出了一种解释，如果正确，对我的观点会是致命伤。但是这种个案确是例外；一般规律是物种群逐渐增加数目，一旦增加到极大值，又迟早要逐渐减少。如果一个属里的物种数，一个科里的属数目，用粗细不同的一条竖线来表示，穿越发现物种的连续地质层，则竖线有时虚假地表现为在下端起始，并不是尖锐的点，而是突然露头；随后竖线向上加粗，同一粗度常常可以保持一段距离，最后在上层岩床中变细消失，表示此物种减少，最后灭绝。一个群的物种数的这种逐渐增加，与我的理论是严格合拍的。因为同属的物种和同科的属只能缓慢地、累进地增加；变异的过程和一些近似类型的产生必然是缓慢渐进的过程—— 一个物种先产生两三个变种，再慢慢地转变成物种，又以同样缓慢的步骤产生别的物种，如此下去，就像一株大树从一条树干上抽出许多分枝一样，直到变成大群。

论灭绝。至此，我们只是附带谈到了物种和物种群的消失。根据自然选择学说，旧类型的灭绝与改进的新类型的产生是有密切关系的。我认为地球上一切生物在连续时代内被灾变一扫而光的旧观念，已被普遍抛弃了，就连埃利·德·博蒙（Elie de Beaumont）、默奇森、巴兰德等地质学者也在内，他们的一般观点会自然地引导他们达成这种结论。另一方面，根据对第三纪地质层的研究，我们有充分的理由相信，物种和物种群先从一地，然后从又一地，终于从全世界挨次地、逐渐地消灭。单一的物种也好，物种的全群也好，它们的延续期间都极不相等：如我们所见到的，有些物种群从已知的生命曙光时代起一直延续到今，而有些物种群在古生代结束之前就消灭了。似乎没有一条定律可以决定任何一个物种、属能够延续多长时间。我们有理由相信，物种全群的消灭过程一般要比产生过程为慢；如果出现和消灭照前面所讲的用粗细不同的竖线来表示，表示灭绝进程的线的上端变细，要比表示初次出现和物种数增多的下端来得缓慢，然而，在某些情形里，全群的灭绝曾经奇怪地突然发生了，例如接近第二纪末的菊石。

物种灭绝的整个主题搞得扑朔迷离，真是莫名其妙。有些作者甚至假定，物种就像个体有一定的寿命那样有一定的存续期。大概不会有人像我那样曾对物种的灭绝感到如此惊奇。我惊讶地在拉普拉塔发现乳齿象（*Mastodon*）、大懒兽（*Megatherium*）、箭齿兽（*Toxodon*）等灭绝怪物的遗骸中嵌着马齿，它们在最近的地质时代曾与今日依然生存的贝类一起共存。鉴于自从马被西班牙人引进南美洲以后，就在全境变成为野生的，且以无比的速率增加数量，我问自己，在这样分明极其有利的生活条件下，是什么东西把以前的马在这样近的时代消灭了呢？但是我的惊奇是毫无根据的！欧文教授即刻看出，牙齿虽然与现存的马齿如此相像，却属于灭绝的马种，如果这种马至今依然存在，只是稀少些，任何学者对于此一点也不会感到惊奇；因为稀少现象是所有地方所有纲里的大多数物种的属性。如果我们自问，为什么这一物种或那个物种会稀少呢？我们的答案是，生活条件有些不利；但是有哪些不利呢，我们就不得而知了。假定化石马至今仍作为稀少物种存在，我们根据与所有其他哺乳动物（甚至包括繁殖率低的象）的类比，根据家养马在南美洲的归化历史，我们肯定会感到在更有利的条件下，它一定会在很少几年内布满整个大陆。然而，我们无法说出抑制它增加的不利条件是什么，是由于某种偶然事故呢，还是由于几种偶然事故？也不知马一生中的什么年龄，在什么程度上这些生活条件各自发生作用的。如果条件转向不利，不管如何缓慢，我们确实不会觉察出，然而化石马必定渐渐地稀少，而终至灭绝——于是它的地位便被成功的竞争者取而代之。

我们实在很难始终记住，各种生物的增加会不断受到察觉不到的敌对作用的抑制；而且其作用完全足以使它稀少，以致最后灭绝。更近的第三纪地质层里，看到许多先稀少而后灭绝的情形；我们知道，通过人为的作用，一些动物之局部或全部的灭绝过程，也是一样的。我愿意重复一下我在 1845 年发表的文章，认为物种一般是先稀少，然后灭绝——对于物种的稀少并不感到奇怪，而当物种灭绝却大感惊异，这就好像认为病是死的前驱一样——对于病并不感到奇怪，而对病人死去却感到惊异，以致怀疑他是死于未知暴力一样。

自然选择学说的根据是，各个新变种（最终是各个新物种）由于比竞争者占有某种优势而产生和保持下来；较为不利类型的最终灭绝，几乎是不可避免的结果。家养生物也同样，新的稍微改进的变种培育出来，首先就要淘汰掉同地块改进较少的变种；当它大有改进，就会像我们的短角牛那样被运送到远近各地，并在他处取其他品种的地位而代之。这样，新类型的出现和旧类型的消失，不论是自然产生还是人工产生的，就联结在一起了。在某些繁盛的群里，一定时间内产生的新物种类型的数目大概要比灭绝的旧物种类型要多；但是我们知道，物种并不是无限继续增加的，至少在最近的地质时期内是如此，所以，倘若就近期而论，我们可以相信，新类型的产生引起了差不多同样数目的旧类型的灭绝。

如同前面解释过的和实例说明过的那样，在各方面彼此最相像的类型之间，竞争也一般最为剧烈。因此，改进和变异的后代一般会招致亲种的灭绝；而且，如果许多新类型是从任何一个物种发展起来的，那么这个物种的最近亲缘，即同属的物种最易灭绝。因此，我相信，一物种传下来的若干新物种，即新属，终于会淘汰同科的一个旧属。但也屡屡有这样的情形，即某一群的一个新物种夺取了别群的一个物种的地位，因而招致它的灭绝。如果许多近似类型是从成功的侵入者发展起来的，势必有许多类型要让出位置；被消灭的通常是近似的类型，一般由于共同遗传了某种劣性而受到损害。但是，让位给其他变异和改进物种的那些物种，无论是属于同纲或异纲，总还有少数可以保存一个长久时间，因为适于某些特别的生活方式，或者因为栖息在远离、孤立的地方，从而逃避了剧烈的竞争。例如，三角蛤属（*Trigonia*）是第二纪地质层里的贝类大属，其一个物种还残存在澳洲的海里，而且硬鳞鱼类（Ganoid）这个几乎灭绝的大群中的少数成员，至今还栖息在我们的淡水里。所以，正如我们所看到的那样，物种群的彻底灭绝要比产生过程缓慢。

关于全科或全目的明显突然灭绝，如古生代末的三叶虫和第二纪末的菊石，我们必须记住前面已经说过的情形，即在连续的地质层之间大概间隔着广阔的时间，期间可能发生了大批很缓慢的灭绝。还有，如果一个新群的许多物种，由于突然的移入，或者异常迅猛的发展，而占据了一个新地区，那么，许多的旧物种就会以相应快的速度灭绝。这样让出地位的类型普遍都是那些近似类型，因为共同具有某种劣性。

因此，在我看来，单一物种以及物种全群的灭绝方式是与自然选择学说十分合拍的。我们对于物种灭绝不必惊异；一定要惊异的话，还是对我们的自以为是表示惊异吧—— 一时想象自己理解了决定各个物种生存的许多复杂偶然性。各个物种都有过度增加的倾向，而且有我们很少能察觉得出某种抑制作用常在活动，我们一旦忘记这一点，整个自然组成就会变得莫名其妙。每当我们能够确切说明为什么这个物种的个体会比那个物种多；为什么这个物种，而不是那个物种能在某一地方归化；那么，只有到了那时，我们才能对于为什么说明不了这一物种或者物种群的灭绝，理所当然地表示惊异。

论全世界生物类型几乎同时发生变化。生物类型在全世界几乎同时发生变化，古生物学发现很少有比这个事实更令人震撼的了。例如，欧洲的白垩层在极不同气候下，世界许多遥远地方都能辨识出来，虽然那里没有发现一块白垩矿物，也就是在北美洲、赤道地带的南美洲、火地、好望角、印度半岛。在这些遥远的地方，某些岩层的生物遗骸与白垩生物遗骸呈现了明显无误的相似性。我们见到的并不见得是同一物种，某些情形里没有一个物种是完全相同的，但它们属于同科、同属和亚属，而且有时仅在细微之点上，如表面上的斑条，具有相似的特性。还有，未曾在欧洲白垩层中发现的，但在它的上部或下部地质层中出现的其他类型，同样未出现在世界上的这些遥远地方。若干作者曾在俄罗斯、西欧和北美的若干连续的古生代层中观察到生物类型具有类似的平行现象。按照赖尔的意见，欧洲和北美洲的若干第三纪沉积物也是这样的。哪怕完全不考虑新旧世界所共有的少数化石物种，分隔很大的古生代和第三纪时期的历代生物类型的一般平行现象仍然是显著的，而且若干地质层的相互关系也容易确立。

然而，这些观察都是关于世界各地的海栖生物的：我们还没有充分的数据可以判断这些相隔遥远的陆栖生物和淡水生物是否也同样发生平行的变化。我们可以怀疑它们是否曾经这样发生过变化：如果把大懒兽、磨齿兽（*Mylodon*）、长颈驼（*Macrauchenia*，大弓齿兽）和箭齿兽从拉普拉塔带到欧洲，而不说明它们的地质信息，大概没有人会猜测它们曾经和依然生存的海栖贝类共同生存过；但是，由于这些异常的怪物曾和乳齿象和马共同生存过，所以我们至少可以推论它们曾经在第三纪的某一晚近时期内生存过。

说到海栖生物类型曾经在全世界同时发生变化，决不可假定这种说法是指同一千年，同十万年，也不可假定它有很严格的地质学意义，因为，如果把现在生存于欧洲的、曾经在更新世（如用年来计算，这是一个包括整个冰期的很遥远的时期）生存于欧洲的一切海栖动物与现今生存于南美洲、澳洲的海栖动物加以比较，再熟练的学者也很难指出，极其密切类似南半球那些动物的是欧洲的现存动物还是欧洲更新世的动物。还有几位高明的观察者主张，美国的现存生物与曾经在欧洲第三纪后期的那些生物之间的关系，比它们与欧洲的现存生物之间的关系更为密切；如果属实，现在沉积于北美洲海岸的化石层，今后显然会与欧洲较古的化石层归为一类。然而，如果展望遥远将来的时代，我看毫无疑问，一切较近代的海成地质层，即欧洲的、南北美洲和澳洲的上新世上层、更新世层以及严格的近代层，由于含有多少类似的化石遗骸，由于不含有只见于较古的下层堆积物中的那些类型，在地质学的意义上是可以正确列为同时代的。

在上述的广义里，生物类型在世界上远隔的地方同时发生变化的事实，曾经大大地触动了那些可敬的观察者，如德韦纳伊（MM. de Verneuil）和达尔夏克（d' Archiac）。在说过欧洲各地方古生代生物类型的平行现象之后，他们又说："我们如果被这种奇异的序列所触动，而把注意力转向北美洲，并且在那里发现一系列的类似现象，那么可以肯定所有这些物种的变异灭绝，以及新物种的出现，决不能仅仅看海流的变化或多少局部和暂时的他种原因，而是依据支配整个动物界的一般法则。"巴兰德先生曾经有力地说出大意完全相同的话。把海流、气候等物理条件的变化，看作是处于极其不同气候下的全世界生物类型发生这等大变化的原因，诚然是太无聊了。正如巴兰德所指出的，我们必须去寻找某一特殊法则。如果我们讨论到生物的现在分布情形，看到各地方的物理条件与生物本性之间的关系是何等淡薄，会更清楚地理解这一点。

全世界生物类型平行演替这一重大事实，可用自然选择学说来解释。新物种由于对较老的类型占有优势的新变种兴起而形成；在本地区已占上风、比其他类型占有某种优势的类型，自然会产生最多的新变种，即初始物种。初始物种必须更大程度地成功，才能得到保存，得以生存。我们在占有优势的植物中可以找到关于这一问题的明证，即在原产地最普通的而且分散最广的植物，会产生最大数目的新变种。占有优势、变异着而且分布辽阔，并在某种范围内已经侵入到其他物种领域的物种，当然一定具有最好的机会进一步拓展，在新地区产生新变种和物种。分散的过程常常是很缓慢的，取决于气候和地理的变化或意外的偶然事件。但是，从长远的观点看，占有优势的类型一般会在拓展上成功。在分离的大陆上，陆栖生物的分散也许要比连接的海洋中的海栖生物来得缓慢些。我们可以预料，陆栖生物演替中的平行现象，其程度不如海栖生物那样严密，而我们看到的也确是如此。

优势物种从任何区域拓展开来，可能遭遇更多的优势物种，那么它们的胜利道路，乃至生存就会止步。我们并不精确了解新优势物种繁殖的全部有利条件是什么，但我想可以看到，一批个体给了有利变异出现的更好机会，且与许多现有类型的激烈竞争会非常有利，还有拓展到新领地的力量也有利。一定的隔离量在很长的间隔时间后重现，也许是有利的，如前所述。世界上一个区域也许对于陆栖新优势物种的产生最为有利，另一个区域则对于海水新优势物种最为有利。假如两个大地区长期处于同等程度的有利环境，其中的生物遭遇时，战斗会旷日持久而惨烈。一个栖息地的某些物种和另一个栖息地的一些物种会胜利。但是，从长远看，优势最大的类型不管出自何方，均倾向于全面胜利。胜利后会引起其他的劣势类型的灭绝。由于劣势类型一般通过遗传而结成亲缘群体，所以整群的物种会日渐消失，当然单一的成员能够在零星地区长久生存。

这样，在我看来，全世界同样生物类型的平行演替，就其广义来说，它们的同时演替，与新物种由于优势物种的广为拓展和变异而形成的这一原理非常符合：这样产生的新物种本身有遗传优势，而且已经比亲种和其他物种具有某种优越性，并且将进一步拓展、变异产生新物种。被击败而让位给新的胜利者的类型，由于共同地遗传了某种劣性，一般都是亲缘的群；所以，当改进的新群分布于全世界时，老群就会从世上消失；而且各地类型的演替，在最初出现和最后消失方面都倾向于一致。

还有与这个问题相关的另一值得注意之点。我已经提出理由表示相信：大多数富含化石的巨大地质层，是在沉降期间沉积下来的；不具化石的空白极长的间隔，发生在海底的静止或者隆起时，同样也在沉积物的沉积速度不足以淹没和保存生物的遗骸时出现。在这长久的空白间隔时期，我想各地的生物都曾经历了相当量的变异和灭绝，而且从世界的其他地方进行了大量的迁徙。有理由相信，广大地面曾蒙受同一运动的影响，所以严格同时代的地质层，大概往往是在世界同一部分的广阔空间内堆积起来的；但我们没有权利断定这是一成不变的情形，而且广大地域总是不变地要受同一运动的影响。当两个地质层在两处地方于几乎一样的、但并不完全一样的期间内沉积下来时，按照前节所讲的理由，这两种情形中应该看到生物类型中相同的一般演替；但是物种不完全会是一致的，因为对于变异、灭绝和迁徙，这一地方比那一地方会有稍微多点的时间。

我猜想欧洲是有这种情形的。普雷斯特维奇（Prestwich）先生关于英、法两国始新世沉积物的可称赞的论文，曾在两国的连续诸层之间找出了严密的一般平行现象；但是把英、法两国的某些阶段加以比较时，虽然他看出两国同属的物种数目非常一致，然而物种本身却有差异，除非假定有地峡把两个海分开，分别栖息着同时代的但不相同的动物群，否则从两国接近这一点来考虑，此差异实难解释。赖尔对某些第三纪后期的地质层也做过相似的观察。巴兰德也指出波希米亚和斯堪的纳维亚的连续的志留纪沉积物之间有着显著的一般平行现象；不过，他还是看出了那些物种之间有着惊人的差异量。如果这些地方的地质层不是在完全相同的时期内沉积下来的——某一地的地质层往往相当于另一地的空白间隔——而且，如果两地物种是在若干地质层的堆积期间和它们之间的长久间隔期间徐徐进行变化的；那么在这种情形下，这两个地方的若干地质层按照生物类型的一般演替，可以排列为同一顺序，因而会虚假地呈现出严格的平行现象；尽管如此，物种在两地方的外观相当的诸层中并不见得是完全相同的。

论灭绝物种之间的亲缘及其与现存类型的亲缘。现在让我们考察一下灭绝物种与现存物种的相互亲缘。它们都可归入一个自然大系统；这一事实根据传承的原理即可得到解释。任何类型越古老，一般与现存类型之间的差异便越大。但是，巴克兰（Buckland）早就阐明，化石都可以分类在至今还生存的群里，或者分类在这些群之间。灭绝的生物类型可以有助于填满现存的属、科和目之间的巨大间隔，这一点毋庸置疑。如果我们单单关注现存物种或灭绝物种，则其系列的完整就远不如把两者合在一个系统中。至于脊椎动物，古生物学家欧文可以用精彩的插图填满很多页，显示灭绝动物介于现存群之间。居维叶曾把反刍类（Ruminants）和厚皮类（Pachyderms）排列为哺乳动物中最不相同的两个目；但是欧文发现了众多的化石环节，他不得不改变这两个目的全部分类，而把某些厚皮类与反刍类一齐放在同一个亚目中。例如，他根据细微级进取消了猪与骆驼之间明显的大差别。至于无脊椎动物，无比权威的巴兰德说，他每日都领悟到，虽然古生代的动物同属于现存的目、科、属里，但在这样古老的时代，各群并不像现在一样区别得那么清楚。

有些作者反对把任何灭绝物种或物种群看作是现存物种或物种群之间的中间物。如果这个术语是指灭绝类型在一切性状上都是直接介于两个现存类型之间的话，这种反对或许是正当的。但是在自然的分类里，我发觉许多化石物种的确处于现存物种中间，而且某些灭绝属处于现存属中间，甚至处于异科的属中间。最普通的情形似乎是（特别是差异很大的群，如鱼类和爬行类），假定它们今日是由 12 个性状来区别的，则古代成员赖以区别的性状会较少，所以这两个群以前多少要比今日更为接近些。

常言道，类型越古老，其某些性状就越能把现在区别很大的群连接起来。这句话无疑只限于在地质时代中曾经发生巨大变化的那些群；可是我们要证明这种主张的正确性却是困难的，因为我们已发现如肺鱼等现存动物常常与很不相同的群有亲缘关系。然而，如果我们把古代的爬行类和无尾两栖类、古代的鱼类、古代的头足类以及始新世的哺乳类，与各该纲的较近代成员加以比较时，必须承认这句话是有一定道理的。

让我们看一看这几种事实和推论与变异传承学说的符合程度。这个问题有些复杂，请读者务必回顾第四章的图解。设有数字字母代表属，它们那里分出来的虚线代表每一属的物种。这图解过于简单，列出来的属和物种太少，不过没关系。横线代表连续的地质层，最上横线以下的一切类型都看作已灭绝。三个现存属，a^{14}、q^{14}、p^{14} 形成一个小科；b^{14}, f^{14} 是一个密切近似的科或亚科；o^{14}、e^{14}、m^{14} 是第三个科。

这三个科和从亲类型 A 分出来的几条传承线上的许多灭绝属合起来成为一个目，都从古代原始共同祖先遗传了某些相同的东西。根据以前这个图解说明的性状不断分歧倾向的原理，任何类型越是近代，一般越与原始祖先不同。这样，我们对最古老的化石与现存类型之间差异最大这个规律便可了解。然而，我们决不可假定性状分歧是必然发生的偶然性；它完全取决于物种的后代由此能够在自然组成中攫取许多的、不同的地位。所以，物种很可能随着生活条件的稍微改变而继续略微改变，并且在极长的时期内还保持着同样的一般特性，如同我们见到的某些志留纪类型的情形。这种情形在图解中用 f^{14} 来表示。

如前，所有从 A 传下来的众多类型，无论是灭绝的和现存的，形成一个目；这一个目由于灭绝和性状分歧的连续影响，便分为若干亚科和科，其中有些假定已在不同的时期内灭亡了，有些却一直存续到今天。

我们通过考察图解便可以看出，假定埋藏在连续地质层中的许多灭绝类型如果是在这个系列的下方几个点上发现的，那么最上线的三个现存科的彼此差异就会小一些。例如，如果 a^1、a^5、a^{10}、f^8、m^3、m^6、m^9 等属被发掘出来，那三个科就会十分密切地联结在一起，大概势必会连合成一个大科，这与反刍类和厚皮类的情形差不多一样。然而反对把灭绝属看作是联结起三个科现存属的中间物的人也有道理，因为它们成为中间物并不是直接的，却是通过许多大不相同的类型，经过漫长曲折的路程。如果许多灭绝类型是在中央的横线地质层之一——例如 Ⅵ 号线——之上发现的，而且线下什么也没有，那么只有左边两个科（a^{14} 等和 b^{14} 等）势必合而为一；另外两个科（a^{14} 到 f^{14} 现在包括五个属，还有 o^{14} 到 m^{14}）还是会保持不同。然而，这两个科的相互差异要比化石。

发现以前来得小些。例如，设两个科的现存属彼此相差十二个性状，那么在 Ⅵ 横线那个时代生存的各属，相差的性状就要少一些；因为在传承的这样早期阶段，从本目共同祖先的性状分歧没有以后程度大。这样，古老而灭绝的属往往在性状上便好歹介于它们的变异后代之间，或介于旁系亲族之间。

在自然状况下，情况要比图解所示的复杂得多；群的数目更多，存续的时间极端不等，而且变异的程度也不相同。我们所掌握的不过是地质记录的最后一卷，而且残缺不全，除极少的情况下，我们没有权利指望把自然系统中的广大间隔填充起来，从而把不同的科目联结起来。我们所能期望的，只是那些在既知地质时期中曾经发生过巨大变异的群，应该在较古的地质层里彼此稍微接近些；所以较古的成员要比同群的现存成员在某些性状上的彼此差异来得小些；最优秀古生物学者们一致证明，情形常常是这样。

这样，根据变异传承学说，有关灭绝生物类型彼此之间及其与现存类型之间的相互亲缘关系的主要事实似乎可得到圆满解释，而用其他任何观点是完全解释不通的。

根据同一学说，很明显，地球历史上任何一个大时期内的动物群，在一般性状上将承前启后。例如，生存在图解第六个大时期的物种，是生存在第五个时期的物种的变异后代，而且是第七个时期更加变异了的物种的祖先；因此，它们在性状上几乎不会不是介于上下生物类型之间的。然而，我们必须承认，某些以前的类型已经全部灭绝，而且任何地方都有新类型从外地移入，在连续地质层之间的长久空白间隔时期曾发生过大量变异。有鉴于此，每一个地质时代的动物群在性状上无疑是介于前后动物群之间的。这里只要举出一个事例就可以了。当泥盆系最初发现时，这个系的化石立刻被学者们认为在性状上是介于上层的石炭系和下层的志留系之间的。但是，各个动物群并不一定完全介于中间，因为连续的地质层中有不等的间隔时间。

各个时代的动物群从整体上来看，在性状上是近乎承前启后的，某些属对于这一规律虽为例外，但不足以构成异议以动摇此说正确性。例如，福尔克纳博士曾把乳齿象和象按照两种分类法进行排列——先按照互相亲缘，再按照生存时代，结果两者并不符合。具有极端性状的物种不是最古老的或最近代的；具有中间性状的物种也不是属于中间时代的。但是在这种以及在其他类似的情形里，如果暂时假定物种的初次出现和消灭的记录是完全的，我们没有理由去相信连续产生的各种类型必定有对应的存续时间。一个极古的类型可能有时比外地后生的类型存续得更为长久，栖息在隔离区域内的陆栖生物尤其如此。以小喻大，如果把家鸽的主要现存族和灭绝族尽可能按照亲缘的系列加以排列，则这种排列不会与其产生的时间顺序密切一致，而且与其消灭的顺序更不一致：亲种岩鸽至今还生存着，而许多介于岩鸽和传书鸽之间的变种已经灭绝了；在喙长这一主要性状上站在极端的传书鸽，比站在这一系列相反一端的短嘴翻飞鸽发生得更早。

来自中间地质层的生物遗骸在某种程度上具有中间的性状，与这种说法密切关联的有一个事实，是古生物学者都主张的，即两个连续地质层的化石彼此之间的关系，远比两个远隔的地质层更为密切。匹克推特举了一个熟知的事例：来自白垩层的几个阶段的生物遗骸一般是类似的，虽然各个阶段中的物种不同。仅仅这一事实，由于它的一般性，似乎已经动摇了匹克推特教授物种不变的信念。凡是熟知地球上现存物种分布的人，对于密切连续地质层中不同物种的密切类似性，不会企图用古代地域的物理条件保持近乎一样的说法去解释的。请记住，生物类型，至少是栖息海里的生物类型，曾经在全世界几乎同时发生变化，所以变化是在极其不同的气候和条件下进行的。试想更新世包含着整个冰期，气候的变化非常之大，请注意海栖生物的物种类型所受到的影响却是何等之小。

密切连续地质层中的化石遗骸虽然列为不同的物种，但密切相似，其全部意义根据生物传承学说是显而易见的。因为各地质层的累积往往中断，并且连续地质层之间存在着长久的空白间隔，如前章阐明，我们不该期望在任何一两个地质层中找到在这些时期开始和终了时出现的物种之间的一切中间变种；但是我们在间隔的时间（用年来计量是很长久的，用地质年代来计量则并不长久）之后，应该找到密切近似的类型，即某些作者所谓的代表种；而且我们确能找到。总之，正如我们有权利所期望的那样，我们已经找到证据来证明物种类型的缓慢的、难觉察的变异。

论古代生物类型的发展状态。许多人在讨论，新近类型是否比古代更发达。我不想进入这个主题，因为学者们尚未有令对方满意的关于高级、低级类型的定义。但是，在一个意义上，我的理论认定新近的类型势必比古代的类型高级；每一个新物种都通过生活斗争中对先前的类型具有某种优势而形成。如果世界某地始新世的生物与同地或异地现存的生物在几乎相似的气候下进行竞争，始新世的动植物当然要败北消灭；正如第二纪的动物要被始新世的动物打败消灭，古生代的动物要被第二纪的动物所打败消灭一样。我不怀疑，相对于古代失败类型而言，这种提高过程明显可察觉地影响到了新近取胜的生命类型的体制，但我找不到测试这种进步的办法。例如，甲壳类在自己的纲里并不是最高级的，但能打败软体动物中最高级的。欧洲的生物近年来以非常之势扩张到新西兰，并且夺取了先前被占据的地方，据此我们认为，如果把大不列颠的所有动植物都放生到新西兰去，一大堆英国的生物类型会随着时间的推移在那里彻底归化，而且消灭许多土著的类型。另一方面，从新西兰现在发生的现象来看，鉴于很少有一种南半球的生物曾在欧洲的任何部分变为野生的，如果把新西兰的一切生物放生到大不列颠去，我们可能怀疑那里是否会有大量的品种成功夺取现在被英国动植物占据着的地方。从这种观点来看，大不列颠的生物要比新西兰的生物高级得多了。然而，最熟练的博物学者，根据两地物种的调查，并不能预见到这种结果。

阿加西斯坚决主张，古代动物在某种程度上类似于同纲的新近动物的胚胎，也即灭绝类型在地质上的演替与新近类型的胚胎发育有一点平行。我必须听从匹克推特和赫胥黎的想法，认为这种观点对不对远未证明。但我满心希望日后能够证实，至少是关于从属群方面的，这些群在新近的时期内相互分枝了。阿加西斯的这个学说与自然选择论不谋而合。下面章节将试图说明成体和胚胎的差异是由于变异在一个不很早的时期发生，而在相应年龄得到遗传的缘故。这种过程听任胚胎几乎保持不变，同时使成体在连续的世代中继续不断地增加差异。

因此，胚胎好像是自然界保留下来的一张图画，描绘着动物先前未大事变化过的状态。这种观点大概是正确的，然而也许永远得不到充分证明。例如，最古的已知哺乳类、爬行类和鱼类都严格地属于它们的本纲，虽然它们之中有些老的类型彼此之间的差异比今日同群的典型成员彼此之间的差异稍少，但要想找寻具有脊椎动物共同胚胎特性的动物大概是徒劳的，除非志留纪地层的最下部以下深处发现岩床，但发现这种地层的机会是很少的。

第三纪末期同一地域内同样模式的演替。许多年前，克利夫特（Clift）先生曾阐明，从澳洲洞穴内找到的化石哺乳动物与该洲的现存有袋类是密切近似的。南美洲拉普拉塔的若干地方发现的类似犰狳甲片的巨大甲片中，同样的关系也是显著的，外行人也可以看出。欧文教授曾以最动人的方式阐明，在拉普拉塔埋藏的大量化石哺乳动物，大多数与南美洲的模式有关系。伦德（MM. Lund）和克劳森（Clausen）在巴西洞穴里采集的丰富化石骨中，可以更明白地看到这种关系。这等事实给我的印象极深，便在 1839 年和 1845 年坚决主张这种“模式演替的法则”和“同一大陆上死亡者和生存者之间的奇妙关系”。欧文教授后来把这种概念扩展到欧洲大陆的哺乳动物上去。在这位作者复制的新西兰灭绝巨型鸟中，我们看到同样的法则。巴西洞穴的鸟类中也可看到同样的法则。伍德沃德教授曾阐明，同样的法则对于海栖贝类也是适用的，但是由于大多数软体动物分布广阔，所以并没有很好地表现出来。还可举出其他的例子，如马德拉的灭绝陆栖贝类与现存陆栖贝类之间的关系，以及咸海—里海（Aralo-Caspian）的灭绝与现存碱水贝类之间的关系。

那么，同一地域内同一模式的演替这个重要法则意味着什么呢？如果有人把同纬度下澳洲和南美洲某些地方的现存气候加以比较之后，就企图以不同的物理条件来解释这两个大陆上生物的不同，而另一方面又以相同的条件来解释第三纪末期两个大陆上同一模式的一致，那么，他可以算是大胆了。也不能断言有袋类主要或仅仅产于澳洲，贫齿类以及其他美洲模式的动物仅仅产于南美洲，是不变的法则。因为我们知道，古代欧洲曾有许多有袋类动物栖住过；我在上述出版物中曾阐明美洲陆栖哺乳类的分布法则，从前不同于现在。从前北美洲非常具有该大陆南半部分的特性；南半部分从前也比今天更为密切近似北半部分。同样，根据福尔克纳和考特利（Cautley）的发现，我们知道印度北部的哺乳动物，从前比今天更为密切近似非洲。关于海栖动物的分布，也可以举出类似的事实来。

按照变异传承学说，同一地域内同样模式持久地但并非不变地演替这一伟大的法则，便立刻得到说明；因为世界各地的生物，在以后连续的时间内，显然都倾向于把密切近似而又有某种程度变异的后代遗留在该地。如果一个大陆上的生物从前曾与另一个大陆有很大的差异，那么它们的变异后代仍然会按照近乎同样的方式和程度发生差异。但是经过了很长的间隔期间以后，同时经过了容许大量互相迁徙的巨大地理变化以后，较弱的类型会让位给占优势的类型，而生物过去和现在的分布法则就不会一成不变了。

有人会嘲笑着问，我是否曾假定大懒兽以及亲缘大怪物在南美洲遗留了树懒、犰狳和食蚁兽作为退化的后代？这是完全不能承认的。这种巨大动物全部灭绝了，没有留下后代。但巴西的洞穴内有许多灭绝物种在大小和其他性状上与南美洲现存物种密切近似；这等化石中的某些物种也许是现存物种的真实祖先。大家千万不要忘记，按照我的理论，同属的一切物种都是某一物种的后代，所以，如果有各具八物种的六个属见于一个地质层中，而且有六个具有同样八物种的其他亲缘或代表的属见于后面连续的地层中，那么，我们可以断言，各个较老的属只有一个物种留下了变异后代，构成六个新属，各个老属的其他七个物种皆归灭亡，没有留下后代。还有更普通的情形，即六个老属中只有两三个属中的两三个物种是六个新属的双亲，其他老物种和其他老属全归灭绝。在衰微的目里，如南美洲的贫齿类，属和物种的数目都在减少，所以只有更少的属和物种能留下变异的嫡系后代。

前章和本章提要。我曾试图阐明，地质记录是极端不完全的；地球只有一小部分做过细密地质学调查，只有某些纲的生物在化石状态下大都保存下来；博物馆里保存的标本和物种的数目，即使与区区一个地质层中所经历的世代数相比也完全等于零。由于沉陷对富含化石而且厚到足以经受未来陵削作用的沉积物的累积是必要的，连续地质层之间必有长久的间隔期间；在沉陷时代大概有更多的灭绝生物，在上升时代大概有更多的变异而且记录也保存得最不完全；各个单一的地质层不是连续沉积起来的；各个地质层的持续时间与物种类型的平均寿命比较起来，大概要短些；任何一个地域、地质层中，迁徙对于新类型的初次出现，是有重要作用的；分布广的物种是变异最频繁的、最常产生新种的物种；变种最初往往是地方性的。如果把所有这些原因结合起来看，必定会搞得地质记录极不完整，而且可大致说明为什么我们没有发现中间变种以极微细级进的步骤把一切灭绝和现存的生物类型联结起来。

凡是不接受关于地质记录性质的本观点的人，当然拒绝我的全部理论。他会徒劳地发问，以前想必把同一个大地质层内若干阶段中发现的密切近似物种或代表物种连接起来的无数过渡环节在哪里呢？他会不相信连续地质层之间一定要经过悠久的间隔期间；他会在单独考察任何一个大区域如欧洲的地质层时，忽略了迁徙起着何等重要的作用；他会极力主张整个物种群分明是（往往是假象）突然出现的。他会问，必有不计其数的生物生活在志留系第一个岩床沉积起来以前很久，但遗骸在哪里呢？我仅能根据以下的假设来回答这最后的问题，即今日海洋所延伸的地方，海洋已经存在了极长久的期间，而上下升降着的大陆在其今日存在之处，自志留纪开始以来就已经存在了；而远在志留纪以前，这个世界呈现了完全不同的景象；由更古地质层形成的古大陆，今日仅以变质状态的遗物存在，或者还埋藏在海洋之下。

撇下这些难点，我看古生物学其他的主要重大事实便与通过自然选择的生物变异传承学说相符了。我们就可以理解，新物种为什么缓慢而连续地产生；为什么不同纲的物种不一定一起发生变化，以同等速度、同等程度发生变化，然而长远看一切生物毕竟都发生了某种程度的变异。老类型的灭绝差不多是新类型产生的必然结果。我们能够理解为什么一个物种一旦消灭就永不再现。物种群在数目上的增加是缓慢的，存续时期也各不相等；变异的过程必然是缓慢的，取决于许多复杂的偶然事件。属于优势大群的优势物种倾向于留下许多变异后代，由此形成新的亚群和群。新群形成之后，低活力群的物种，由于从共同祖先那里遗传到劣根性，倾向于一起灭绝，不在地面上留下变异后代。但是物种全群的彻底灭绝往往是极缓慢的过程，因为有少数后代会在被保护的孤立场所残存下来。群一旦完全灭绝，就不再出现；世代的连锁环节已经断了。

我们能够理解为什么变异最频繁的优势类型，长远看倾向于以亲缘的变异后代分布于世界，一般都能够成功取代生存斗争中的劣势群。因此，经过长久的间隔期间之后，世界上的生物便呈现曾经同时发生变化的样子了。

我们能够理解，为什么古今一切生物类型汇合起来成为一个大系统，它们统统世代相连。我们能够理解，由于性状分歧的连续倾向，为什么类型越古，一般与现存类型的差异越大；为什么古代的灭绝类型常倾向于把现存物种之间的空隙填补起来，往往把先前被分作两个不同的群合而为一；但更普通的是只把它们稍微拉近一些。类型越古，在某种程度上越常常呈现在不同的群之间的中间性状；因为类型越古，与广为分歧之后的群的共同祖先越接近，从而越相似。灭绝类型很少直接介于现存类型之间，而仅是通过许多不同的类型采取漫长而迂回曲折的路径。我们能清楚地看到，为什么密切连续的地质层的生物遗骸比遥远地质层亲缘更密切，因为被世代更密切地联结在一起之故。我们能清楚地看到，为什么中间地质层的生物遗骸具有中间性状。

世界历史上各个连续时代内的生物，在生活竞赛中战胜了祖先，等级上也相应地提高了，这可以说明很多古生物学者模糊不清的观点——体制整体上进步了。灭绝的古代动物在某种程度上都与同纲中近代动物的胚胎相类似，如果今后能证明这一点，事实便会豁然开朗。晚近地质时代中同一结构模式在同一地域内的演替就不再神秘了，根据传承原理，可以干净利落地加以解释。

这样，如果地质记录如我相信的那样不完全，至少可以断定这记录不能被证明更加完全，那么对于自然选择学说的主要异议就会大事化小小事化了。另外，我认为，古生物学的所有主要法则明白地宣告了，物种是由普通的生殖产生出来的：老类型被改进了的新生物类型所淘汰，那是我们周围仍然起作用的变异法则所致，并且由“自然选择”保存了下来。

第十一章

地理分布

现今的分布不能用物理条件的差别来解释——障碍物的重要性——同一大陆上生物的亲缘——创造的中心——由于气候的变化、土地高低的变化及偶然途径的散布方法——冰期中的散布，与世界的分布一样广。

考察地球表面的生物分布时，我们注意的第一件大事便是，各地生物的相似或不相似都不能全部用气候等物理条件来解释。近来，几乎每一位研究这个问题的作者都得出了这种结论。仅仅美洲的情形差不多就足以证明这种结论的正确性了；因为，如果排除北极地区几乎是连续的陆地，所有作者都赞同新旧世界之间的区分是地理分布的最基本分界之一；然而，如果在美洲的广袤大陆上旅行，从美国的中部到最南端，将会遇到极多样的物理条件：潮湿不堪的地区、干燥的沙漠、巍巍的高山、草原、森林、沼泽地、湖泊和大河，均处于各种温度的条件下。旧世界几乎没有一种气候或外界条件不能与新世界相平行——至少接近同一物种的一般需要，因为一群生物局限在具有稍微特殊条件的小区域里的现象，还很少见。例如，旧世界里有些小块地方比新世界的任何地方更热，但这里的动植物群并不奇特。尽管旧世界和新世界的条件具有这种平行现象，它们的生物却是何等的不同啊！

在南半球，如果我们把南纬 25° 到 35° 的澳洲、南非洲和南美洲西部的广袤陆地加以比较，将会看出一些地方在一切条件上都是极端相似的，然而不可能指出更加决然不同的 3 种动植物群了。我们再把南美洲的南纬 35° 以南、25° 以北的生物加以比较，因而气候条件相当不同；然而两者的相互关系比它们和气候相近的澳洲、非洲的生物之间的关系，更加无比地密切。关于海栖生物，我们也可举出类似的事实。

在进行回顾的时候，我们注意到的第二件大事是，阻碍自由迁徙的任何种类的障碍物，都与各地区生物的差异有密切而重要的关系。我们从新旧两个大陆几乎所有陆栖生物的重大差异中，可以看到这一点，不过北部地方是个例外，那里的陆地几乎连接，气候差异也微小，北温带地方的类型大概可以自由迁徙的，就像严格的北极生物目前所进行的那样。我们在同纬度下的澳洲、非洲和南美洲生物之间的重大差异中，也可以看到同样的事实：因为这些地方的相互隔离几乎登峰造极。在各个大陆上，我们也看到了同样的事实；在巍峨而连续的山脉、大沙漠，甚至大河的两边，我们可以看到不同的生物；虽然，由于山脉、沙漠等并不像隔离大陆的海洋那样无法逾越，也不像海洋持续得那样长久，所以同一大陆上生物的差异比起不同大陆程度要低得多。

关于海洋，我们可以看到同样的法则。没有比中、南美洲东西海岸的海栖动物差别更大了，没有一种鱼类、贝类、蟹类是相同的；但两个大动物群仅仅为巴拿马地峡所分割，狭小但无法逾越。美洲海岸的西方展开了广阔无边的海洋，没有迁徙者可以停脚的岛屿；在这里看到另一种障碍物，一越过这里，我们就在太平洋东部诸岛那里遇到别种完全不同的动物群。所以三种海栖动物群在相同的气候下，形成彼此相距不远的平行线，而分布到遥远的北方和南方；但是，由于被不可逾越的陆地或大海这样障碍物所隔开，是完全不同的。另一方面，从太平洋热带地方的东部诸岛再向西行，就不再遇到不可逾越的障碍物，那里有可以作为停脚处所的无数岛屿，经过半个地球的旅程后，便到达非洲海岸；在这广阔的空间，我们不会遇到断然不同的海栖动物群。虽然在上述美洲东部、美洲西部和太平洋东部诸岛的三种相近动物群中，没有一个贝类、蟹类、鱼类是共同的，但是还有许多鱼类从太平洋分布到印度洋，而且在几乎完全相反的子午线上的太平洋东部诸岛和非洲东部海岸，还有许多共同的贝类。

第三件大事，一部分已包括在上述的叙述里，是同一大陆、海洋里的生物都具有亲缘关系，虽然物种本身在不同地点和场所是不相同的。这是一个具有最广泛普遍性的法则，每一个大陆都有了无数的事例。然而学者在旅行时，譬如说从北到南，总是惊异于亲缘密切而物种不同的连续生物群逐次更替，会听到密切近似而种类不同的鸟唱着近似的调子，会看到它们的巢构造相似却不同，卵的颜色亦是如此。麦哲伦海峡附近的平原上，栖息着美洲鸵鸟（*Rhea*）的一个物种，而在以北的拉普拉塔平原栖息着同属的另一物种；但没有像同纬度上非洲和澳洲那样的真正鸵鸟或鸸鹋（emu）。在同一拉普拉塔平原上可看到刺鼠（agouti）和绒鼠（bizcacha），和欧洲野兔和家兔的习性大同小异，而且都属于啮齿类的同一个目，但是构造上显然呈现美洲的模式。登上巍峨的科迪勒拉峰，可看到绒鼠的一个高山种；注视河流，看不到海狸（beaver）或麝鼠（musk-rat），但可看到海狸鼠（coypu）和水豚（capybara），都是南美洲模式的啮齿类。不胜枚举啊。如果我们观察一下美洲海岸的岛屿，不管地质构造多么不同，但其生物本质上都是美洲模式，哪怕全是特殊的物种。如同前章所说的，我们可以回顾一下过去的时代，会看到美洲模式的生物当时在美洲大陆上和海洋里都是占优势的。在这等事实里我们看到某种深入的有机联系透过时空、遍及水陆的同一地域且与物理条件无关。学者如果不想深究这种联系是什么，一定是缺乏好奇心。

按照我的理论，这种联系就是传承，据我们确切知道的来说，单单这个原因就会使生物彼此十分相像，或者如在变种里所看到那样，使它们彼此近乎相像。不同地区生物的不相像，可以归因于通过自然选择的变异，其次大概要归因于不同的物理条件的直接影响。不相像的程度，取决于占优势的生物类型在或短或长的遥远时期内，从一处到另一处地方的迁徙多少受到了有效的阻碍；取决于先前移来的生物的性质和数量，取决于生活斗争中生物之间的相互作用反作用；如我前面常提起的，生物和生物的联系是重中之重的关系。这样，障碍物由于制约迁徙，便发挥出高度的重要性，正如时间对于通过自然选择的缓慢变异过程所发挥的作用一样。分布广、个体多而且已经在它们广布的家乡里战胜了许多竞争者的物种，当扩张到新地方的时候，有取得新地位的最佳机会。在新家乡，它们会遇到新条件，而且会常常进一步变异和改进，这样就能得到进一步的胜利，并且产生成群的变异后代。依据这种变异传承原理，我们就能理解为什么属的一部分，全属，甚至一科会如此普遍和显著地局限在一个地方。

如前章所述，我不相信有必然发展的法则存在。各物种的变异性都有其独立性质，并且只有在复杂的生活斗争中有利于个体的时候，才能被自然选择所利用，所以不同物种的变异量不是整齐划一的。如果有若干物种经过直接的互相竞争后，集体地移进一个新的后来成为孤立的地方时，就很少发生变异；因为移动和孤立本身并不起任何作用。只有使生物相互间发生新的关系，并且以较小的程度与周围的物理条件发生新的联系时，这些原则才会起作用。如前章所述，有些生物类型从极遥远的地质时代起就保持了差不多相同的性状，所以某些物种曾在广大的空间内迁徙，但未发生大变异。

按照这种观点，同属的若干物种虽然栖息在世界上相距极远的地方，但因都是从同一个祖先传下来的，原先一定是在同一个原产地发生的。至于那些在整个地质时期里很少变化的物种，我们不难相信它们都是从同一地移来的；因为自古以来，在地理上和气候上的巨变期间，几乎任何大量的迁徙都是可能的。但是在许多其他情形里，有理由相信同一属的诸物种是在比较近代的时期内产生的，对这方面的解说就极难。同样显然地，同种的个体虽然现今栖息在相距很远而孤立的地方，但一定来自双亲最初产生的地点，因为，前章已经说明，从不同物种的双亲通过自然选择产生一模一样的个体是不可信的。

我们现在看学者们宽泛讨论过的问题，即物种系在地球表面上一处，还是在多处创造出来的呢。至于同一物种如何从一处地方迁徙到今日所看到的那样相距很远而孤立的若干地方，无疑是极难理解的。然而，每一个物种最初产生在一处地方的这种简单观点使人神往，排斥这种观点的人，也就排斥了普通的发生以及其后迁徙的真实原因，并且会把神迹的作用招引进来。普遍承认在大多数情形下，一个物种的栖息地总是连续的；如果一种动物栖息在相距很远的两处地方，或者具有迁徙时不易通过的中间地带的两处地方时，那么这种事情就被认为是值得注意的例外。迁徙时跨越大海的能力，显然仅限于陆栖哺乳动物，非任何其他生物所能及，因此同一哺乳动物栖息在相距很远的地方并不难解。大不列颠具有和欧洲其他大陆相同的四足兽类，没有一个地质学者觉得有什么难解，因为两地一度是相连的。但是，如果同一物种能在隔开的两地产生，那么为什么看不见一种欧洲和澳洲或南美洲共有的哺乳动物呢？生活条件是近乎相同的，所以许多欧洲的动植物已在美洲和澳洲归化了；而且在南北半球的这等相距很远的地方也有若干完全相同的土著植物。我认为，回答是某些植物由于有各种散布方法，曾经移徙过了广阔而断开的中间地带，但哺乳动物无法迁徙。各种障碍物对分布有重大而显著的影响，只有大多数的物种产生在障碍物的一边，而不能迁徙到另一边的这种观点，才能解释这种现象。少数科，许多亚科，很多属，更多数目的属的分部，只局限在单一地方；若干学者曾经观察到，最自然的属，即其物种的相互联系最密切的那些属，一般都局限在同一地。我们更下去一步，即下到同种的个体，如果有正相反的法则，物种并不局限于一地，而产生于两个以上地方，这将是何等奇怪的反常啊！

于是，就像许多其他学者一样，我认为各个物种仅在一地产生，以后在过去和现在的条件下按其迁徙和生存能力所及之处，再从该地迁徙出去，这种观点可能最有道理。无疑，在许多情况下，我们无法解释同一物种怎么能从一地移到另一地，但是在最近的地质时期肯定发生过地理气候变化，想必会打破许多物种从前的连续分布，弄得不连续了。所以我们不得不考虑到，分布连续性的例外是否足够多，性质是否严重，致使我们放弃从一般考察看来是可能的那一观点——各个物种都是在一个地区内产生，并且尽可能远地从那里迁徙出去。如把现在生活在相距很远的隔离地点的同一物种的所有例外情况都加以讨论，实在是不胜厌烦，我也从来不妄言能给许多事例提出任何解释。但是，几句引言以后，我要对少数最显著的事实提出讨论；即相距很远的山顶上以及北极、南极相距很远的地点生存同一物种；其次，淡水生物的广阔分布（见下章）；最后，同一陆栖物种出现在数百英里大海隔开的岛屿及其大陆上。同一物种生存在地球表面上相距很远而孤立的地点，这件事如果能在许多事例中根据各个物种从一个单一的产地迁徙去的这种观点加以解释，那么，考虑到我们对于从前气候地理的变化以及各种一时的输送方法一无所知，我看单一产地是普遍法则的观点，是无比稳妥的。

讨论这个问题，就能够同时考察对于我们同等重要的一件事，即同属若干物种（依我的理论必然都是从一个共同祖先传下来）是否从祖先栖息的地区进行迁徙，而且在迁徙的某段时间发生变异。栖息一地的大多数物种与另一地的物种密切近似或者属于同属，如果可以表明一地大概在以往的某一时代接受过另一地的生物，是几乎不变的事实，那我的理论就更加巩固了；因为依据变异原理，我们可以清楚地理解，为什么一地的生物与另一地相关，相互往来。例如，距离大陆几百英里之处隆起，形成的火山岛，随着时间的推移，大概会从大陆接受少数的生物，而它们的后代虽已变异，但因遗传仍会和大陆的生物明显有关系。这种性质的个案是普遍的，并且如以后还要进一步看到的，用独立创造的理论无解。一地的物种和另一地有联系的这种观点，与华莱斯先生最近雄文所主张的大同小异（用变种一词代替物种），他还在文中断言："各个物种的产生，和以前存在的密切近似的物种在空间时间上都是一致的。"通过通信，我现在已明白，他把这种一致归因于伴随着变异的传承。

前面"创造的中心单一还是多个"的话题，和另一个近似的问题并没有直接关系——即同种的所有个体是否从一对配偶传下来的，是否从一个雌雄同体个体传下来的，或者如某些作者所设想的那样，是从许多同时创造出来的个体传下来的。关于从不杂交的生物（如果存在），依我看，各个物种一定是从连续改进的变种传下来的，变种曾经互相淘汰，但决不和其他个体或变种相混合；所以，在变异改进的每一连续阶段，同一变体的一切个体都是从单一亲体传下来的。但在大多数情形下，即每次生育时习惯上须行交配和经常进行杂交的一切生物，我认为同种的个体在缓慢的变异过程中，会因互相杂交而差不多保持一致；许多个体会同时进行变化，并且在每一阶段上变异的全量不会是只从单一亲体传下来的。举一个实例来说明我的意思：英国的赛马和每一个其他马品种都略不相同，但是它们的异点和优越性并不是单从任何一对亲体传下来的，而是归功于每一世代中对于许多个体继续进行了仔细的选择和训练。

我在上面选出了三类事实，作为“创造的单一中心”学说的最大困难问题，在讨论它们之前，必须稍微说一说散布的方法。

扩散的方法。赖尔爵士等作者已经精干地讨论了这个问题。我在这里只能举出重要事实的最简单的摘要。气候变化对于迁徙一定有过强有力的影响。一地在从前气候不同的时候，大概曾经是迁徙的大路，今日却不能通过，下面对于这方面的问题不得不细论。陆地水平的变化一定也曾有过重要的影响：狭窄的地峡现在把两种海栖动物群隔开；如果地峡在水中沉没，或者曾经沉没过，两种动物群就会混合在一起，或者从前混合过了。今日的海洋所在之处，在以前的时代或有陆地把岛屿，甚至可能诸大陆连接在一起，陆栖生物就可以从这地跑到别地去。陆地水平的巨大变化，曾经发生在现今生物的存在期间，没有地质学者争论过这一点。福布斯主张，大西洋的一切岛屿，在最近的过去一定曾与欧洲或非洲相连，并且欧洲也与美洲相连。其他的作者们就这样假想各海洋都有过陆路可通，而且几乎把每一个岛屿与某大陆连接在一起。如果福布斯的论点果然可信的话，那么我们必须承认，几乎没有一个岛屿在最近的过去是不和大陆相连的。这一观点便可快刀斩乱麻似的解决同一物种分布到相距极远的地点的问题，而且消除了许多难点；但据我所能判断，我们无权承认现今物种存在的期间有过这样巨大的地理变化。在我看来，关于陆地水平的巨大变动固然有丰富的证据，但是并没有证据证明其位置和范围有过重大的变化，以致在近代彼此相连，且和各个中间海岛相连。我直率地承认，先前有过许多岛屿现在沉海了，而从前可能作为动植物迁徙时的歇脚地点。在产生珊瑚的海里就有这种沉下的岛屿，现今上面有珊瑚环，即环礁（atolls）作为标志。总有一天，我们会承认各个物种曾是从单一的产地产生的，充分承认这一点，并且随着时间的推移，在我们知道了关于分布方法的确实情形时，就能稳妥地推测从前陆地的范围了。但我不相信将来能够证明今日天各一方的许多大陆在近代曾连续地，或者差不多连续地连在一起，并且和许多现存的海岛连在一起。若干关于分布的事实，例如在几乎每个大陆两边，海栖动物群存在巨大差异；若干陆地甚至海洋的第三纪生物和该处现存生物有密切关系；哺乳动物和海洋深度有某种关系（以后还要讲到）。依我看，这类事实都和近代曾发生过极大的地理变化的说法正相反，而这种变化对于福布斯所提出并被其追随者所承认的观点必不可少。依我看，海岛生物的性质及其相对的比例，也与海岛从前曾与大陆相连这一观点正相反。况且岛屿几乎普遍都有火山的成分，这也不能支持都是大陆沉没后残遗物的说法；如果原来作为大陆的山脉而存在的话，那么，至少有些岛会像其他山峰那样是由花岗岩、变质片岩、古代化石岩等岩石所构成，而不单是由火山物质叠积而成。

现在我必须对所谓意外的分布法说几句话，其实叫偶然的分布法更为适当些。这里单说植物。植物学著作常常说这种或那种植物不适于广泛传播；但是，关于跨海输送难易可以说几乎一无所知。伯克利先生在帮助我做几种试验前，甚至连种子对海水损害作用有多大的抵抗力也不知道。我惊奇地发现，在 87 种种子中有 64 种浸泡 28 日后还能出芽，并且有少数浸泡 137 日后还能成活。为了方便起见，我主要试验了没有蒴或果肉的小种子；这些种子几天之后都沉下去了，所以无论是否会受海水的损害，都不能漂浮过广阔的海面。后来，我试验了一些较大的果实和蒴等，其中有些能漂浮很长时间。众所周知，新鲜木材和干燥木材的浮力大不同；而且我发现洪水往往把植物或枝条冲下来，在海岸上晒干，然后溪水泛滥再把它们带入海里。于是，我把 94 种植物带有成熟果实的茎和枝加以干燥，然后放到海水里去。大多数植物很快就沉下去了，但是有些在新鲜时只能漂浮短时间，干燥后却能漂浮很长的时间。例如，成熟的榛子即刻便会沉下，但干燥后却能漂浮 90 日，而且种子以后还能发芽；带有成熟浆果的石刁柏（*Asparagus*）能漂浮 23 日，干燥后却能漂浮 85 日，而且种子以后还能发芽；苦爹菜（*Helosciadium*）的成熟种子两日便沉下，干燥后大约能漂浮 90 日，而且以后还会发芽。总计起来，这 94 种干植物中有 18 种能漂浮 28 日以上，其中有些还能漂浮更久。这就是说，$\frac{64}{87}$的种子浸水 28 日后还能发芽；并且$\frac{18}{94}$带有成熟果实的植物（与上述试验的物种并不完全相同）干燥后能漂浮 28 日；所以，如果从这些贫乏的事实能够做出任何推论的话，我们便可断言，任何地方 14% 种植物种子大概能漂流 28 日，而且还会保持发芽力。约翰斯顿（Johnston）的“地文图”上表明，若干大西洋流的平均流速一昼夜为 33 英里（有些海流的速率为每日 60 英里）；按照这种平均速度，一地可能有 14% 种植物的种子漂过 924 英里的海面而达到另一地，而且搁浅之后如果有向陆风将其吹到适宜的地点，大概还会发芽。

继我的试验以后，马滕斯（M. Martens）也进行了相似试验，不过方法更好，把种子放盒子里，漂浮在海上，所以种子有时浸湿有时暴露在空气中，就像真的漂浮植物一般。他试验了 98 类种子，大多数和我的不同，但是所选用的是许多大果实和海边植物的种子，可以延长平均漂浮时间并加强对海水损害作用的抵抗力。另一方面，他没有事先使带有果实的植物或枝条干燥；如我们说过的，干燥可以使某些植物漂浮得长久些。结果是，$\frac{18}{98}$的种子漂浮了 42 日，而且以后还能发芽。但是我并不怀疑暴露在波浪中的植物，比起我们的试验中不受剧烈波动影响的植物，漂浮时间要更短些。所以，我们大概可以更稳妥地假定，一个植物区系的10%种植物的种子，干燥之后大概可以漂过900英里宽的海面，而且还能发芽。大果实常比小果实漂浮得更长久，这是有趣的，因为具有大种子、大果实的植物很难由其他任何方法来输送；德康多尔阐明，这种植物在分布范围上一般是有限的。

种子有时候可由另一种方法来输送。漂流木常被冲到很多岛上，甚至位于最广阔的大洋中央的岛上去；太平洋珊瑚岛上的土人专从漂流木的根间搜求做工具用的石子，这种石子竟作为贵重的税品。我细观后发现形状不规则的石子嵌在树根中间时，间隙里和石子后面常常藏着小块泥土——完全严密地包藏在里边，极长久的运输期间也不会有一点冲洗出去；一株约50年生橡树的根间，严密地藏有一小块泥土，小泥土上有3株双子叶植物发芽了：我肯定这个观察是准确的。我还可以指出，鸟的尸体漂浮在海上，有时不致即刻葬身鱼腹，这种漂流鸟的嗉囊里有许多种类的种子，很久还保持活力，例如豌豆和大巢菜浸在海水里只要几天便死去；但是在人造海水中漂浮过30日的鸽子的嗉囊内，种子几乎全能发芽，这使我惊奇。

活鸟运输种子，不失为高度有效的媒体。我能够举出许多事实来表明，许多种类的鸟常常被大风吹过很远的海面。我看可以稳妥地假定，在这种情形下，飞行时速常常是35英里；有些作者做过更高的估计。我从未见过养分丰富的种子能通过鸟肠的事例；但是坚果种子甚至能通过火鸡的消化器官而不损坏。在这两个月期间，我在花园里从小鸟的粪便里检出了12个种类的种子，种子看上去都是完好的，我试验了一些，它们还能发芽。但是下述的事实更加重要：鸟的嗉囊并不分泌胃液，而且根据我的试验，这一点也不会损害种子的发芽力；鸟看到大批的食物饱餐后，可以肯定地断言，谷粒在 12 小时，甚至是 18 小时内，不会全部进入砂囊里。鸟在这一段时间里会轻易被风吹到 500 英里以外，而且我们知道，鹰是找寻疲态鸟的，被撕裂的嗉囊含有物很容易就此散布出去。布伦特先生告诉我，他的朋友曾经不得不放弃信鸽从法国到英国的放飞，因为英国海岸有鹰将刚到的信鸽大批杀死。有些鹰和猫头鹰把捕获物囫囵吞下，经过 12 到 20 小时的时间，吐出的食物团块中，我根据动物园所做的试验知道，还有能发芽的种子。有些燕麦、小麦、粟、加那利草（canary）、大麻、三叶草和甜菜的种子，在不同食肉鸟的胃里经过 12 到 21 小时之后还能发芽；两粒甜菜的种子经过两日又十四小时后，还能生长。我发现淡水鱼类吃多种陆、水生植物的种子，鱼常常被鸟吃掉，这样，种子就可能从一地输送到另一地。我曾把许多种类的种子塞进死鱼的胃里，随后拿给鱼鹰、鹳和鹈鹕去吃，隔了许多小时之后，鸟把种子集在小团块里吐出来了，或者跟着粪便排出去；排出的种子中若干还保持了发芽力。然而，有些种子经过这种过程之后总是死掉的。

鸟喙和鸟爪一般是清洁的，但我可以证明有时候也沾有泥土：有一次我曾从一只鹧鸪的脚上取出 22 粒干黏土，泥土中有一块大巢菜种子大小的小石子。所以有时候种子能输送得很远，有大量事实证明，泥土几乎都带有种子的。想想每年几百万鹌鹑飞过地中海，我们还能怀疑附着在鸟爪上的泥土有时候含有几粒小种子吗？这个问题下文再讨论。

我们知道冰山有时负载着土石，甚至挟带着树枝、骨头和陆栖鸟巢，所以不必怀疑，如赖尔所提出的，有时想必在北极区和南极区把种子从一地输送到另一地；而且在冰期，从现在的温带的一地把种子输送到另一地。相对于靠近大陆的大西洋其他岛屿上的物种来比较，亚速尔群岛有大量的植物物种和欧洲共通，相对于纬度，植物多少带有北方的性状（如沃森先生所说），我由此推测，这些岛屿上的部分种子是在冰期由冰带去的。我曾请求赖尔爵士写信给哈通（Hartung）先生，问他是否在那些岛上见过漂石，他回答，看到过花岗岩和其他岩石的巨大碎块，而这些岩石不是该群岛原来就有的。因此我们可以稳妥地推论，冰山曾把拖来的岩石卸在这海中群岛的岸上，岩石至少有可能带来了少数北方植物的种子。

考虑到这几种输送方法，以及今后无疑有待发现的其他输送方法，几多万年以来，年复一年地起着作用，我想，许多植物如果没有这样被广泛输送出去，简直是奇哉怪也。这种输送方法有时被称为意外的，但这说法不完全是正确的；海流不是意外的，盛行风的风向也不是意外的。这里应当注意，任何输送方法很少能把种子运到很远的距离，种子如受海水作用太久，就不能再保持活力，也不能在鸟类的嗉囊或肠子里长久携带。然而，这种方法却足以通过几百英里宽的海面，或者从这岛到那岛、从大陆到邻近的岛进行偶然的输送，但不能从一个相距很远的大陆输送到另一个大陆。相距很远的大陆上植物区系不会因这种方法而大事混淆起来，而仍然像今日看到的一样，保持着区分。海流由于走向，不会把种子从北美洲带到不列颠，但大概会而且实际把种子从西印度带到我国的西海岸，在那里，哪怕没有因长久的海水浸泡而死去，也不会忍耐我国的气候的。差不多每年总有一两只陆鸟被风吹过整个大西洋，从北美洲来到爱尔兰和英格兰的西海岸；但是这稀有的漂泊者只有一种方法可以输送种子，即附着在鸟爪的泥土里，而这本身却是罕见的意外。甚至在这种情形下，一粒种子落在适宜的土壤上而达到成熟，其机会是何等之少啊！但是，因为像大不列颠那样生物繁多的岛，根据现在所能知道的，在最近的几世纪内没有通过偶然的输送方法从欧洲或者任何其他大陆接纳过迁徙者（很难证明这一点），就主张生物贫乏的岛，离大陆更远，便不会用相似的方法接纳迁徙者，那就大错特错了。如果有 20 种种子或动物被搬运到一座岛上，纵使其生物远不如不列颠那样繁多，能很好适应新家乡而归化的，无疑不会多于一个种类。但在悠久的地质时期内，当那座岛正在隆起并且没有繁多的生物栖息以前，对于偶然的输送方法的效果，我看并不能做出有效的反对议论。在一座几乎不毛的岛上，只有少数或者没有破坏性的昆虫或鸟类生存在那里，差不多每一粒偶然来到的种子，如果气候适宜，都会发芽成活的。

冰期中的散布。在数百英里低地隔开的山顶上有许多相同的动植物，而高山种不能在低地成活，这是既知的关于同一物种生活在相距很远的地点而彼此间显然没有可能从一地迁徙到另一地的最显著事例之一。在阿尔卑斯或比利牛斯的积雪区和欧洲极北部分，有何等多的同种植物存在，这的确是值得注意的事实；但美国怀特山（White Mountains）上的植物和加拿大拉布拉多（Labrador）的植物完全相同，阿萨·格雷说，它们和欧洲最高山上的植物也几乎完全相同，这是更值得注意的。早在 1747 年，这样的事实就使葛美伦（Gmelin）断言同一物种一定是在若干不同的地点独立创造的；要不是阿加西斯等人唤起了对于冰期的注意，我们也许要停留在这种观点里的。冰期，如以后就要讲到的，可对此做简单的解释。几乎有各种各样的有机无机的证据来证明，在很近的地质时期内，欧洲中部和北美都是处于北极的气候之下的。苏格兰和威尔士的山岳用山腰的划痕、表面的磨光和翘起的漂石，表明那里的山谷以前曾经充满了冰川，这比火灾劫后的房屋废墟更清楚地说明以往的情形。欧洲气候的变化如此之大，以致意大利北部古代冰川所留下的巨大冰碛上，现在已经长满了葡萄和玉米。美国的大部分地方所看到的漂石和有冰川近岸冰划痕的岩石，这些均清晰地揭示出从前那里有寒冰时期。

从前，冰期气候对于欧洲生物分布的影响，如福布斯所清楚解释的，大致如下。但如果假定新冰期是慢慢而来的，随后就像从前的情形那样又慢慢过去，我们会更易追踪这变化。当寒冷到来，各南方地带适于北极生物，不适合以前的温带生物，后者遭淘汰，北方生物乘虚而入。同时温带生物南移，否则会被障碍所阻挡而死亡。山上雪冰遮盖，从前的高山生物降到平地来。寒冷达到极点时，清一色的北极动植物群会布满欧洲中部各地，向南直达阿尔卑斯和比利牛斯，甚至可以伸延到西班牙。现在美国的温带地区同样也布满北极动植物，而且和欧洲的动植物大致相同；因为我们假定曾向南方各地迁徙的现在北极圈的生物，在全世界都是显著一致的。我们可以假定北美的冰期来得比欧洲略早或略晚，所以朝南迁徙也略早或略晚，但对于最后的结果无关宏旨。

回暖，北极生物北退，后面紧紧跟着的是温带地区生物。当山脚下冰雪消融，北极生物遂占据融解清空的地方，温暖渐渐增加，渐渐向上迁移，这时候一部分兄弟则启程北去。因此，充分回暖时，曾经共同生活在欧洲和北美洲低地的同种生物，又再次见于新旧世界的寒冷地区，孤立于相距很远的山顶上了，低地上的北极生物则全部灭绝。

这样，我们就能理解在远隔万里的各地，如北美和欧洲的高山，为什么许多植物是相同的。这样，我们还能理解为什么各个山脉的高山植物与其正北方或近乎正北方的北极类型更是特别有关系：寒冷到来时的第一次迁徙以及温暖回还时的再迁徙，一般是向着正南和正北的。例如，苏格兰的高山植物，如沃森先生所说的，以及比利牛斯的高山植物，如雷蒙德（Ramond）所说的，和斯堪的纳维亚北部的植物特别相似；美国的和拉布拉多相似；西伯利亚山上的和俄国北极区相似。这种观点是以从前确有冰期为根据的，所以在我看来，它能极其满意地解释欧洲和美洲的高山植物以及北极植物现在的分布状况。因此，当我们在其他地区发现同一个物种生活在相距很远的山顶上，纵使没有其他证据，也几乎可以断定，寒冷的气候曾经允许它们通过中间低地进行迁徙，而现在中间低地已变得太暖和，不适于生存了。

如果冰期以来的气候比现在略温暖［某些美国地质学家主要根据条鳍鱼纲化石（Gnathodon）的分布，相信曾经出现过这种情形］，那么北极生物和温带生物会在晚近时期进一步向北方略进，然后后退到目前栖息位置；但我没有发现令人满意的证据，证明冰期以来有这种稍暖时期插入。

北极类型随着气候的变化，起初向南，后来再退北，长途迁徙时，遇到的气候不相上下；必须特别注意，是集体迁徙，所以相互关系不会受到很大的扰乱。因此，按照本书反复强调的原理，它们将不会发生很大的变异。但高山生物在温暖回还的时候就被隔离了，起初在山脚下，最终在山顶上，其情形就有些不同了；因为所有相同的北极物种都留在彼此相距很远的山脉中，而且能在那里生存是不可能的事情；它们还很可能和古代高山物种相混合，这些古代高山物种在冰期开始前想必已经生长在山上，并且在最冷的时期一定会暂时被驱逐到平地上来，还会受到多少不同气候的影响。它们的相互关系在某种程度上会因此受扰乱，结果容易发生变异；而且我们发现事实确是如此；如果我们拿欧洲几大山脉上现在的高山动植物来互相比较，虽然许多物种还是相同的，有些却已经成为变种，而有些则成为可疑的类型，更有少数成为代表各个山脉的密切近似但不相同的物种了。

在上述例证里，我描述了冰期的想象情景，假定冰期开始时，环绕北极地方的北极生物就像今日那样一致。但是上述关于生物分布的议论，不仅仅适用于严格的北极类型，而且适用于许多亚北极和某些北温带的类型，因为其中某些类型在今日北美洲和欧洲的平原以及低坡上是相同的；可以合理质问：我怎样解释冰期开始时全世界的亚北极和北温带类型必要的一致程度。目前，新、旧大陆的亚极带以及北温带的生物被整个大西洋和北太平洋隔开了。冰期中，新、旧大陆的生物居住在比现在更南的位置，想必更加完全地被更广阔的海洋隔开了。我认为，只要考察更早时期相反性质的气候变化，就可以克服上述的难点。我们有可靠的理由相信，在新上新世时期，冰期之前，世界上大多数生物在种一级上和今日是相同的，并且当时的气候要比今日暖和。因此，我们可以假定，今日生活在纬度 60 度气候之下的生物，在上新世却生活在纬度 66 度至 67 度北极圈下的更北方；而严格的北极生物当时则生活在更接近北极的中断陆地上。现在看一看地球仪，就可知道在北极圈下，有差不多连续的陆地从西欧通过西伯利亚一直连到美洲东部。这种环极陆地的连续性，使生物在较适宜的气候下可以自由迁徙，于是新、旧大陆的亚北极生物和北温带生物在冰期以前的必要一致性，便可得到解释。

根据上述各种理由，我们可以相信大陆虽然经过地面水平的巨大局部变动，但长久地保持了几乎相同的相对位置，我极愿意扩大上述观点，并做出推论，即在更早和最热的时期，例如旧上新世的时期，大量同样的动植物都栖息在几乎连续的环极陆地上，而且，无论新、旧大陆的动植物，在冰期没有开始之前很久，随着气候的逐渐变冷，开始慢慢南移。我认为，欧洲中部和美国看到的它们的后代大多数已发生了变化。根据这种观点，我们就能理解为什么北美洲和欧洲的生物之间的关系很少是相同的。如果考虑到两个大陆的距离以及它们被整个大西洋所隔开，我们就可以知道这是一个高度值得注意的关系。我们还能进一步理解某些观察者所提出的一件奇异事实：第三纪末期欧洲和美洲的生物之间的相互关系比今日更为密切；因为在这温暖的时期，新、旧大陆的北部差不多被陆地连接在一起，可以作为桥梁供两处生物迁徙，后来由于寒冷，桥梁就不通了。

上新世慢慢降温的期间，栖息在新、旧大陆的共同物种一旦向北极圈以南迁徙，相互之间就要完全隔绝。就温带生物来说，在很久的时期以前就发生了这种隔离。当动植物向南迁移，它们就会在一处大地区与美洲土著生物相混合，而且势必发生竞争；在另一处大地区则和旧世界的生物发生竞争。于是，各种事情都有利于发生大量变异——远比高山植物发生的变异为大，因为后者仅在极其近代的期间内被隔离在两个世界的若干山脉和北极陆地上。因此，比较新旧世界温带地区的现存生物时，我们只要找到很少数相同的物种（虽然阿萨·格雷最近指出两地植物相同的情况比从前推测的要更多），但我们在每一个大纲里可以找到许多类型，某些学者列为地理族，另外一些学者则列为不同的物种；还有大量密切近似的或代表的类型被所有学者列为不同的物种。

陆地上如此，海水里也是这样，海栖动物群在上新世，甚至在更早的期间沿着北极圈的连续岸边几乎一致地缓慢向南迁徙，根据变异的学说，我们便可解释今日完全隔离的海洋里生活的类型何以密切近似。这样，我想我们便能理解北美洲温带东西两岸有许多至今仍然生存的第三纪代表类型；还有更值得注意的个案，即许多密切近似甲壳类（如代那的大作所描述的）、栖息在地中海和日本海的某些鱼类以及其他海栖动物——地中海和日本海今日已被整个的大陆和半个地球的赤道海洋的所隔开了。

现在栖息在分隔海中，以及北美洲和欧洲的温带陆地的过去和现在不同物种之间的密切关系，用创造学说来解释是无解的。我们不能说，该地的物理条件相似，因而创造的物种也是相似的；因为，比方我们把南美洲的某些部分和南非洲或澳洲加以比较，便知道这些地方的一切物理条件都是密切相似的，但其生物却完全不相似。

我们必须回到更直接的冰期主题。我相信福布斯的观点大可扩展。在欧洲，从不列颠西海岸到乌拉尔山脉，并且南到比利牛斯山，我们可以看到冰期最明显的证据。根据冰冻的哺乳动物和山岳植被的性质，我们可以推论出西伯利亚也曾受过相似影响。沿着喜马拉雅山，在距离 900 英里的各地，冰川留下了从前下泻的痕迹；胡克博士在锡金看到过玉蜀黍生长在古代的巨大冰碛上。赤道以南，我们拥有新西兰有过冰川作用的直接证据；该岛上距离很远的山上发现有同样的植物，也说明了同样的情况。如果发表的单例可信，那么我们便拥有了澳洲东南角有冰川活动的直接证据。

再看美洲；北美大陆的东侧，南至北纬 36 度至 37 度处，曾发现冰川带来的岩石碎片，在气候已经大变的太平洋沿岸，南至北纬 46 度的地方也有，落基山脉也看到过漂石。在近赤道的南美科迪勒拉山，冰川一度远远扩张到今日的高度以下。我在智利的中部吃惊地看到一个巨大岩屑堆结构，高度 800 英尺左右，横跨安第斯山脉的山谷，我现在确信这是巨大的冰碛，遗迹比任何现有冰川都低得多。这个大陆两边的更南方，从南纬 41 度到最南端，有巨大漂石是从遥远的原产地运来的，这里有从前冰川活动的最明显证据。

我们不知道冰期在世界反面的这几个遥远地点是严格同时的，但我们在几乎每一个个案中都有充分证据，冰期属于最后的地质年代之内。我们还有个很好的证据，在每个地点，用年度量，冰期持续了很久的时间。在不同地点，冰期的出现、结束有早有晚，但考虑到在每个地点冰期持续得很久，而且按照地质学的意义来说都是属于近代的。依我看，冰期至少在部分时期，全世界实际上是同时发生的。没有明确的相反证据，我们至少可以承认，北美的东西两面，在赤道和暖和的温带科迪勒拉山，以及美洲最南端的两面，冰川作用是同时的。如果承认这一点，我们不可避免地要认为，全世界的温度，在冰期曾经同时降低。但是，如果沿着某些经线宽条带同时降低温度，就足够满足我的目的了。

根据整个世界从北极到南极同时降温的这个观点，至少是经线宽条带同时降温，就可以大大有助于说明相同和亲缘物种的现今分布情况。在南美洲，胡克博士曾阐明，火地岛的显花植物（在该地贫乏的植物群中构成了不小的部分）有四五十种和欧洲植物相同，而且存在许多密切近似的物种，尽管两地相距遥远。在赤道下的美洲高山上，生有大群属于欧洲属的特殊物种。在巴西的最高山上，加德纳（Gardner）看到几个欧洲的属，它们却不生长于中间广袤的热带地方。在加拉加斯（Caraccas）的西拉（Silla）山上，著名的洪堡很久以前就发现了属于科迪勒拉山的特有属的物种。在非洲阿比西尼亚的山上，有若干欧洲的类型以及好望角的特有植物群的少数代表。在好望角，有极少数的欧洲物种可以相信不是人为引进的，并且山上有不见于非洲热带地方的若干欧洲代表类型。在喜马拉雅山，在印度半岛与外界隔离的山脉上，在锡兰的高地上，以及在爪哇的火山顶上，生长有完全相同或彼此代表，并且同时代表欧洲，但不见于中间炎热低地的许多植物。爪哇的高峰上所采集的各属植物目录，竟是欧洲小丘上采集物的百草图！还有更动人的事实，生在婆罗洲山顶上的某些植物竟明确代表南澳洲类型。我听胡克博士说，某些澳洲类型沿着马六甲半岛高地扩张出去，一面稀疏地散布在印度，一面向北去，直达日本。

在澳洲南方的山上，米勒博士曾发现过若干欧洲的物种；不是人为引进的其他物种则生长在低地；胡克博士告诉我，见于澳洲但不见于中间炎热地方的欧洲植物属可以列成一个长目录。胡克博士的力作《新西兰植物区系概论》里，关于该大岛的某些植物也举出了类似和动人的事实。因此，我们知道某些生长在世界各地热带的较高的高山上的植物，以及生长在南北温带平原上的植物，有时候一模一样，但大部分不是同一物种，却显而易见相互有亲缘。

这简单的叙述只适用于植物；但在陆栖动物分布方面，也可举出一些严格类似的事实。海栖动物中也有同样的情形；我愿援引最高权威代拿教授的一段叙述为例："新西兰和大不列颠处在地球上的对趾点，但是两地甲壳类的密切相似，超过其他任何部分，这的确妙不可言。"理查森爵士也说，在新西兰、塔斯马尼亚（Tasmania）等海岸，有北方的鱼类重现。胡克博士告诉我说，新西兰和欧洲有 25 个藻类的物种是共通的，但它们不见于中间的热带海中。

我们应该注意，南半球的南部、热带区域的山脉上发现的北方物种和类型，不属于北极，而属于北温带。沃森先生最近说："高山植物系从北极向赤道退却时，其实变得越来越不属于北极了。"许多生长在温暖区域山上以及南半球的类型，其价值是可疑的，被某些学者列为不同物种，而被另一些学者列为变种；但有一些肯定与北方类型相同，而许多与北方类型密切相关的，则必须列为物种。

下面看看若接受大批地质学证据支持的观点会得到什么启发，让我们同意，在冰期整个世界，或者世界大部分，比现在同时寒冷得多。冰期，如用年代来计算，必然是极长久的；我们如果记得某些归化的动植物在数百年内曾经分布到何等广大的空间，那么，这一时期对于任何数量的迁徙都将是绰绰有余的。当寒冷渐渐增强，所有热带动植物从两边退向赤道，后面跟着温带生物，再后面是北极生物，但后者我们现在不考虑。热带植物可能大量灭绝，究竟会灭绝多少，则无人可知。也许以前的热带所支持的物种与现在所见拥挤在好望角和澳洲温带部分地方的一样多。我们知道，许多热带动植物可以承受相当程度的寒冷，在降温的情况下逃过灭绝厄运，特别是躲藏到最热的地点。但我们必须记住的要点是，所有热带生物都会或多或少受到灾祸。另一方面，温带生物迁入赤道地带，尽管会处于比较新的环境，受灾却不大。我们可以肯定的是，许多温带植物如果受庇护免遭竞争者的侵入，都可以承受比原产地炎热得多的气候。因此，依我看，考虑到热带生物处于受灾状态，无法与入侵者抗衡，一定数量的更有活力及占优势的温带类型有可能渗透其他地区，达到甚至跨越赤道。当然，它们入侵遇到高地，如果遇上干燥气候，则一切顺利。福尔克纳博士告诉我，对于亚热带气候过来的多年生植物，最具破坏性的是热带的高温加上潮湿。另一方面，最最潮湿高温的地区会庇护热带土著生物。西北走向的喜马拉雅山脉，长条的科迪勒拉山，似乎提供了两条大的入侵路线。最近胡克博士告诉我一个惊人事实，火地岛和欧洲共有的所有显花植物总计 46 种，在北美依然存在，这想必处于生物挺进路线上。但我不怀疑，某些温带生物在冰期鼎盛时进入乃至跨越了热带低地，北极类型从原产地迁徙大约 25 度的纬度，覆盖了比利牛斯山脚的土地。在这个酷寒时期，我认为，海平面上的赤道地带气候大概和现在的六七千英尺高处的感觉差不多相同。在这最寒冷的时期，我想赤道区域的大片低地一定覆盖着混生的热带植被和温带植被，就像胡克所描述的现在繁生在喜马拉雅山低坡上的植物一样。

我认为，冰期有大量的植物，若干陆生动物和一些海生生物从南北温带迁徙入热带地区，一些甚至跨越了赤道。回暖时，这些温带类型自然要爬升到高山上去，在低地上则灭绝了；没有抵达赤道的类型，要朝北或者朝南回迁，回到老家；但主要是北方的类型，跨越赤道后继续前进，远离故乡，来到南半球的温带纬度。尽管根据地质证据，我们有理由认为，北极贝类在长途南迁北归中整体上很少变异，但对于赤道地带上山定居还有进入南半球的入侵类型来说，情况可能截然不同吧。它们受到陌生生物围困，不得不与许多新生物进行竞争，也许其构造、习性、体质的有选择变异会使它们获益。所以，这些漂泊者中，有不少在新家成为特征显著的变种或者不同的物种，尽管它们仍然因遗传因素与北半球或者南半球的兄弟们明显相关。

就像胡克对美洲、德康多尔对澳洲所坚决主张的那样，相同的植物、相关类型从北向南迁徙，多于从南向北迁徙，这是值得注意的事实。然而，我们在婆罗洲和阿比西尼亚的山上还看到少量南方的植物类型。我猜想这种偏重于从北向南的迁徙，是由于北方陆地范围大，且北方类型在故乡生存的数量多，结果，通过自然选择和竞争，便较南方类型达到完善阶段高，即占有优势的力量。这样，在冰期两群生物相混合时，北方类型就有力量，能够战胜不强的南方类型。今日还有这种情形，我们看到很多的欧洲生物布满拉普拉塔，并且小程度地占据澳洲，一定程度上打败了那里的土著生物；然而，近两三个世纪从拉普拉塔，近三四十年从澳洲，虽然有容易附着种子的兽皮、羊毛等媒介物大批输入，但是在欧洲任何地方归化的南方类型却为数极少。热带高山上想必出现过同样的事情：冰期前无疑充满了特有的高山类型，但是这些几乎到处都屈服于北方的较大地区和高效生物车间中产生出来的占优势类型了。在许多岛屿上，土著生物和外来的归化生物差不多数目相等，甚至已属少数；哪怕没有被消灭，数目也大幅减少，而这是灭绝的第一步。山是陆地上的岛，冰期前赤道地区的高山想必是彻底孤立的。我认为，这些陆地岛屿上的生物已屈服于北方大地域内产生出来的生物，就像真正的岛上生物最近到处屈服于由人力而归化的大陆生物一样。

今日生活在南北温带、热带山脉上的近似物种的亲缘及其分布的所有难点，我远非设想都可以用上述观点来消除。许多难点悬而未决。我并不声称要指出迁徙的精确路线和方式，为什么某些物种迁徙了，而其他物种却没有迁徙；为什么某些物种变异且产生了新类型群，而其他物种却依然保持不变。除非我们能说明，为什么某一物种能够借人力在异乡归化，而其他物种却不能如此；为什么某一物种比另一物种在家乡分布得远两三倍，多两三倍，否则就不能指望解释上述事实。

我说过有各种难点留待解决：例如，胡克博士在讨论北极区的植物学著作中清清楚楚地阐明了其中一些最引人注目的难点，在此无法赘述。我只能说一说，在凯尔盖朗岛（Kerguelen Land）、新西兰和富其亚（Fuegia）这样辽远的地点，生长着同样的物种；我认为，冰期快结束时，按照赖尔的意见，冰山大概对它们的散布有关系。在南半球的这等地方以及其他远隔地方生存若干不同的物种，但完全属于南方的属，根据我的变异传承理论，这是一个更值得注意的难点。有些物种非常不同，我们不能设想，自从冰期开始以来，有足够的时间可供它们迁徙，然后进行必要程度的变异。这种事实似乎指明了同属的不同物种是从一个共同的中心点向四面八方迁徙的，并且我以为南半球和北半球一样，在冰期开始以前，曾有较温暖的时期，那时候，现在覆盖着冰的南极地方，支持了一个高度特殊而孤立的植物群。我们可以设想，在冰期消灭这个植物群之前，少数类型由于偶然的输送方法以及由于现今已沉没了的岛屿作为歇脚点的帮助，也许发生在冰期开始前，就已经在南半球的各处地方广阔地散布开了。这样，我认为，美洲、澳洲、新西兰的南岸，大概会稍微沾染上这种植物的特殊类型。

赖尔爵士在一篇雄文里，用和我几乎一样的说法来推论全世界气候大转变对于地理分布的影响。我认为，世界最近感觉到了一个大变化周期，根据这个观点，外加通过自然选择进行变异的观点，可以解释相同或亲缘生物类型分布在地球各处的许多事实。生命之水在一个短暂的时期，可以说是从北向南流，也从南向北流，在赤道交叉了。但是水流自北向南流者，其力量较大，结果它就能自由地在南方泛滥。正如潮水沿着水平线把漂流物留下，但在潮水最高的岸边上升得更高，所以生命之水流沿着从北极低地到赤道高地这一条徐徐上升的线把漂流的生物留在我们的山顶上。这样搁浅留下来的生物可以和人类的未开化种族相比拟，被驱逐到并且生存在差不多各处的山间险要之处，这些地方就有我们感兴趣的一种记录，表明周围低地的既往居住者。

第十二章

地理分布（续）

淡水生物的分布——论海洋岛上的生物——两栖类和陆栖哺乳类的缺失——岛屿生物与最近大陆上生物的关系——从最近原产地移来的生物及其以后的变化——前章和本章的提要。

湖泊和河流系统被陆地障碍物所隔开，可想而知，淡水生物在同一地区里不会分布得很广，又因海是更加难以克服的障碍物，所以不会扩张到遥远的地区。然而，实际情形却恰恰相反。不但属于不同纲的许多淡水物种有广大的分布，而且亲缘物种也令人瞩目地遍布于世界。第一次在巴西淡水中采集生物时，我记得十分清楚，对于那里的淡水昆虫、贝类等与不列颠很相似而周围陆栖生物与不列颠很不相似，我感到非常惊奇。

但是，关于淡水生物广为分布的能力，尽管出乎意料，我想在大多数情形里可以做这样的解释：它们以一种对自己极有用的方式变得适合于在本乡本土里从一个池塘到另一个池塘，从一条河流到另一条河流经常进行短途迁徙；从这种能力发展为广远散布是近乎必然的结果。这里只能考虑少数几个例子。关于鱼类，我想同一个淡水物种绝没有在两个相距遥远的大陆上存在。但在同一片大陆上，物种常常分布很广，而且变化莫测；因为在两个河流系统里的物种有同有异。少数事实似乎有利于淡水鱼类由于意外方法而偶然地被输送出去的可能性。例如，活鱼被旋风卷起落在印度，并不是很稀有的事，鱼卵离开水以后保持生活力。但我倾向于将淡水鱼的散布主要归因于在最近时期里陆地水平的变化而使河流相互流通。还有，河流相互流通的事也发生在洪水期，这里没有陆地水平的变化。我们有莱茵河黄土地的证据，在新近地质时期内出现过陆地水平的大变，地面上曾经栖居着现有陆栖淡水贝类。连续的山脉自古以来就是分水岭，彻底防止了河流系统合并，两侧的鱼类大不相同，也导致了相同的结论。至于亲缘淡水鱼出现在世界上相隔遥远的地点，无疑有许多个案现在无法解释：但有些淡水鱼属于很古的类型，在这等情形下，巨大的地理变化就有充分的时间，因而也有充分的时间和方法进行大量的迁徙。再者，咸水鱼类经过小心处理，就能慢慢地习惯于淡水生活；按照瓦朗谢讷（Valenciennes）的意见，几乎没有一类鱼的族群只在淡水里生活，所以我们可以想象，属于淡水群的海栖物种可以沿着海岸游得很远，并且变异适应远地的淡水。

淡水贝类的某些物种分布很广，并且亲缘物种也遍布全世界，根据我们的学说，从共同祖先传下的近似物种，一定是来自单一源头。它们的分布情况起初使我大惑不解，它们的卵不像是能由鸟类输送的；并且卵与成体一样，都会立刻被海水杀死。我甚而不能理解某些归化的物种怎么能够在同一地区里很快地分散。但是我所观察的两个事实——无疑其他事实还有待观察——对于这一问题有一定的启发。当鸭子从盖满浮萍（duckweed）的池塘突然冒出时，我曾两次看到这些小植物附着在鸭背上；并且发生过这样的事情：把一些浮萍从一个水族培养器移到另一个水族培养器中时，我曾无意中把一个水族培养器里的贝类移入另一个水族培养器中。不过，还有一种媒介物或者更有效力：我把鸭爪挂在一个水族培养器里，其中有许多淡水贝类的卵正在孵化，鸭爪代表睡在天然池塘中的鸟爪；我找到许多极端细小的、刚刚孵化的贝类爬在它的脚上，并且极牢固地附着在那里，脚离开水时并不脱落，但再长大一些就会自己落下。这些刚刚孵出的软体动物虽然本性上是水栖的，但在鸭爪上，在潮湿的空气中，能活到 12 ~ 20 小时；在这样一段时间里，鸭或苍鹭（heron）至少可以飞行六七百英里；如果被风吹过海面到达海岛或其他遥远的地点，必然会降落在池塘或小河里。赖尔爵士告诉我，曾捉到一只龙虱（*Dytiscus*），有盾螺［*Ancylus*，一种像帽贝（limpet）的淡水贝］牢固地附着在上面；并且同科的水甲虫细纹龙虱（*Colymbetes*），有一次飞到贝格尔号船上，当时此船距离最近的陆地是45英里：没有人能说清它可以被顺风吹到多远。

关于植物，我们早就知道很多淡水甚至沼泽物种分布得非常之远，在大陆上、最遥远的海洋岛上，都是如此。德康多尔说过，含有极少数水栖成员的陆栖植物的大群都显著地表现了这一点；似乎由于水栖，便立刻获得了广大的分布范围。我想，这一点可以由有利的散布方法加以说明。我以前说过，少量泥土偶然会附着在鸟脚和喙上。涉禽类徘徊池塘淤泥边缘受惊飞起时，脚上极可能带着泥土。可以表明，这一目的鸟漫游极广；有时来到最遥远的不毛海岛上，不大会降落在海面，脚上泥土不致洗掉；这些鸟类在到达陆地之后，必然会飞到天然的淡水栖息地。我不相信植物学者能体会到塘泥里含有何等多的种子；我做过几个小试验，这里只能举出最惊人的例子：我在2月里从小池塘边的水下3个不同地点取出3调羹污泥，干燥以后只有$6\frac{3}{4}$盎司重；我把它盖起来，在书房里放了6个月，当每一株植物长出来时，把它拔出并加以计算；这些植物属于很多种类，共计有537株；而那块黏软的淤泥早餐杯就可以盛下！考虑到这一点，我想，水鸟不把淡水植物的种子输送到遥远地点，这些植物的分布范围不广，倒是不能解释的事情了。这同样的媒介对于某些小型淡水动物的卵大概也会有作用。

其他未知的媒介大概也发生过作用。我曾经说过，淡水鱼类吃某些种类的种子，但吞下许多别种的种子后再吐出来；甚至小的鱼也会吞下中等大的种子，如黄睡莲和眼子菜属（*Potamogeton*）的种子。苍鹭和别的鸟，一个世纪又一个世纪地天天在吃鱼；吃鱼后便飞起，并走到别的水中，或者被风吹过海面；我们知道，许多小时以后吐出、随粪便排出的种子，还保持着发芽的能力。以前看到那精致的莲花（*Nelumbium*）的大型种子，又记得德康多尔（Candolle）关于这种植物分布的意见时，我想它的分布方法一定是不能理解的；但是奥杜旁（Audubon）说，他在苍鹭的胃里找到过南方莲［按照胡克博士的意见，大概是大型北美黄莲花（*Nelumbium luteum*）］的种子。尽管我没有事实证明，但类推的方法使我相信，这种鸟飞到远方的池塘，然后饱吃一顿鱼，会把含有未消化的种子从胃里吐出，或者在给小鸟喂食时掉下，就像大家知道的，有时候将小鱼掉下。

我们在考虑这几种分布方法时，应该记住，池塘、河流在例如隆起的小岛上最初形成时，其中是没有生物的；于是单个的种子或卵会获得良好的成活机会。同一池塘的生物之间，不管个体怎么少，总会存在生存斗争，不过物种数目与陆地相比总是少的，水栖物种的竞争比起陆栖物种就不大剧烈；结果外来的水生生物侵入者在取得新的位置上比陆上的移居者有较好的机会。我们还应记住，许多淡水生物在自然系统上是低级的，有理由相信，这样的生物比高等生物变异慢些；这就使相同水栖物种的迁徙有了较长的时间。我们不应忘记，许多淡水类型从前大概连续分布在广大面积上，然后在中间地点灭绝了。但是淡水植物和低等动物，不论是否保持同一类型或好歹变异了，我想其广泛分布显然主要依靠动物，特别是飞翔力强的且自然地从这一片水飞到另一片遥远的水的淡水鸟类会把种子和卵广泛散布开去。大自然就像细心的园丁，将种子从某特定类型的花坛取出，撒到同样适合生长的另一个花坛里去。

论海洋岛上的生物。同一物种和亲缘物种的一切个体都是由一个祖先传承而来，因而全部是自共同的诞生地迁徙出来的，尽管随着时间推移渐渐栖息于天涯海角。根据这一观点，我曾选出有关分布的最大困难的三类事实，现在对其中最后一类加以讨论。我已经说过不能苟同福布斯关于大陆扩张的观点，它如果加以合法光大，就会推论出以下论点：在最近的期间内，所有现存岛屿都曾几乎连接于某个大陆。这个观点可消除许多难点，但我想也无法解释关于岛屿隔绝生物的所有事实。下面，我将不限于讨论散布的问题，同时也要讨论与独立创造学说和变异传承学说之对错有关的某些其他事实。

栖息在海洋岛上的各物种在数量上与同样大小的大陆面积相比是稀少的：德康多尔在植物方面，沃拉斯顿在昆虫方面，都承认了这个事实。看看幅员辽阔、有多种多样生境的南北达 780 英里（约计 1255.29 千米）的新西兰，一共也不过有 750 种显花植物；如果把这与繁生在澳洲或好望角同等面积上的物种相比较，我想我们必须承认有某种与不同物理条件无关的原因造成了物种数的如此悬殊差异。甚至条件一致的剑桥郡还具有 847 种植物，安格尔西小岛具有 764 种，但是有若干蕨类植物和引进植物也包括在这些数目里，而且从其他方面讲，这个比较也不十分恰当。有证据证明，阿森松这个不毛岛屿只有不到 6 种原产地显花植物；可是现在有许多物种已在那里归化了，就像新西兰和每一其他可以举出的海洋岛的情形一样。在圣赫勒拿，有理由相信归化的动植物几乎消灭了许多本地的生物。谁承认每一物种单独创造的学说，就必须承认有足够大量数目的最适应的动植物并不是为海洋岛创造的；因为人类曾经无意地到处引进，使那些岛充满了生物，在这方面远比自然做得更加充分，更加完善。

虽然海洋岛物种数稀少，但是特有种类（即世界其他地方找不到的种类）的比例往往是极大的。例如，如果把马德拉岛特有陆栖贝类，或加拉帕戈斯群岛特有鸟类的数目与任何大陆加以比较，然后把岛屿的面积与大陆加以比较，会看到这是千真万确的。这种事实在我的理论上是可以料想到的，因为上文说明，物种经过长久的间隔期间以后偶然到达新的隔离地区，势必与新的同住者进行竞争，极容易发生变异，并常常产生成群的变异后代。可是决不能因为一个岛上某一纲物种几乎是特有的，我们就认为其他纲或同纲其他部分的物种也必然是特有的；这种不同似乎取决于没有变化的物种曾经轻易地集体性移入，所以彼此的相互关系没有受到多大扰乱。例如，加拉帕戈斯群岛上几乎所有陆栖鸟是特有的，而在 11 种海鸟里只有两种是特有的；显然，海鸟比陆栖鸟更易到达这些岛上。另一方面，百慕大和北美洲的距离，几乎同加拉帕戈斯群岛和南美洲的距离一样，而且百慕大有一种很特殊的土壤，却并没有一种特有的陆栖鸟；从琼斯（J. M. Jones）先生有关百慕大的报告中知道，有很多北美洲的鸟类在年年大迁徙中定期或者偶然来到这个岛上。马德拉岛没有一种特有鸟类，哈考特（E. V. Harcourt）先生告诉我，几乎年年都有很多欧洲和非洲的鸟类被风吹到马德拉。所以，百慕大和马德拉诸岛充满了鸟类，长久以来在那里进行斗争，并且变得相互适应了。因此，定居新家乡以后，每一个种类将被其他种类维持在适宜地点上和习性中，结果就不容易发生变化。再者，马德拉栖息着数量惊人的特有陆栖贝类，但没有一种海栖贝类是仅限于这里的海岸的：虽然不知道海栖贝类是怎么散布的，可是能知道它们的卵或幼虫，附着在海藻或漂浮木或涉禽类的脚上，就能输送过三四百英里的海洋，要比陆栖贝类容易得多。栖息在马德拉的不同目的昆虫表现了差不多平行的情形。

海洋岛有时缺少某些纲的动物，其位置显然被其他生物所占据；这样，爬行类在加拉帕戈斯群岛，巨大的无翼鸟在新西兰便代替了哺乳类。讲到加拉帕戈斯群岛的植物，胡克博士阐明，不同目的比例数与其他地方很不相同。这种个案一般都是用岛上的物理条件来解释的，但是这种解释很值得怀疑。我认为，移入的便利与否似乎与条件的性质有同等的重要性。

关于遥远岛屿的生物，还有许多可注意的小事情。例如，在没有哺乳动物栖息的某些岛上，有些本地特有植物具有美妙的带钩种子；可是，钩的用途在于让种子适合四足兽的毛或毛皮带走，没有比这种关系更加明显的了。这个个案依我看就不是难点，带钩的种子大概可以由其他方法带到岛上去；于是，那种植物经过轻微变异，就成为本地的特有物种了，它仍然保持它的钩，痕迹器官成为一种无用的附属物，就像许多岛上的甲虫，在愈合的翅鞘下仍有枯缩的翅。再者，岛上经常生有乔木或灌木，它们所属的目在其他地方只包括草本物种；而依照德康多尔所阐明的，乔木不管原因怎样，一般分布的范围是有限的。因此，乔木极少可能到达遥远的海洋岛；而草本植物本来没有机会与充分发育的乔木竞争获胜，一旦定居在岛上，只有草本植物来竞争，就会由于生长得越来越高，高出其他植物，迅速地占有优势。在这种情形下，不管草本植物属于哪一目，自然选择就有增加其高度的倾向，使这些植物先变成灌木，然后变成乔木。

关于海洋岛上没有整目的动物，圣樊尚很久以前就说过，大洋上点缀着许多岛屿，但从未发现两栖类（蛙、蟾蜍、蝾螈）。我曾煞费苦心地证实这种说法，并且发现它是千真万确的。但是我确信，新西兰大岛的高山上有蛙。不过，我怀疑这个例外（如果信息属实）可以用冰川作用来解释。那么多的海洋岛一般都没有蛙、蟾蜍和蝾螈，是不能用海洋岛的物理条件来解释的；其实，岛屿似乎特别适于这类动物：因为蛙已经被带进马德拉、亚速尔和毛里求斯，大量繁生，以致成为可厌之物。由于大家知道这类动物及其卵遇到海水就立刻死亡，依我看很难输送过海，可知为什么不存在于海洋岛上。但是，它们为什么不在那里被创造出来，按照特创论就很难解释了。

哺乳类提供了另一相似个案。我仔细地搜索了最古老的航海记录，还没有结束搜索，并没有找到过一个确定无疑的事例可以证明陆栖哺乳类（土人饲养的家畜除外）栖息在离开大陆或大的陆岛 300 英里以外的岛屿上；在许多离开大陆更近的岛屿上也同样找不到。马尔维纳斯群岛有一种似狼的狐狸，极像是例外；但是这群岛屿不能看作海洋岛，位于与大陆相连的沙洲上；而且冰山曾把漂石带到它的西海岸，也可能把狐狸带过去，如今这在北极地区是常有的事。可是我们不能说小岛养不活小的哺乳类，因为在世界上许多地方它们生活在靠近大陆的小岛上；几乎不能举出一个岛，小型四足兽不能在那里归化并大事繁生。按照特创论的一般观点，不能说那里没有足够的时间来创造哺乳类；许多火山岛是十分古老的，从遭受过的巨大陵蚀作用以及第三纪的地层可以看出：那里还有时间来产生本地所特有的、属于其他纲的物种；我们知道，哺乳动物的新物种在大陆上比其他低于它们的动物以较快的速率产生和消灭。虽然陆栖哺乳类不见于海洋岛，空中哺乳类却几乎出现每一座岛上。新西兰有两种在世界其他地方找不到的蝙蝠：诺福克岛、维提群岛（the Viti Archipelago）、小笠原群岛、加罗林和马利亚纳群岛、毛里求斯，都有特产蝙蝠。试问，为什么那假定的创造力在遥远的岛上产生出蝙蝠而不产生其他哺乳类呢？根据我的观点，这个问题容易解答；因为没有陆栖动物能够渡过海洋的广阔空间，但蝙蝠却能飞过去。人们曾经看到蝙蝠在白天远远地在大西洋上空飞翔；并且有两种北美蝙蝠或经常或偶然地飞到离大陆 600 英里的百慕大。我从专门研究这一科动物的汤姆斯（Tomes）先生那里听到，许多同类物种具有广大的分布范围，并且可以在大陆上和遥远的岛上找到。因此，我们只要设想这类漫游的物种在新家乡由于新位置而发生自然选择变异就可以了，并且由此就能理解，为什么海洋岛虽有本地的特有蝙蝠，却没有一切陆栖哺乳类。

除了海岛与大陆的遥远度与陆栖哺乳类的关系外，还有一种关系，一定程度上与距离无关，就是把岛屿与邻近大陆分开的海水深度和两地好歹有变异的相同或亲缘哺乳类物种存在的关系。埃尔（Windsor Earl）先生对这个问题做过一些发人深省的观察，涉及大马来群岛，以一条深海的空间在西里伯斯（Celebes）附近隔开，分隔出两个十分不同的哺乳类世界。这些岛两边的海都是相当浅的大陆架，岛上有相同的或密切近似的四足兽栖息。这个大群岛无疑出现了少数异常情形，对于某些个案很难形成判断，某些哺乳类通过人类的作用有可能归化。但是华莱士先生满腔热情的研究很快让群岛的博物史大白于天下。我还来不及跟进这个问题在世界各地的情形；但是据我的研究所及，这种关系一般是正确的。例如，不列颠和欧洲被一条浅海峡隔开，两边的哺乳类是相同的；澳洲海岸浅海峡对岸的许多岛屿也是这样。另一方面，西印度诸岛位于下沉很深的沙洲上，深度近 1000 英寻，我们在那里找到了美洲的类型，但是物种甚至属却不同。由于所有个案的变化量一定程度上取决于时间的长短，而且在水平变化时由浅海峡隔离的岛屿显然比由深海峡隔离的更有可能在近代与大陆持续连成一片，所以能够理解，海水深度和海岛哺乳类与邻近大陆哺乳类的亲缘程度之间往往存在着关系。这种关系根据独立创造的学说是讲不通的。

以上是关于海洋岛生物的叙述，即物种数稀少、某些纲或者纲的部分中本地的特有类型很丰富、整个群的缺失（如两栖类和除能飞的蝙蝠之外的陆栖哺乳类）、某些植物目表现出特别的比例、草本类型发展成乔木等。在我看来，这似乎更符合在悠久过程中偶然输送的方法普遍有效的观点，而不是一切海洋岛以前曾和最近大陆由连续陆地连在一起的观点。因为按照后一观点，移入也许会更彻底，同时根据生物间关系头等重要的因素，如果允许，一切生物类型会发生相等的变异。

我们要理解较遥远岛屿上的若干生物（不管仍保持同一物种的类型还是抵达以后发生变化）究竟如何到达现在的家乡，我不否认是存在许多严重难点的。但是，决不能忽视，许多岛屿曾经作为歇脚点，而现在没有留下一点遗迹。我愿详细说明一个困难的例子。几乎一切海洋岛，哪怕是最孤立、最小的海洋岛，都有陆栖贝类栖息着，一般是本地特有的物种，但有时是其他地方也有的物种。古尔德博士曾举出若干太平洋岛屿陆栖贝类的有趣例子。众所周知，陆栖贝类容易被海水杀死；贝卵，至少是我试验过的卵，在海水里下沉并且被杀死了。可是我认为一定还有某些未知但非常有效的方法来输送它们。刚孵化的幼体有时会不会附着于栖息在地上的鸟的脚上而输送过去呢？我想起休眠时期贝壳口上具有薄膜的陆栖贝类，在漂流木的隙缝中可以浮过相当阔的海湾。并且，我发现有几个物种在这种状态下沉没在海水里 7 天而不受损害：一种是罗马蜗牛（*Helix pomatia*）经过这样处理以后，在休眠中再放入海水中 20 天，能够完全复活。这种蜗牛具有一片厚的石灰质厣（operculum），我把厣除去，等到新的膜厣形成以后，再把它浸入海水里 14 天，它还是会复活，并且爬走了。我们需要在这方面做更多的试验。

关于岛上物种对我们来说最触目惊心最重要的事实是，与最近大陆的并不实际相同的物种有亲缘关系。这一点能够举出无数的例子来。这里举一例，位于赤道的加拉帕戈斯群岛距离南美洲的海岸有 500～600 英里之远。那里几乎每一陆上和水里的生物都带着明确无误的美洲大陆的印记。有 26 种陆栖鸟，其中 25 种被古尔德先生列为不同的物种，而且被假定是在那里创造出来的；可是这些鸟的大多数与美洲物种的密切亲缘关系，表现在每一性状上，又表现在习性、姿势和鸣声上。其他动物也是如此。胡克博士在所著该群岛的植物志大作中说，大部分植物也是这样。学者们在离开大陆几百英里远的太平洋火山岛上观察生物时，会感到自己是站在美洲大陆上。为什么会这样呢？为什么假定加拉帕戈斯群岛而不是其他地方创造出来的物种这样清楚地和美洲创造出来的物种有亲缘关系印记呢？在生活条件、岛上的地质、岛的高度或气候方面，在共同居住的几个纲的比例方面，没有一件是与南美沿岸的条件密切相似的：事实上，在所有这些方面的区别都是相当大的。另一方面，加拉帕戈斯群岛和佛得角群岛，在土壤的火山性质、气候、高度和岛的大小方面，则有相当程度的类似：但是它们的生物却是何等完全和绝对地不同啊！佛得角群岛的生物与非洲相关联，就像加拉帕戈斯群岛的生物与美洲相关联一样。我认为，对于这伟大的事实，根据独立创造的一般观点是得不到任何解释的；相反的，根据本书所主张的观点，显然，加拉帕戈斯群岛很可能接受从美洲来的移住者，不管这是由于偶然的输送方法，还是以前是连续的陆地。而且佛得角群岛也接受从非洲来的移住者；这样的移住者虽然容易发生变异，而传承的原理依然泄露了其原产地在何处。

我们能够举出许多类似的事实：岛上的特有生物与最近大陆、最近大岛上的生物相关联，实在是一个近乎普遍的规律。例外是少数，并且大部分的例外是可以解释的。例如，虽然凯尔盖朗岛距离非洲比美洲近，但是我们从胡克博士的报告里可以知道，植物却与美洲相关联，并且关联得很密切。然而，根据岛上植物主要是借顺风海流漂来的冰山把种子连着泥土石块带来的观点看来，异常就消失了。新西兰在本地特有植物上与最近的大陆澳洲之间的关联比其他地区更密切。这是可想而知的，但是它又清楚地与南美洲相关联，南美洲虽说是第二个最近的大陆，可离得那么遥远，所以就成为异常了。但是根据下述观点看来，这个难点就部分地消失了：新西兰、南美洲和其他南方陆地的一部分生物是从一个近乎中间的虽然遥远的地点即南极诸岛而来的，那是冰期开始前南极诸岛长满了植物的时候。澳洲西南角和好望角的植物群的亲缘关系虽然薄弱，但是胡克博士使我确信这种关系是真实的，这是更值得注意的个案，目前无法解释；但是这种亲缘关系只限于植物，并且无疑将来会得到解释。

导致异物种的群岛生物和最近大陆生物之间有亲缘关系的法则，有时可以小规模但极有趣地在同一群岛的范围内表现出来。例如，如前所述，加拉帕戈斯群岛各离岛上都奇特地有亲缘物种栖息着；这些离岛物种彼此不同种，但之间的关联比与世界其他地区无疑更加密切。按我的观点，这是可想而知的，因为这样接近的岛屿几乎必然地会从同一根源接受移住者，也彼此接受移住者。但是离岛特有生物之间的不同可能被用来反对我的观点：试问，许多移住者在彼此相望的，具有同一地质性质，同一高度、气候等的诸岛上怎么会发生不同的（虽然差别不大）变异呢？长久以来，这对我是个难点，但这主要是出于认为一地区的物理条件头等重要这一根深蒂固的错误观点；然而，我认为无可辩驳的是，各个物种必须进行竞争，因而其他物种的性质至少也是同等重要的，并且一般是更加重要的成功要素。现在，如果观察栖息在加拉帕戈斯群岛同时也见于世界各地的物种（暂时撇下特有物种，这里无法公平讨论，因为当前是考虑物种到达后如何渐渐变异的），我们就可以发现各岛上有相当大的差异。如果认为岛屿生物曾由偶然的输送方法而来，比方说，一种植物的种子被带到一座岛上，另一种植物的种子被带到另一座岛上，那么上述的差异的确是可以预料到的。因此，一种移住者在以前时期内在诸岛中的一座或多座岛上定居下来时，或者以后在诸岛间散布时，无疑会遭遇到不同岛上的不同条件，因为势必要与一批不同的生物进行竞争。比方说，一种植物在各岛上会遇到最适合的土地已被不同的物种所完美地或者欠完美地占据，还会受到多少不同的敌人的打击。如果这物种就此变异了，自然选择就会在不同岛上有利于不同变种的产生。尽管如此，有些物种还会散布开去，并且在整个群中保持同一性状，正如我们看到一个大陆上广泛散布的物种保持着同一性状一样。

加拉帕戈斯群岛这一个案以及在程度较差的某些类似的例子里，真正奇异的事实是，每一个新物种在各岛上一旦形成，并不迅速散布到其他岛上。但是，这些岛虽然隔海相望，却有很深的海湾分开，大多比不列颠海峡还要宽，并且没有理由去设想以前是连续地联结在一起的。诸岛之间海流湍急，大风异常稀少，所以诸岛彼此的分离远比地图上所表现的更加明显。虽然如此，世界各地可以找到的和只见于这群岛的许多物种，是各岛共有的；根据某些事实可以推想，它们是从一座岛散布到众岛去的。但是，我想，往往对于密切近似物种自由往来时，便有侵占对方领土的可能性，采取了错误的观点。毫无疑问，如果一个物种比其他物种占有任何优势，就会在很短的时间内全部或部分淘汰对方；但是如果两者能同样好地适应在自然界的位置，那么大概都会坚守阵地，并且分开至几乎任何长的时间。我们熟悉经过人的媒介而归化的许多物种曾经以惊人的速度在新地区里进行散布，就会容易推想大多数物种也是这样散布的；但我们应该记住，在新地区归化的物种与土著生物一般并不是密切近似的，而是很不相同的物种，如德康多尔所阐明的，在大多数情形下不是同属的。在加拉帕戈斯群岛，甚至许多鸟类，虽然那么适于从一座岛飞到另一座岛，但在不同的岛上还是不同种的。例如，效舌鸫（mocking-thrush）有三个亲缘关系密切的物种，每一个物种只局限于自己的岛上。现在，让我们设想查塔姆岛的效舌鸫被风吹到查尔斯岛（Charles），而后者已有另一种效舌鸫：为什么它该成功地定居在那里呢？可以稳妥地推论，查尔斯岛已经繁生着自己的物种，每年产生的蛋多得根本养育不活；还可以推论，查尔斯岛所特有的效舌鸫对于自己家乡的良好适应，至少不比查塔姆岛的特有物种差。赖尔爵士和沃拉斯顿先生曾经写信告诉我一个与本问题有关的重要事实，即马德拉和附近的圣港（Porto Santo）岛具有许多不同而表现为代表物种的陆栖贝类，其中有些生活在石缝里；虽然有大量石块每年从圣港输送到马德拉，可是马德拉并没有圣港的物种移住进来；相反，两岛上都有欧洲的陆栖贝类栖息着，无疑比本地物种占有某些优势。根据这些观察，我想，对于加拉帕戈斯群岛诸岛特有的代表物种并没有普遍散布，就不必大惊小怪了。再者，同一大陆上，先入为主对于阻止相同物理条件下栖息的不同地区的物种混入，大概有重要的作用。例如，澳洲的东南部和西南部物理条件几乎相同，并且由连续的陆地连着，可是有巨大数量的不同哺乳类、鸟类和植物栖息着。

决定海岛动植物通性的这一原理，在整个自然界有着最广泛的应用，即移住者尽管不同种，却与它们最容易迁出的原产地关系明显，以后移住者变异，更好地适应新家。在每一山顶、湖泊和沼泽里都可看到这个原理，因为高山物种都与周围低地的物种相关联，除非同一类型，主要是植物，在冰期已经全世界广泛散布。例如，南美洲的高山蜂鸟、高山啮齿类、高山植物等，一切都严格属于美洲的类型；而且显然，一座山缓慢隆起时，生物自然会从周围的低地移来。湖泊沼泽的生物也是这样，除非极方便的输送允许同一普遍类型散布到全世界。我们从美洲和欧洲穴居的盲目动物，也可看到这同一原理。我还能举出其他类似的事实。我相信，以下情形将被认为是普遍正确的，即两个地区不管距离多远，凡有许多密切近似或代表的物种存在，在那里便一定也有某些相同的物种。根据上述观点，它们会表明以前的两个地区曾经有相互交流或迁徙。不管在什么地方，凡有许多密切近似的物种，那里也会有被某些学者列为不同物种而被其他学者列为变种的许多类型；可疑类型向我们示明了变异过程中的步骤。

某物种在现在或古代不同环境下的迁徙能力和迁徙范围，与亲缘物种在世界遥远地点的存在有关系，这以另一种普通的方式表示出来。古尔德先生很久以前告诉我，在世界各处散布的那些鸟属中，许多物种分布范围是广阔的。我不能怀疑这条规律是普遍正确的，虽然其很难被证明。在哺乳类中，我们看见这条规律显著地表现在蝙蝠中，并以较小的程度表现在猫科和犬科里。我们若比较蝴蝶和甲虫的分布，可看到同样的规律。淡水生物大多数也是这样，有许多属分布在世界各处，而且许多物种具有广大的分布范围。这并不是说，在分布全世界的属里一切物种都广泛分布，也不是说平均起来属于广泛分布，而是说其中某些物种有很广阔的分布范围，因为平均分布范围大部分取决于广泛分布的物种变异产生新类型的难易程度。比方说，同一物种的两个变种栖息在美洲和欧洲，因此这个物种就有很广的分布范围；但是，如果变异进行得更厉害，两个变种就会被列为不同的物种，共同的分布范围就大大缩小了。这更不是说，表面上能越过障碍物而分布广远的物种，如某些善飞的鸟类，就必然分布得很广。永远不要忘记，分布广远不仅意味着具有越过障碍物的能力，而且意味着具有在遥远地区与异地同住者进行生存斗争并获得这种更加重要的能力。但是按照一属的一切物种，虽然分布到世界最遥远的地点，都是从单一祖先传下来的观点，就应该找到，并且我相信我们一般的确能找到，至少某些物种是分布得很广远的。因为未变异祖先一定要广泛地分布，在分散的过程中进行变异，一定要使自己处于各种环境中，有利于将后代先变成新变种，最终变成新物种。

我们在考察某些属的广泛分布时，应该记住，许多属的起源都是很古的，共同的祖先在遥远的古代必定出现分叉；在这种情形下，物种将有大量的时间经历气候和地理大变迁，以及偶然的输送，结果某些物种迁徙到了世界各地，在散布地根据新环境可能略微变异。从地质的证据看来，我们也有理由相信，在每一个大的纲里比较低等的生物的变化速率，比起高等的类型一般会更加缓慢，结果就会分布广远而仍然有保持同一物种性状的较好机会。这个事实，外加许多低级类型的种子和卵都很细小，适于远地输送，也许说明了一个早经观察到的法则，即任何群的生物越低级，分布得越广远；最近又有德康多尔在植物方面讨论过这一点。

刚刚讨论过的关系，即变化缓慢的低等生物比高等生物分布更加广远，分布广远的属，其某些物种的分布也广远；高山、湖泊和沼泽的生物与周围低地和干地的生物有关联（例外情况前面已经明确），尽管环境十分不同；同一群岛中诸岛上的不同物种有密切的亲缘关系，特别是整个群岛或岛屿上的生物和最近大陆的生物之间有着显著的关系。我想，根据各物种独立创造的普通观点，这些事实都是完全得不到解释的，但是如果承认从最近的或最便利的原产地的移居以及移居者以后对于新家乡的变异适应，这就可以得到解释。

前章和本章提要。这两章竭力阐明，如果我们充分承认我们自己对于近代必然发生过的气候、陆地水平变化以及可能发生过的其他变化所产生的全部影响是无知的；如果记得我们自己对于许多奇妙的偶然输送方法是何等无知——这个题目还没有得到适当的实验验证；如果记得，一个物种在广大面积上连续地分布，而后在中间地带灭绝了，是何等频繁发生的事情。那么，我认为要相信同一物种的一切个体，不管是在哪里发现的，都传自共同的祖先，就没有不可克服的困难了。我们根据各种一般的论点，特别是根据各种障碍物的重要性，并且根据亚属、属和科的相类似的分布，得出上述结论，许多学者在单一创造中心的名称下也得出这一结论。

至于同一属的不同物种，按照我的理论，必定是从一个原产地散布出去的；如果我们像前面那样承认自己的无知，记得某些生物类型变化得很缓慢，因而有大量时间可供它们迁徙，那么难点绝不是不能克服的；虽然在这种情形下，就像在同一物种的个体的情形下一样，难点往往是很大的。

为了说明气候变化对于分布的影响，我试图阐明最近的一次冰期产生过何等重要的影响，我坚信它同时影响了全世界，至少触及大径向带。为了说明偶然的输送方法是何等丰富多彩，我略为详细地讨论了淡水生物的散布方法。

如果承认同一物种以及关联物种的个体在时间的悠久过程中曾经从同一原产地出发，并没有不可克服的难点；那么地理分布的一切主要事实，我想都可以依据迁徙（一般指优势生物类型）的理论，以及此后新类型的变异和繁生，得到解释。这样，我们便能理解，水陆障碍物在分开各个动植物区域上有至关重要的作用。这样，我们还能理解亚属、属、科的定位，在不同的纬度下，比方说在南美洲，平原和山上的生物，森林、沼泽和沙漠的生物，如何以神秘的方式因亲缘关联起来，并且同样的与过去栖息在同一大陆上的灭绝生物相关联。如果记住生物之间的相互关系是至关重要的，我们就能明白为什么具有几乎相同物理条件的两个地区常常栖息着很不相同的生物类型；因为根据移住者进入一个地区以来所经过的时间长度；根据交流性质容许某些类型而不是其他类型以或多或少的数量迁入；根据那些迁入的生物是否碰巧相互以及与土著生物进行或多或少的直接竞争；并且根据迁入的生物发生变异的快慢，所以在不同的地区里就会发生与物理条件无关的无限多样性的生活条件。那里就会有几乎无限量的有机的作用和反作用，并且我们就会发现某些群的生物大大地变异了，某些群的生物只是轻微地变异了，某些群的生物大量发展了，某些群的生物仅以微小的数量存在着。我们的确可以在世界上几个大的地理区里看到这种情形。

依据这些同样的原理，如我曾经竭力阐明的，我们便能理解，为什么海洋岛只有少数生物，而其中有一大部分又是本地所特有的；由于与迁徙方法的关系，为什么一群生物的一切物种，甚至同纲生物的一切物种都是本地特有的，而另一群的一切生物都与世界各地共有。我们能明白为什么整个群的生物，如两栖类和陆栖哺乳类，不存在于海洋岛上，同时最孤立的岛也有自己特有的空中哺乳类即蝙蝠的物种。我们还能明白，为什么在岛上存在的或多或少经过变异的哺乳类和这些岛与大陆之间的海洋深度有某种关系。我们能清楚地知道，为什么一个群岛的一切生物，虽然在若干小岛上具有不同的物种，然而彼此有密切的关系；并且和最近大陆或移住者发源的其他可能原产地的生物同样有关系，不过关系较不密切。我们更能知道，两个地区不论相距多么远，为什么总可以找到关联的物种，表现为相同物种、变种、可疑物种、不同但代表物种的存在。

正如已故的福布斯所经常主张的，生命法则在整个时间空间中有惊人的平行现象：支配生物类型在过去时期内演替的法则与支配生物类型在今日不同地区内的差异的法则，几乎是相同的。我们在许多事实中可以看到这种情形。在时间上每一物种和每一群物种的存在都是连续的；因为对这一规律的例外少之又少，其例外可以正当地归因于我们还没有在中间的沉积层里发现某些类型，这些类型不见于其中，却见于它的上部和下部：在空间内也是这样，一般规律肯定是，一个物种或一群物种所栖息的地区是连续的，而例外的情形虽然不少，如我曾经想阐明的，都可以根据以前在不同情况下的迁徙，或者根据偶然的输送方法，或者根据物种在中间地带的灭绝而得到解释。在时间、空间里，物种以及物种群都有其发展的极大点。生存在某一时期、某一地区的物种群，常常有共同的微细特征，如刻纹或颜色。当我们观察过去悠久的连续时代时，正如现在观察整个世界的遥远地区，发现某些物种彼此之间的差异很小，而不同纲、不同目、同目不同科的物种彼此之间的差异却很大。在时间、空间里，每一纲的低级体制的成员比高级体制一般变化较少；但是在这两种情形里，这条规律都有着显著的例外。按照我的理论，贯穿时间空间的这些关系是可以理解的；因为不论观察同一地区连续时代中发生变化的生物类型，还是观察迁入遥远地方以后曾经发生变化的生物类型，同一纲内的类型都被普通世代的同一个纽带联结起来；任何两个类型的血缘越近，则在时空中彼此一般靠得越近。在这两种情形里，变异法则都是一样的，而且变异都是由同一个自然选择的力量累积起来的。

第十三章

生物的相互亲缘关系：形态学、胚胎学、残迹器官

分类学，群下有群——自然系统——分类学规则和难点，依据变异传承学说来解释——变种的分类——传承常用于分类学——同功的或适应的性状——一般的、复杂的、放射状的亲缘关系——灭绝分开并界定生物群——同纲成员之间、同个体各部分之间的形态学——胚胎学的法则，依据不在幼龄发生、而在相应年龄遗传的变异来解释——残迹器官：其起源的解释——提要。

从生命曙光初照起，我们就发现生物彼此相似程度的逐渐递减，所以群下可以再分成群。这种分类显然并不像星座中星体分类那样武断。如果说某一群排他性地适于陆栖，而另一群适于水栖，一群适于吃肉，而另一群适于吃素等，群的存在就是简单标识了；但是事实却是五花八门的，因为大家都知道，甚至同一亚群里的成员往往也具有不同的习性。第二章和第四章讨论变异和自然选择时，我试图阐明，变异最多的，是分布广的、散布大的常见物种，即大属里的优势物种。我认为，由此产生的变种即初始物种最后可以转化成不同的新物种，而且这些物种依据遗传的原理，倾向于产生其他新的优势物种。结果，现在的大群，一般含有许多优势物种，还有继续无限增大的倾向。我还企图进一步阐明，由于每一物种变化着的后代都尝试在自然组成中占据尽可能多和尽可能不同的位置，就永远有性状分歧的倾向。若我们观察任何小地区内类型繁多，竞争激烈，以及有关归化的某些事实，便可支持这个结论。

我还试图阐明，数量上增加着的、性状上分歧的类型有一种持续的倾向来淘汰消灭先前的、分歧较少和改进较少的类型。请读者参阅以前解释过的用来说明这几个原理之作用的图解，便可以明白，无可避免的结果是，来自一个祖先的变异后代在群下又分裂成群。图解里，顶线上的每一个字母代表一个包括几个物种的属；且这条顶线上所有的属共同形成一个纲，因为全都是从一个古代无形祖先传下来的，所以遗传了一些共同的东西。但是，依据同一个原理，左边的 3 个属有很多共同点，形成一个亚科，与右边相邻的两个属所形成的亚科不同，那是在传承第 5 个阶段从一个共同祖先分歧出来的。这 5 个属仍然有许多共同点，虽然比前面两个少些；它们组成一个科，与更右边、更早时期分歧出来的那 3 个属所形成的科不同。所有这些属都是从 A 传承下来的，组成一个目，与 I 传下来的属不同目。这里有单个祖先传下来的许多物种组成了属；属组成了亚科、科和目，这一切都纳入一个纲。所以，生物在群下又分成群的从属关系这个伟大博物学事实（由于司空见惯，故这并不总是引起我们足够的注意），依我看有了充分的解释。

学者们试图依据所谓的自然系统来排列每一纲的物种、属和科。但是这个系统的意义是什么呢？有些作者认为它只是一种方案，把最相似的生物排列在一起，把最不相似的生物分开；还有人认为是尽可能简要地表明一般命题的人为方法。就是说，用一句话来描述例如一切哺乳类所共有的性状，用另一句话来描述一切食肉类所共有的性状，再用另一句话来描述狗属所共有的性状，然后再加一句话来全面描述每一种类的狗。这个系统的巧妙和效用是不容置疑的。但是许多学者认为，自然系统的含义要更丰富：相信它揭示了造物主的计划；但是关于造物主的计划，除非能明确它的时空次序，或者还有其他什么意义。否则，依我看来，我们的知识并没有因此得到任何补益。像林奈所提出的那句名言，我们常看到它以一种多少隐晦的形式出现，即不是性状创造属，而是属产生性状，这似乎意味着分类学内容有比单纯类似更深刻的东西。

我相信内容不止这些，因为传承的亲缘——生物密切类似的唯一已知原因——就是这种联系纽带，虽然有各种不同程度的变异而掩藏，但分类学部分地将它揭露了出来。

让我们考虑一下分类学所采用的规则，以及依据这种观点所遭遇的困难：分类要么显示某种未知的创造计划，要么干脆是表明一般命题的方案，用来把彼此最相似的类型归在一起。有人认为（古人就是这样认为的）决定生活习性以及每一生物在自然组成中的一般位置的那些构造部分，对分类学至关重要。没有比这种想法更错误的了。没有人认为老鼠和鼩鼱（shrew）、儒艮和鲸鱼、鲸鱼和鱼的外在类似有任何重要性。这等类似，虽然与生物的全部生活如此密切相关，却仅被列为"适应的或同功的性状"；关于这等类似，容后再来讨论。任何部分的体制与特殊习性关联越少，在分类学上就越重要，这甚至可以说是普遍规律。例如，欧文讲到儒艮时说道："生殖器官作为与动物的习性和食物关系最少的器官，我总认为它们最清楚地表示真实的亲缘关系。在这些器官的变异中，很少可能把只是适应的性状误认为主要的性状。"关于植物，最不重要的是生命所依赖的营养器官，除了第一次主要分野；相反的，最重要的却是生殖器官以及它们的产物种子，这是多么令人瞩目！

因此，分类时切不可信任部分体制的相似性，不管它们相对于外部世界来说对生物的利益有多么重要。也许就为了这个原因，部分造成了绝大部分学者最最重视生活、生理上至关重要的器官的相似性。这种挟重要器官为重的分类学观点无疑大致不错，但并非永远正确。我认为，器官在分类学上的重要性取决于它在整个物种大群中的更大恒定性，而这个恒定性取决于这种器官在物种适应生活条件时普遍有较少的变化。器官的单纯生理上的重要性并不决定分类学价值，一个事实就几乎证明了这一点，即在近似的群中，虽然有充分理由设想，同一器官具有几乎相同的生理价值，但其分类学价值却大不相同。学者研究过某一群，无不被这个事实打动；几乎每一位作者都充分承认这个事实。这里只引述最高权威罗伯特·布朗的话就够了；他在讲到山龙眼科（Proteaceae）的某些器官时，说到它在属方面的重要性，“像它们的所有器官一样，不仅在这一科中，而且据我所知在每一自然的科中都是很不相等的，并且在某些情形下，似乎完全消失了”。还有，他在另一部著作中说：“牛栓藤科（Connaraceae）的各属在单子房或多子房上，在胚乳的有无上，在花蕾里花瓣做覆瓦状或镊合状上，都是不同的。这些性状的任何一种，单独讲时，其重要性经常在属以上，但合在一起讲时，甚至不足以区别纳斯蒂属（*Cnestis*）和牛栓藤（*Connarus*）。”我在这里举一个昆虫的例子：在膜翅目的一个大支群里，照韦斯特伍德所说，触角是最恒定的构造；另一支群里则差异很大，而这差异在分类学上只有十分次要的价值；可是也许没有人会说，在同一目的两个支群里，触角具有不同等的生理重要性。同一群生物的同一重要器官在分类学上有不同的重要性，这方面的例子不胜枚举。

再者，没有人会说残迹器官在生理上或生活上有高度的重要性；可是毫无疑问，这种状态的器官在分类学上经常有很大的价值。没有人会反对幼小反刍类上颚中的残迹齿以及腿上某些残迹骨片在显示反刍类和厚皮类之间的密切亲缘关系上是高度有用的。布朗曾经极力主张，残迹小花的位置在禾本科草类的分类上有极度的重要性。

关于那些必须认为生理上很不重要的，但普遍认为在整个群的定义上高度有用的部分所显示的性状，可以举出无数的事例。例如，从鼻孔到口腔是否有个通道，欧文认为这是区别鱼类和爬行类的唯一性状；又如有袋类的下颚角度的变化、昆虫翅膀的折叠状态、某些藻类的颜色、禾本科草类的花在各部分上的细毛、脊椎动物的真皮被覆物（如毛或羽毛）的性质。如果鸭嘴兽被覆的是羽毛而不是毛，那么我想这种不重要的外部性状将会被学者认为有助于决定这种奇怪生物与鸟类以及爬行类的亲缘度，其重要性不亚于任何重要内部器官的构造接近。

微小性状的分类学重要性，主要取决于它与若干其他多多少少重要的性状的关联。性状的总体价值在博物学中确是很明显的。因此，正如经常指出的，一个物种可以在几种性状（生理上很重要，几乎无往不胜）上与它的近似物种相区别，可是对于它应该排列在哪里，我们却毫不怀疑。因此，我们也已经发现，依据任何单种性状来分类，不管这种性状如何重要，总是失败的；因为体制上没有一个部分是普遍恒定的。性状的总体重要性，即使其中没有一个性状是重要的，我想也可以单独说明林奈的格言，即不是性状产生属，而是属产生性状；因为此格言的根据似乎是体会到了许多难于定义的轻微类似点。金虎尾科（Malpighiaceae）的某些植物具有完全的和退化的花；关于后者，朱西厄（A. de Jussieu）说：“物种、属、科、纲所固有的性状，大部分都消失了，这是对分类学的嘲笑。”当斯克巴属（*Aspicarpa*）在法国几年内只产生退化的花，而与这一目的固有模式在构造的许多最重要方面如此惊人地不合时，诚如朱西厄所观察的那样，里查德（M. Richard）却敏智地看出这一属还应该保留在金虎尾科里。此个案似乎很好地说明了分类学的精神。

实际上，学者进行分类工作时，对于定义一个群、排列任何物种所用的性状，并不费心注意其生理价值。如果找到一种近乎一致的为许多类型所共有而不为其他类型所共有的性状，就当作具有高度价值的性状来应用；如果为少数类型所共有，就把它当作具有次等价值的性状来应用。有些学者公开主张这是正确的原则，而植物学家圣提雷尔尤为明确。如果几种性状总是关联出现，虽然其间没有发现显然的联系纽带，也会赋予特殊的价值。在大多数的动物群中，重要的器官，例如压送血液的器官或输送空气给血液的器官，或繁殖种族的器官，如果是差不多一致的，分类学上就认为是高度有用的；但是在某些群里，所有这些最重要的生活器官只能提供次要价值的性状。

我们知道为什么胚胎的性状与成体有相等的重要性，因为分类学当然包括一切龄期在内。但是普通的观点并没有明确，为什么胚胎构造在分类学上比成体更重要，而在自然组成中只有成体构造才能充分发挥作用。可是大学者爱德华兹和阿加西斯极力主张胚胎的性状在分类学中是最重要的性状；而且公认这种理论是正确的。显花植物就是这样，其两个主要区分是依据胚胎性状，即子叶的数目和位置，以及胚芽和胚根的发育方式。我们在讨论胚胎学时就要看到，为什么这些性状如此有价值，因为分类学观点暗含了传承的观念。

分类学往往明显地受到亲缘链的影响。没有比定义所有鸟类所共有的若干性状更容易的了，但是在甲壳类个案里，这样的定义至今还难上加难。有些甲壳类处于两极端，几乎没有一种共同的性状；可是两极端的物种，因为明显与其他物种相近似，而这些物种又与另一些物种相近似，这样关联下去，便可确认它们不含糊地属于关节动物这一纲，而不是其他纲。

地理分布也常被应用，特别是被用在密切近似类型的大群的分类中，虽然这并不十分符合逻辑。覃明克（Temminck）主张这个方法在鸟类的某些群中是有用的，甚至是必要的；若干昆虫学者和植物学者也曾采用过此法。

最后，关于各个物种群，如目、亚目、科、亚科和属等的比较价值，依我看来，至少现在，几乎是任意估定的。若干最优秀的植物学家如本瑟姆先生等人，都强烈主张它们的任意价值。能够举出一些有关植物和昆虫方面的事例，例如，有一群起初被训练有素的植物学者只列为一个属，然后提升到亚科或科的等级；这样做并不是因为进一步的研究探查到起初忽视的重要构造差异，而是因为后来发现了具有稍微不同级进的各种差异的无数近似物种。

上述分类学上的规则、辅助手段和难点，如果我的想法没有多大错误，都可以根据下述观点得到解释，即自然系统是以伴随着变异的传承为根据的；学者们认为两个以上物种间那些表明真实亲缘关系的性状都是从共同祖先遗传下来的，一切真实的分类学都是依据家系的；共同的传承就是学者们无意识地追求的潜在纽带，而不是什么未知的创造计划，也不是一般命题的说明，把多少相似的对象简单地合在一起和分开。

但是我必须更充分地说明己见。我认为各个纲里的群按照适当的从属关系和相互关系排列，必须严格按照家系，才能达到自然的分类；不过若干分支或群，虽与共同祖先血统关系的近似程度相等，由于变异程度不同，差异量却大有区别；这就表现为类型列入不同的属、科、部或目之中。如果读者费神去参阅第四章的图解，就会很好理解这里的意思。假定从 A 到 L 代表生存于志留纪的近似的属，是从存在于更早的未知时期的物种传下来的。其中 3 个属（A、F 和 I）中，都有物种传留下变异的后代直到今天，表示为最高横线上的 15 个属（a^{14} 到 z^{14}）。那么，从单一物种传下来的所有这些变异的后代，在血统上即传承上都有同等程度的关系；可以比喻为第一百万代的同胞，但彼此之间有着广泛的差异，且程度不同。从 A 传下来、现在分成两三个科的类型组成一个目，不同于从 I 传下来的目，它也分成两个科。从 A 传下来的现存物种已不能与亲种 A 归入同一个属；

从 I 传下来的物种也不能与亲种 I 归入同一个属。我们可以假定现存的属 F^{14} 只有稍微地改变，可以和祖属 F 同归一属，正像少数现在仍然生存的生物属于志留纪的属一样。所以，这些在血统上都以同等程度彼此关联的生物之间所表现的差异量或者价值，就大不相同了。虽然如此，它们的家系排列不仅现在是真实的，而且在传承的每一连续的时期中也是真实的。从 A 传下来的一切变异后代，都从共同祖先遗传了某些共同的东西，从 I 传下来的一切后代也是这样；在每一连续的阶段上，后代的每一从属的分支也都是这样。但是如果假定 A 或 I 的任何后代变异太大，彻底丧失了其出身的痕迹，于是，其自然分类系统中的位置就彻底丧失了，某些现存的生物好像发生过这种事情。F 属的一切后代，沿着整个传承线，假定只有很少的变化，就形成单独的一个属。但是这个属虽然很孤立，将仍然占据应有的中间位置；F 本来就是 A 和 I 的中间性状，而这两个属传承下来的各个属，会在一定程度上遗传其性状。这种自然排列，这里尽可能用平面的图解表示，但未免过分简单。如果不使用分枝图，而只把群的名称简单地写在一条直线上，就更不可能表示自然排列了；大家知道，自然界中在同一群生物间所发现的亲缘关系，用平面上的一条线来表示，显然是不可能的。所以，按照我的观点，自然系统就和宗谱一样，在排列上是依据家系的；但是不同群所经历的变异量，必须用列在不同的所谓属、亚科、科、部、目和纲里的方法来表示。

值得举一个语言的例子来说明这种分类学观点。如果我们拥有人类的完整谱系，那么人种谱系的排列就会对现在全世界所用的各种语言提供最好的分类；如果一切灭绝的语言以及一切中间性质和逐渐变化着的方言也必须包括在内，那么我想这样的排列将是唯一可能的分类。然而，某些古代语言可能变得很少，产生的新语言也少，而其他古代语言由于同宗的各族在散布、继而隔离和文明状态方面的原因曾经改变很大，因此产生了许多新的方言和语言。同一语系诸语言之间的各种程度的差异，必须用群下有群的分类方法来表示；但是正当的，甚至唯一应有的排列还是谱系的排列；这将是严格自然的，因为它依据最密切的亲缘关系把灭绝的和现代的一切语言联结在一起，并且表明每一语言的分支和起源。

为了证实这一观点，让我们看一看变种的分类，变种是已经知道或者相信从单个物种传下来的。这些变种群集在物种之下，亚变种又集在变种之下；在某些情形下，如家鸽，还必须有其他等级的差异。变种群下有群的来源和物种相同，即传承密切，变异程度不同。变种分类所依据的规则和物种大致相同。作者们坚决主张依据自然系统而不依据人为系统来排列变种的必要性；比方说，我们被提醒不要单纯因为凤梨的果实（虽然这是最重要的部分）碰巧大致相同，就把其两个变种分类在一起；没有人把瑞典芜菁和普通芜菁归在一起，虽然它们可供食用的、肥大的茎是如此相似。哪一部分是最恒定的，哪一部分就会用于变种的分类：例如，大农学家马歇尔说，角在牛的分类中很有用，因为比身体的形状或颜色等变异要小，而在绵羊的分类中，角的用处则大大减少，因为较不恒定。在变种的分类中，我认为如果我们有真实的谱系，就会普遍地采用谱系分类；并且几位作者已试用过。因为我们可以肯定，不管有多少变异，遗传原理总会把那些相似点最多的类型聚合在一起。关于翻飞鸽，虽然某些亚变种在喙长这一重要性状上有所不同，可是由于都有翻飞的共同习性，还是被聚合在一起；但是短面的品种已经几乎或者完全丧失了这种习性：虽然如此，我们并不考虑这个问题，还是把它和其他翻飞鸽归入一群，因为它们在血统上相近，同时在其他方面也有类似之处。如果能够证明霍屯督人（Hottentot）是尼格罗人（Negro）的后代，我想就会被分类到黑人族群，尽管在肤色等重要性状上与尼格罗人如此不同。

关于自然状态下的物种，实际上每一学者都已根据传承进行分类；因为把两性都包括在最低单位，即物种中；而两性有时在最重要性状上表现了何等巨大的差异，学者都是知道的：某些蔓足类的雄性成体和雌雄同体的个体之间几乎没有共同之处，可是没有人梦想过把它们分开。学者把同一个体的各种幼体阶段都包括在同一物种中，不管它们彼此之间的差异以及与成体的差异有多大；斯登斯特鲁普（Steenstrup）的所谓交替的世代也是如此，它们只有在学术意义上才被认为属于同一个体。学者又把畸形和变种归在同一物种中，并不是因为与亲类型部分类似，而因为都是从亲类型传下来的。认为樱草传承自报春花属，或者相反传承的人，会把它们列入一个物种，给予一个定义。兰科的三个类型即和尚兰（*Monachanthus*）、蝇兰（*Myanthus*）和龙须兰（*Catasetum*），以前被列为 3 个不同的属，一旦有人发现它们有时会在同一植株上产生出来时，就立刻被认为是同种。有人问，如果有人证明，一种袋鼠经过长期的变异从熊产生出来了，那我们怎么办呢？该把它与熊列入一个物种吗？另外那个物种怎么办呢？这种假设当然是无稽之谈，我可以用语无伦次法加以答复，问他如果看到一只完美的袋鼠从熊妈妈肚子里生出来怎么办？按照类比法，它会和熊列在一起，不过那样的话，袋鼠科的全部物种肯定要列入熊属了。整个个案是无稽之谈，因为哪里有共同的密切传承，哪里就当然有密切相似或者亲缘了。

因为血统传承普遍地用来把同一个物种的个体分类在一起，虽然雄者、雌者以及幼体有时极不相同；又因为血统用来对发生过一定量的变异，以及有时发生过相当大量变异的变种进行分类，难道血统这同一因素不曾无意识地用来把物种集合成属，把属集合成更高的群？尽管在这种情形下，变异程度更大，完成的时间更长。我相信它已被无意识地应用了；并且只有这样，我才能理解最优秀的分类学者所采用的若干规则和指南。因为没有记载下来的宗谱，便不得不由任何种类的相似之点去追寻血统的共同性。所以才选择那些在每一物种最近所处的生活条件中最不易发生变化的性状，凭判断力进行选择。由此，残迹器官与体制的其他部分在分类学上同样适用，有时甚至更加适用。不管一种性状多么微小，哪怕只是如颚的角度的大小、昆虫翅膀折叠的方式、皮肤被覆着毛或羽毛，这如果在许多不同的物种里，尤其是在生活习性很不相同的物种里普遍存在的话，它就取得了高度的价值；因为只能用来自共同祖先的遗传去解释它何以存在于习性如此不同的如此众多的类型里。如果仅仅根据构造上的单独各点，我们就可能在这方面犯错误，但是当若干无论多么不重要的性状同时存在于习性不同的一大群生物里，从传承说来看，我们几乎可以肯定这些性状是从共同祖先遗传下来的；并且知道这种集合的性状在分类学上是有特殊价值的。

我们能够理解，为什么一个物种或物种群可以在若干最重要的性状上离开它的近似物种，然而还能稳妥地与它们分类在一起。只要有足够数量的性状，尽管多么不重要，泄露了血统共同性的潜在纽带，就可以稳妥地进行这样的分类，而且常常都是这样做的。即使两个类型没有一个性状是共同的，但如果这些极端的类型之间有许多中间群的环节连接在一起，就可以立刻推论出血统的共同性，并且把它们都放在同一个纲里。我们发现在生理上具有高度重要性的器官——在最不相同的生存条件下用来保命的器官，一般是最恒定的，就会给予它特殊的价值；但是，如果这些相同的器官在另一个群或一个群的另一部分中被发现有很大的差异，便立刻在分类学中把它们的价值降低。我们即将清楚知道为什么胚胎的性状在分类学上具有这样高度的重要性。地理分布有时在分布广阔的大属的分类中也可以有效地应用，因为栖息在任何不同孤立地区的同属的一切物种，很可能都是从同一对祖先传下来的。

根据上述观点，我们便能理解真实的亲缘关系与同功的即适应的类似之间有很重要的区别。拉马克首先注意到这个问题，跟进的有麦克里（Macleay）等人。在体形和鳍状前肢上，厚皮动物儒艮和鲸鱼之间的类似，以及这哺乳类和鱼类之间的类似，都是同功的。在昆虫中也有无数的个案。例如，林奈曾被外部表象所误，居然把同翅类的昆虫分类为蛾类。甚至在家养变种中也可以看到大致相同的情形，例如，普通芜菁和瑞典芜菁的肥大块茎的情况。面对某些作者在迥然不同的动物间提出的同功比拟，灵缇犬和赛马的相似，就是小巫见大巫了。根据我关于性状只要揭示血统传承就在分类学上真正重要的观点，就可以清楚地理解，对于生物利益至关重要的同功或适应的性状为什么在分类学上毫无价值了。属于两个最不相同的血统的动物，能轻易变得适应于相似的条件，因而取得外在的密切类似；但是这种类似不但不能揭露它们对于正当传承谱系的血统关系，反而倾向于隐蔽之。我们还能因此理解以下的明显悖论：完全一样的性状，在一个纲、目与另一个比较时是同功的，而在同纲、目的成员相互比较时却能显示真实的亲缘关系。例如，体形和鳍状前肢在鲸与鱼类相比较时只是同功的，都是两个纲对于游水的适应；但是在鲸科的若干成员里，体形和鳍状前肢却是表示真实亲缘关系的性状。因为这些鲸在大大小小的性状上非常一致，我们不能怀疑它们的体形和肢体构造是从共同祖先传下来的。鱼类的情形也是如此。

属于不同纲的物种，因连续的轻微变异常常适应于近似的条件下生活，例如，栖息在水、陆、空三种情况下，因此我们或能理解，为什么会有许多数字上的平行现象有时见于不同纲的亚群之间。学者被任何纲内的这种平行现象所触动，靠任意地提高或降低其他纲中的群的价值（所有经验表明，这种评价至今还是任意的），容易把平行现象扩展到广阔的范围；这样，大概就发生了七项的、五项的、四项的和三项的分类法。

大属优势物种的变异后代，倾向于继承曾使所属的群扩大、使其父母占有优势的优越性，几乎肯定会广为散布，并在自然组成中取得越来越多的地方。较大的优势群因此就倾向于继续增大，结果会把许多弱小群淘汰掉。这样，我们便能解释一切现代和灭绝的生物被包括在少数的大目、更少的纲里，还全部容纳在一个大的自然系统内。一个惊人的事实可以阐明，较高级的群在数目上是多么少，而在全世界的散布又是何等广泛，发现澳洲后并未增加可立新目的昆虫；而在植物界，我从胡克博士那里得知，所增加的仅仅只有两三个小目。

《论生物的地质演替》一章根据每一群的性状在长期连续的变异过程中一般分歧很大的原理，试图表明为什么较古老的生物类型的性状常常略微介于现存群之间。因为少数古老的中间亲类型偶尔把变异很少的后代遗留到今天，这就有了所谓的中间物种（osculant species）或畸变物种（aberrant species）。任何类型越是脱离常规，我看已灭绝而完全消失的联结类型数就一定越多。有证据表明，畸变类型因灭绝而损失严重，因为一般只有极少数的物种；而这类物种即使出现，一般彼此差异也极大，这又意味着灭绝。例如，鸭嘴兽和肺鱼属，如果每一属都不是由独一物种来代表，而是有十多个物种，就不会到脱离常规的程度了；但是，我调查后发现，物种的这种繁荣通常不是畸变属的命运。我想，这一事实只能解释为，把畸变类型看作被成功的竞争者所征服的弱势群，只有少数成员在异常有利条件的巧合下保存下来。

沃特豪斯先生曾指出，当一个动物群的成员与一个不同的群表现有亲缘关系时，这种亲缘关系大多是一般的，而不是特殊的。例如，按照沃特豪斯先生的意见，在一切啮齿类中，绒鼠与有袋类的关系最近；但是在它同这个目接近的诸点中，关系是一般的，并不与任何一个有袋类的物种特别接近。因为两者亲缘关系的诸点据信是真实的，不只是适应性的，按照我的理论，应归因于共同祖先的遗传。所以我们必须假定，要么一切啮齿类，包括绒鼠在内，从某种远古有袋类分支出来，而后者相对于一切现存的有袋类具有中间的性状；要么啮齿类和有袋类两者都从一个共同祖先分支出来，两个群以后在不同的方向上都发生过大量的变异。不论依据哪种观点，都可以假定绒鼠通过遗传比其他啮齿类保存下了更多的古代祖先性状，所以不会与任何一个现存的有袋类特别有关系，但是由于部分地保存了共同祖先或者这一群的某种早期成员的性状，而间接地与一切或几乎一切有袋类有关系。另一方面，沃特豪斯先生指出，在一切有袋类中，袋熊（phascolomys）不是与啮齿类的任何一个物种，而是与整个啮齿目最相似。但是，在这种情形里，很可以猜测这种类似只是同功的，袋熊已经适应了像啮齿类那样的习性。老德康多尔关于不同目植物的一般性亲缘做过几乎相似的观察。

依据由共同祖先传下来的物种的繁衍和性状逐渐分歧，外加遗传保存若干共同性状的原理，就能理解何以同一科或更高级的群的成员都由非常复杂的辐射形亲缘关系联结在一起。因为通过灭绝而分裂成不同群和亚群的整个科的共同祖先，把某些性状经过不同方式和不同程度的变化遗传给一切物种；结果它们由各种长度的迂回亲缘关系线（正如在常提的那个图解中所看到的）彼此关联起来，通过许多先辈而上升。因为，哪怕有谱系树也不容易示明任何古代贵族家庭无数亲属之间的血统关系，而不依靠这种帮助几乎不可能，所以就能理解，在没有图解帮助下，学者们要想对在同一个大的自然纲里看到的许多现存成员和灭绝成员之间各式各样亲缘关系进行描述，是非常困难的。

正如我们在第四章所看到的，灭绝在定义和扩大每一纲里各群之间的距离有着重要的作用。于是，我们认为连接鸟类祖先和其他脊椎动物纲祖先的许多古代生物类型已完全消灭，这甚至可以解释整纲之间界限分明的原因，例如鸟类与所有其他脊椎动物决然不同。曾把鱼类和两栖类联结起来的生物类型的全体灭绝就很少见。在某些整个纲里，灭绝得更少，例如甲壳纲，因为在这纲里，最奇异不同的类型仍然可以由一条绵长而断断续续的亲缘关系环节联结在一起。灭绝只能使群分开，而绝没有制造群；因为曾经在地球上生活过的每一类型如果都突然重现，虽然不可能给每一群以明显的定义，以示区别，因为全部会混在一起，就像最细微的现有变种之间那样存在细微级进，但一个自然的分类，或至少一个自然的排列，还是可能的。参阅图解就可理解这一点；从 A 到 L 可以代表志留纪时期的 11 个属，其中有些已经产生出变异后代的大群。可设想 11 个属及其始祖的每一个中间环节，其后代的每一支和亚支的中间环节现今依然存在，且这些环节与最细微变种之间的环节一样细微。在这种情形下，就不可能下一定义，把各个群成员与它们更加直接的祖先分开，把这些祖先与其古代未知祖先分开。可是图解上的排列还是有效的；根据遗传原理，凡是从 A 或者 I 传下来的一切类型，都会有某些共同点。在一棵树上能够明确这一枝和那一枝，虽然在实际的分杈上，那两枝是连合的，融合在一起的。我说过，我们无法定义各个群；却能选出代表每一大群、小群大多数性状的模式或类型，这样就概括了它们之间的差异值。若要成功搜集曾在全部时空生活过的任一纲的全部类型，这就是必须依据的方法。当然，我们永远完不成这样完全的搜集，不过，在某些纲里正在向着这个目标进行；爱德华兹最近一篇力作强调了采用模式的高度重要性，不管能不能把这些模式所隶属的群彼此分开定义。

最后，我们已看到随着生存斗争而来的、几乎无可避免地在一个优势亲种的许多后代中导致灭绝和性状分歧的自然选择，解释了一切生物的亲缘关系中那个巨大而普遍的特点，即群之下还有群。我们用血统这个要素把两性的个体和各龄的个体分类在一个物种之下，虽然它们只有少数性状是共同的，我们用血统对已知的变种进行分类，不管它们与亲体有多大的不同；我相信血统这个要素就是学者在自然系统这个术语下所寻找的潜在联系纽带。自然系统在已经完善的范围以内，是按照谱系排列的，而共同祖先后代之间的差异等级是由属、科、目等术语来表示的，依据这一概念，我们就能理解分类学不得不遵循的规则。我们能够理解为什么把某些类似的价值估计得远在其他类似之上；为什么允许用残迹的、无用的器官，或生理上重要性很小的器官；为什么在比较一个群与另一个群时立刻排斥同功的或适应的性状，却在同一群的范围内又启用这些性状。我们能够清楚地看到一切现存类型和灭绝类型如何能够归入一个大系统；每一纲的各个成员又怎样由最复杂的辐射状亲缘关系线联结在一起。这大概永远不会解开任何一个纲的成员之间错综的亲缘关系网；但是，如果心目中有一个明确的目标，而且不去祈求某种未知的创造计划，我们就可以希望得到稳扎稳打步步为营的进步。

形态学。我们看到同一纲的成员不论生活习性怎样，在一般体制设计上是彼此相类似的。这种类似性常常用“模式的一致”这个术语来表示；或者说同纲不同物种的若干部分和器官是同源的。整个课题可以包括在形态学这一总称之内。这是博物学中最有趣的部门，而且几乎可以说就是它的灵魂。适于抓握的人手、适于掘土的鼹鼠的前肢、马的腿、海豚的鳍状前肢和蝙蝠的翅膀，都是在同一形式下构成的，而且在相当的位置上具有相似的骨片，有什么能够比这更加奇怪的呢？圣提雷尔曾极力主张同源器官彼此关联的高度重要性；部分的形状和大小可以变化到几乎任何程度，但总是以同一不变的顺序保持联系。比方说，我们从未发现过肱骨和前臂骨，或大腿骨和小腿骨颠倒过位置。因此，同一名称可以用于大不相同的动物的同源的骨。我们在昆虫口器的构造中看到同一伟大的法则：天蛾（sphinx-moth）的极长而螺旋形的喙，蜜蜂或臭虫（bug）的奇异折合的喙，甲虫的巨大的颚，有什么比它们更加彼此不同的呢？可是用于如此大不相同目的的一切这等器官，是由一个上唇、大颚和两对小颚经过不计其数的变异而形成的。这同一法则也支配着甲壳类的口器和肢的构造。植物的花也是这样。

企图采用功利主义或目的论来解释同一纲成员的这种形式相似性，是最没有希望的。欧文在《四肢的性质》这部最有趣的著作中坦承了这种企图的无奈。而按照每一种生物独立创造的通常观点，我们只能说它是这样的：造物主高兴把各个动植物这样设计建造起来。

按照连续轻微变异的选择学说，解释就简单明了了——每一变异都以某种方式对变异了的类型有利，但是又经常由于相关生长影响体制的其他部分。在这种性质的变化中，很少或没有改变原始形式或转换各部分位置的倾向。肢的骨片可以缩短和变扁到任何程度，并且包以厚膜，当作鳍用；有蹼的足可以使所有的骨或某些骨变长到任何程度，同时联结各骨的膜扩大，当作翅膀用；可是所有这些大量变异并不倾向于改变骨架结构或改变各部分的相互联系。设想一切哺乳类的早期祖先，可以叫作原型，具有按照现存的一般形式构造起来的肢，不管用于何种目的，我们将立刻看出全纲动物的肢的同源构造的明晰意义。昆虫的口器也是这样，只要我们设想其共同祖先具有一个上唇、大颚和两对小颚，而这些部分在形状上可能都很简单就行；于是自然选择便可解释昆虫口器在构造上和机能上的无限多样性。然而，我们可以想象，由于某些部分的缩小和最后完全萎缩，由于与其他部分的融合、其他部分的加倍或倍增（我们知道这些变异都是在可能的范围以内），器官的一般形式则会变得极其隐晦不明，以致终于消失。已经灭绝的巨型海蜥蜴（sea-lizards）的桡足，以及某些吸附性甲壳类的口器，其一般的形式似乎已经因此而部分地隐晦不明了。

本主题另有同样奇异的一个分支，即用同一个体不同部分或器官相比较，而不是用同一纲不同成员的同一部分相比较。大多数生理学家都认为头骨与一定数目的椎骨的基本部分是同源的——这就是说，在数目上和相互关联上是彼此一致的。前肢和后肢在脊椎动物和关节动物纲各个成员里显然是同源的。比较甲壳类的异常复杂的颚和腿，也看到同样的法则。人人都熟知，花的萼片、花瓣、雄蕊和雌蕊的相互位置及其基本构造，依据花由呈螺旋形排列的变态叶所组成的观点，是可以解释的。由畸形植物常常可以得到一种器官可能转化成另一种的直接证据，并且在花的早期，以及在甲壳类和许多其他动物的早期或胚胎阶段，能够实际看到成熟时期极不相同的器官起初是完全相似的。

按照神造的通常观点，这些是多么的不可理解！为什么脑髓包含在一个由数目这样多、形状这样奇怪的骨片所组成的盒子里呢？正如欧文所说，分离的骨片便于哺乳类分娩，但这个利益决不能解释鸟类头颅的同一构造。为什么创造出相似的骨片来形成蝙蝠的翅膀和腿，却用于如此完全不同的目的呢？为什么具有多部分组成的极端复杂口器的甲壳类，结果总是腿的数量比较少呢？相反的，为什么具有许多腿的甲壳类口器都比较简单呢？为什么每一花朵的萼片、花瓣、雄蕊、雌蕊，虽然适于如此不同的目的，却构成同一形式呢？

依据自然选择的学说，我们便能满意地解答这些问题。脊椎动物中可以看到一系列内部椎骨拥有某些突起和附器，而关节动物中可以看到身体分为一系列的部分，拥有外部附器，显花植物中可以看到一系列连续的螺旋形叶轮。同一部分、器官的无限重复是（正如欧文指出的）一切低级或很少变异的类型的共同特征；所以可以轻易认为脊椎动物的未知祖先具有许多椎骨；关节动物的未知祖先具有许多部分；显花植物的未知祖先具有许多个螺旋形的叶轮。我们以前还看到，多次重复的部分，在数目上、构造上，极其容易发生变异；结果，自然选择在长期连续的变异过程中，很可能会抓住一定量的原始类似性要素，多次重复的，使之适应五花八门的目的。由于全部的变异量会受到微小连续步骤的影响，如果发现这种部分和器官中有一定程度的根本类似性，由强烈的遗传原则所保存，也不足为奇。

在软体动物大纲中，虽然能够阐明不同物种的诸部分是同源的，但可以示明的只有少数的系列同源；这就是说，很少能说出同一个体的某一部分或器官与另一部分或器官是同源的。我们能够理解这个事实，因为在软体动物里，哪怕这一纲的最低级成员里，我们也找不到任何一个部分有这样无限的重复，像动植物界其他大纲里所看到的那样。

博物学者经常谈起头颅是由变形的椎骨形成的；螃蟹的颚是变形的腿；花的雄蕊和雌蕊是变形的叶；但是正如赫胥黎教授所说的，在这种情形里，我们也许可以更正确地说，头颅和椎骨、颚和腿等，并不是相互变形而成，而是都从某共同的要素变成的。但是，学者只在比喻的意义上用这种语言；他们根本不是说在生物传承的悠久过程中，任何种类的原始器官—— 一是椎骨，一是腿——曾经实际上转化成头颅或颚。可是这种变异现象的发生看来非常可信，使得学者们几乎不可避免地要使用含有这种清晰意义的语言。按照我的观点，这种术语可以按字面使用，例如螃蟹的颚，如果确实在长期传承中从真实的腿或者某个简单的附器变形而成，那么其所保持的无数性状大概是通过遗传而保存下来的，这一美妙的事实就可以解释清楚了。

胚胎学。前面已经偶然提及，个体的某些器官在成体状态中变得大不相同，并且用于不相同目的，在胚胎阶段却完全相似。而且，同一纲里不同物种的胚胎往往是惊人相似的。要证明这一点，没有比阿加西斯提到的情况更好的了：忘记把某脊椎动物胚胎的名称贴上，他就说不出它们属于哺乳类、鸟类还是爬行类了。蛾子、苍蝇、甲壳虫等蠕虫形的幼虫比成虫更酷似，而幼虫的情况是，胚胎活跃，已经适应于专门的生命方式。胚胎类似的法则有时直到相当迟的年齿还保持着痕迹，例如，同一属以及密切近似属的鸟在第一期、第二期的羽毛上往往相似；如在鸫群体中看到斑点羽毛。在猫族里，大部分物种在长成时都具有条纹或斑点；狮崽也都有清楚易辨的条纹或斑点。植物中也可以偶然看到这种事，不过为数不多。例如，金雀花（*Ulex*）、荆豆（*Furze*）的初叶以及假叶金合欢属（*Phyllodineous Acacias*）的初叶，都像是豆科植物的普通叶子，是羽状或分裂状的。

同一纲中大不相同的动物的胚胎在构造上彼此相似的各点，往往与生存条件没有直接关系。比方说，在脊椎动物的胚胎中，鳃裂附近的动脉有一特殊的弧状构造，我们不能设想这与在母体子宫内得到营养的幼小哺乳动物、在巢里孵化出来的鸟卵、在水中的蛙卵所处的相似生活条件有关。我们没有理由相信这样的关系，就像没有理由相信人手、蝙蝠翅膀、海豚的鳍内相似的骨是与相似的生活条件有关。没有人会设想狮崽的条纹或小黑鸫鸟的斑点对于这些动物有任何用处，或者与它们所处的条件相关。

可是，在胚胎生涯的任何阶段，如果动物是活动的，而且必须自己找食，情形就不同了。活动期可以出现在生命的较早期或较晚期；但不管在什么时期，幼体对于生活条件的适应，与成体动物一样的完善美妙。由于这类专门适应，近似动物幼体或者活动胚胎的相似性有时就大为不明。我们甚至可以举出这样的例子，即两个物种或两个物种群的幼体彼此之间的差异要大于等于成体父母。可是，在大多数情形下，虽然是活动的幼体，也还或多或少密切地遵循着胚胎相似的共同法则。蔓足类提供了一个这类的良好例子，甚至声名赫赫的居维叶也没有看出藤壶是名副其实的甲壳类；但是只要看一下幼虫，就会准确无误地知道它是甲壳类。蔓足类的两个主要部分，即有柄蔓足类和无柄蔓足类也是这样，虽然在外表上大不相同，可是它们的幼虫在所有阶段中却很少有区别。

胚胎在发育过程中，体制也一般有所提高；虽然知道几乎不可能清晰定义什么是体制的高低，我还要使用这个说法。大概没有人会反对蝴蝶比毛虫更为高级，可是，在某些情形里，成体动物在等级上一般被认为低于幼虫，如某些寄生的甲壳类就是如此。我们再来谈一谈蔓足类：第一阶段的幼虫有三对运动器官、一个简单的单眼和一个吻状嘴，用嘴大量捕食，因为体量要大大增加。第二阶段相当于蝶类的蛹期，它们有六对构造精致的游泳腿，一对巨大的复眼和极端复杂的触角；但是都有一张闭合而不完全的嘴，不能吃东西；其这一阶段的功能是用很发达的感觉器官去寻找，用活泼的游泳能力去到达适宜的地点，以便附着在上面，进行最后的变态。变态完成之后，它们便永远定居不移动了：于是腿转化成把握器官；重新得到一张结构很好的嘴；但是触角没有了，两只眼也转化成细小的、单独的、简单的眼点。在这最后完成的状态中，我们把蔓足类看作比幼虫状态体制高或低均可。但是在某些属里，幼虫可以发育成具有一般构造的雌雄同体，也可以发育成我所谓的“补雄体”（complemental males）；后者的发育确实是退步了，因为这种雄体只是一个短寿的囊，除了生殖器官还在之外，还缺少嘴、胃和其他重要器官。

我们极其惯常地看到胚胎与成体之间的构造差异，以及同一纲大不相同动物胚胎的密切相似，所以容易把这种事实看作必然取决于生长。但是，例如，关于蝙蝠翅膀或海豚的鳍，在胚胎的任何构造可以看出时，为什么所有部分不按照适当的比例显现轮廓，这是没有什么明显的理由的。在某些整个动物群以及其他群的某些成员中，胚胎不管在哪一时期都与成体没有多大差异：例如欧文曾就乌贼的情形指出，“没有变态；头足类的性状远在胚胎各部分发育完成以前就显示出来了”。还有，蜘蛛“没有值得称为变态的东西”。昆虫的幼虫都要经过蠕虫状的发育阶段，不管是活动的和适应于各种不同习性的，还是因处于适宜的养料之中或受到亲体的哺育而不活动的；但是在少数情形里，例如蚜虫，注意一下赫胥黎教授关于这种昆虫发育的画作，就看不到蠕虫状阶段的痕迹。

那么，怎么解释胚胎学的这几个事实呢？胚胎和成体之间在结构上虽然具有不普遍却很一般的差异；同一个体胚胎的各部分最后变得很不相同并用于不同目的，但在生长早期却是相似的；同一纲里不同物种的胚胎通常是类似的，但不必普遍如此；胚胎的构造与生存条件并不密切相关，除非在任何生命时期变得活动，需要自己觅食；胚胎在体制上有时候高于发育的成体。我相信根据变异传承的观点，对于所有这些可做如下的解释。

也许因为畸形在很早期影响胚胎，所以常常假定轻微的变异也必定在同等的早期内出现。但我们在这方面没有证据，因为证据都指向反面；大家都知道，牛、马和各种玩赏动物的饲育者在动物出生初期无法确定将有什么优点或形体。我们对于自己的孩子也清楚地看到这一点；不能总是说出孩子将来是高是矮，容貌什么样。问题不在于变异在生命的什么时期引起，而在于它什么时期充分表现出来。引起变异的原因甚至可以在胚胎形成前发生作用，并且我相信一般就在之前；变异可以是由于雌雄生殖器受到一方亲体或者其祖先所接触的条件的影响。然而，这样引起的影响在很早期，甚至在胚胎形成前发生，却可能在生命的后期出现；就像遗传病只有在晚年出现，却是从亲体的生殖器传染给后代的。还有，就像杂交牛的角受到一方亲体牛角形状的影响一样。只要很幼小的动物还留存在母体的子宫内或卵内，只要受到亲体的营养和保护，那么大部分性状无论是在生命早期或晚期获得的，对于它的利益肯定都无关紧要。例如，对于借长喙之利取食的鸟，只要由亲体哺育，无论幼小时是否具有这种长喙，是无关紧要的。所以我就此下结论，每个物种借以获得当前构造的许多连续变异，可能都发生在并不很早的时期；家养动物有一些直接证据就支持这种观点。可是在其他情形下，所有连续变异，或者其大多数，可能在极早的时期就出现了。

我曾在第一章中指出，有证据表明，任何变异不论在什么年龄首先出现于亲代，很可能倾向于在后代的相应年龄重新出现。某些变异只能在相应年龄出现。例如，蚕蛾幼虫、茧或蛹体态的特点，牛角在充分长成时的特点。更有甚者，就我们所知，还有无论是生命的早期或晚期出现的变异，倾向于在后代和亲代的相应年龄出现。绝不是说屡试不爽，我能举出变异（取其最广义）的许多例子，发生在子代的时期比亲代早。

这两个原理若能得到承认，我认为它们可能解释上述胚胎学的全部主要事实。但是首先在家养变种中看一看几个相似的事实。某些作者曾写论文研究犬类，主张灵缇犬和喇叭犬虽然外貌如此不同，实际上是密切近似的变种，也许都是从同一个野生种传下来的；因此我极想知道它们的幼崽有多大差异：饲养者告诉我，幼崽之间的差异和亲代之间的差异完全一样，根据目测判断，这似乎是对的；但实际测量老犬和六日龄幼犬，我发现幼犬并没有获得比例差异的全量。还有，有人告诉我拉车马和赛马的马驹之间的差异与充分成长的马一样；我大吃一惊，因为我认为两个品种的差别也许是完全在家养状况下由选择引起的；但是把赛马和重型拉车马的母马和三日龄小马仔细测量之后，我发现小马并没有获得比例差异的全量。

我觉得有确实的证据证明，家鸽的各个品种是从单一野生种传下来的，所以对孵化后 12 小时以内的各种雏鸽进行了比较；我对野生的亲种突胸鸽、扇尾鸽、侏儒鸽、巴巴里鸽、龙鸽、瘤鼻鸽、翻飞鸽，仔细测量了（这里不拟举出细节）喙的比例、嘴的宽度、鼻孔和眼睑的长度、脚的大小和腿的长度。这些鸽子中，有一些成熟时在喙的长度和形状上特别不同，如果见于自然状况下，无疑会被列为不同的属。但是把这几个品种的雏鸟排成一列时，虽然大多数能够区别开，可是在上述各要点上的比例差异比起成熟的鸟却是无比得小了。差异的某些特点，例如嘴的宽度，雏鸟中几乎无法察觉。但是这一规律有一个显著的例外，短面翻飞鸽的雏鸟几乎具有成熟状态时完全一样的比例，而与野生岩鸽等品种的雏鸟不同。

依我看，上述两个原理可以解释家养变种后胚胎期的这些事实。饲养者们在马、犬、鸽等近乎成熟的时期选择繁育，并不在乎所需要的品质和构造是生命早期还是晚期获得的，只要成熟动物能具有就可以了。我刚才所举的例子，特别是鸽子，似乎阐明了人工选择所累积起来而且给予各品种以价值的那些表现特征差异，一般并不首次出现在生命的很早期，而且后代也是在相应的非早期遗传的。但是短面翻飞鸽的例子，即刚降生 12 个小时就具有适当的比例，证明这不是普遍的规律。因为这里表现特征差异要么必须早于正常出现，要么必须不是在相应的龄期遗传的，而是早期遗传的。

现在让我们应用这些事实和上述两个原理来说明自然状况下的物种。后一个原理虽然没有证明，但好歹还是有可能的。让我们讨论一下鸟类的一个属，按照我的理论是从某一亲种传下来的，并且有若干新物种通过自然选择为适应不同的习性而发生了变异。于是，由于许多轻微、连续的变异并不是在很早的龄期发生的，且是在相应的龄期得到遗传的，所以假设属的新物种幼体之间的相似显然倾向于远比成体更加密切，正如鸽的个案中所看到的那样。可以把这观点引申到整个的科乃至纲。例如，祖先曾经当作腿用的前肢，可以在悠久的变异过程中，在某一后代中变得适应于当作手，在另一个后代中当作蹼，还有当作翅膀的。但是按照上述两个原理，连续的变异在比较晚的龄期发生，而且是在相应的晚龄期得到遗传的，前肢在亲种几个后代的胚胎中仍然会密切相似，因为还没有变异。但在每一个新物种里，胚胎的前肢会与成熟动物的前肢差异很大，后者的四肢在生命的后期发生了大量变异，因此转化为了手、蹼、翅膀。不管长久连续的使用不使用在改变器官中可以发生什么样的影响，主要是在成熟动物达到全部活动力量，不得不自己谋生时，才对它发生作用。这样产生的效果将在相应的成熟龄期传递给后代。而幼体由于使用或不使用的效果，将不变化或很少变化。

对某些个案，连续变异可以在生命的极早期发生，或者诸级变异可以在比初现时更早的龄期得到遗传，原因则在我们的一无所知上。不管哪种情形，如短面翻飞鸽那样，幼体或胚胎就密切地类似成熟的亲类型。在某些整个群中，如乌贼、蜘蛛类，以及昆虫这一大纲的某些成员，如蚜虫，我们发现这是发育的规律。关于这些个案的幼体不经过任何变态或者出生时就密切类似亲体的终极原因，我们能够看到这来自以下的两个偶发情况；第一，由于幼体在历经多个世代的变异过程，必须在发育初期解决自己的需要；第二，由于它们亦步亦趋地遵循亲代生活习性；因为在这种情况下，子代须按照亲代的同样方式在幼年发生变异，依据其相似的习性，这对于物种的生存是不可缺少的。然而，也许有必要进一步解释胚胎不经过任何变形的情况。另一方面，如果幼体遵循稍微不同于亲体的生活习性，因而其构造也稍微不同，若要从中获益的话，那么，按照相应年龄的遗传原理，活动幼体或幼虫可想而知会因自然选择而轻易变得与亲体不同。这种差异也可以与连续的发育阶段相关；于是，第一阶段幼虫可以与第二阶段大不相同，蔓足类动物就是这样。成体也可以变得适合于地点和习性，即运动器官或感觉器官等在那里都成为无用的了；在这种情形下，可以说终极变态就是退化了。

因为地球上一切生存过的生物，无论灭绝的和现代的，都得归入几个大纲里；统统都被极微细的级进连在一起，如果采集近乎完全，那么最好，乃至唯一可能的排列大概就是依据谱系。血统传承依我看是学者们在自然系统的术语下所寻求的隐性联系纽带。按照这个观点，我们便能理解，为什么在大多数学者眼里胚胎的构造在分类学上甚至比成体更重要。胚胎是处于较少变异状态的动物，所以揭示了祖先的构造。在动物的两个群中，不管构造和习性现在彼此有多大差异，如果经过相同或相似的胚胎阶段，就可以确定它们都是从同一个或者近似的亲体传承下来的，因而彼此是有密切关系的。这样，胚胎构造中的共同性便暴露了血统的共同性。不管成体的构造发生了多大的变异和模糊，这种血统的共同性还会被揭示出来。例如，我们看到蔓足类，根据幼虫就立刻可以认出是属于甲壳类这一大纲的。每个物种和物种群的胚胎状态部分地表明其变异较少的古代祖先的构造，所以我们能够清楚地了解为什么古代灭绝的类型会和其后代，即现存物种的胚胎相类似。阿加西斯认为这是自然界的法则；但我不得不坦言，我只有期望此后看到这条法则被证明是对的。只有在以下的情形它才能被证明是对的，即现在假设在许多胚胎中得到代表的古代状态并非由于在出生之初发生长期连续的变异，也并非由于变异早于它们初现的较早龄期被遗传而全部湮没。我们还必须记住，古代类型像现代类型的胚胎阶段这条假设法则可能是对的，但是由于地质记录在时间上追溯得还不够久远，它可能长期地或永远地得不到实证。

这样，依我看来，博物学上无比重要的这些胚胎学主要事实，按照以下的原理就可以得到解释，就是某一古代祖先的许多后代中的轻微变异，并非出现在生命的很早时期，尽管可能在最初时就引起了，并且在相应的非早时期得到遗传。如果我们把胚胎看作一幅图画，虽然这幅图画多少有些模糊，却反映了每一大纲动物的共同亲类型，那么胚胎学的重要性就大大地提高了。

残迹的、萎缩的和不发育的器官。处于这种奇异状态中的器官或部分，带着废弃不用的鲜明印记，在整个自然界中都极为常见。例如哺乳类的雄体一般具有退化的乳头；我看鸟类“小翼羽”（bastardwing）可以稳妥地认为是残迹状态的指头；大批蛇类的肺有一叶是残迹；还有的蛇有骨盆和后肢的残迹。某些残迹器官的个案极端怪异。例如，鲸鱼的胎儿有牙齿，而成长后连一颗牙齿都没有；未出生小牛的上颚生有牙齿，可是从来不穿出牙龈。甚至有权威人士说，牙齿残迹可以在某些鸟儿胚胎的喙中检测到。翅膀的形成是为了飞行，没有什么比这更加清楚了，可是有多少昆虫，我们看到其翅膀小之又小，根本不能用于飞翔，藏在翅鞘里牢固地联结在一起，这种情况也不在少数！

残迹器官的意义往往是明确无误的。例如同一属甚至同一物种的甲虫，在各方面都彼此密切相似，却有一种具有完全的翅，而另一种只具有残迹的膜；在这里，我们不可能怀疑残迹物就是代表翅的。残迹器官有时还保持着潜在能力，只是没有发育：这似乎见于雄性哺乳类的乳头，记录在案的个案很多，成年雄性的乳头发育得很好，而且分泌乳汁。黄牛属（*Bos*）的乳房也是如此，正常有四个发达的乳头和两个残迹的乳头；但是在家养的奶牛里这两个有时很发达，而且分泌乳汁。关于植物，同一物种的个体中，花瓣有时是残迹，有时是发达的。在雌雄异花的植物里，雄性花朵往往有雌蕊残迹。科尔路特发现，使这种雄花植物与雌雄同花的物种进行杂交，杂种后代中那残迹雌蕊就大大地增大了；这表明残迹雌蕊和完全雌蕊在性质上是基本相似的。

兼而两用的器官，对于一种用处，甚至比较重要的那种用处，可能变为残迹或完全不发育，而对于另一种用处却完全有效。例如，植物中，雌蕊的功用在于使花粉管达到基部子房里保护的胚珠。雌蕊具有一个柱头，为花柱所支持；但是在某些聚合花科植物中，当然不能受精的雄性小花具有残迹的雌蕊，因为它的顶部没有柱头；但花柱依然很发达，并且照常被有细毛，用来把周围花药里的花粉刷下。还有，一种器官对于固有的用处可能变为残迹的，而被用于不同的目的：在某些鱼类里，鳔对于漂浮的固有机能似乎变为残迹，但是转变成了原始的呼吸器官或肺。我还能举出许多相似的事例。

同一物种的诸个体中，残迹器官在发育程度等方面很容易有差别。而且，在密切近似的物种中，同一器官萎缩的程度有时也有很大差异。某些群的雌蛾的翅膀状态很好地例证了这后一事实。残迹器官可能完全退化；这意味着动植物有些器官已踪迹全无，虽然依据类推原希望可以找到它们，而且在畸形个体中可以偶然见到。例如我们一般在金鱼草（snapdragon，*Antirrhinum*）里找不到第五条雄蕊的残迹，但有时候可以看到。在同一纲的不同成员中追踪同一部分的同源作用时，没有比使用和发现残迹物更为常见，或者更为必要了。欧文所绘的马、黄牛和犀牛的腿骨图很好地示明了这一点。

重要的事实在于，残迹器官，如鲸鱼和反刍类上颚的牙齿，往往见于胚胎，后又完全消失。我相信，这也是一条普遍的法则，即残迹部分或器官相对于相邻器官来说，在胚胎里比成体里要大一些；所以这种器官早期的残迹状态不显著，甚至都不能说是残迹的。因此，成体的残迹器官往往说成还保留着胚胎状态。

刚才我已举出有关残迹器官的一些主要事实。仔细思量时，人人都会感到惊奇：告诉我们大多数部分和器官巧妙地适应于某种用处的同一推理能力，也同等明晰地告诉我们这些残迹或萎缩的器官是不完全的、无用的。博物学著作中一般把残迹器官说成是“为了对称的缘故”，或者是为了要“完成自然的计划”而创造。但我觉得这并不是解释，而只是对事实的复述。如果说卫星为了对称的缘故，为了完成自然的计划而循着椭圆形轨道绕行星公转，因为行星是这样绕着太阳运行的，别人会以为足够了吗？有一位生理学家假设残迹器官是用来排除过剩的或对于系统有害的物质的，用来解释其存在；但是能假设往往代表雄花中的雌蕊并且只由细胞组织组成那微小乳头可以发生这样的作用吗？我们能假设以后被吸收的残迹牙齿形成通过排泄珍贵的磷酸钙可以对迅速生长的牛胚胎有所助益吗？人的指头被截断时，断指上有时会出现不完全的指甲：要我相信这些指甲的残迹是为了排泄角质而出现的，而不是出于未知的生长定律，还不如相信海牛鳍上的残迹指甲也是为了这个目的而形成的呢。

按照我关于变异传承的观点，残迹器官的起源是比较简单的。家养生物中有大量残迹器官的例子，如无尾绵羊品种的尾的残迹、无耳绵羊品种的耳的残迹、无角牛的品种（据尤亚特说，特别是小牛的下垂小角的重现)，以及花椰菜(cauliflower)的完全花的状态。畸形生物中常常看到各种部分的残迹。但是我怀疑任何这种例子除了示明残迹器官能够产生出来以外，是否能够说明自然状况下的残迹器官的起源；因为我怀疑自然状况下的物种是否发生突变。我认为不使用是主要原因，它在连续的世代中导致各种器官的逐渐缩小，直到成为残迹，像暗洞里栖息的动物的眼睛，栖息在海洋岛上的鸟类翅膀，很少被迫起飞，最后失去了飞行能力。还有，器官在某种条件下是有用的，在其他条件下可能是有害的，例如栖息在开阔小岛上的甲虫的翅膀就是这样；在这种情形下，自然选择将会缓慢连续地缩小那种器官，直到它成为无害的残迹器官。

机能上的任何变化，能够由不知不觉的细小步骤完成的，都在自然选择的势力范围之内，所以器官因生活习性变化而对某一目的成为无用或有害时，可以轻易改变而用于另一目的。器官还可以只保存以前的机能之一。器官变成无用时，可以发生很多变异，因为其变异不受自然选择的抑制。不管生命的哪一个时期，弃用或选择可使器官缩小，这一般都发生在生物到达成熟期而势必发挥其全部活动力量的时候，而在相应年龄发生作用的遗传原理就使缩小状态的器官在同一年龄重现，于是对于胚胎状态的器官却很少发生影响或者缩小它。这样我们就能理解，胚胎内的残迹器官比较大，而在成体中就比较小。可是，假如缩小过程的每一步不是在相应年龄遗传，而是在生命的极端初期(有充足的理由相信有此可能)，残迹部分就倾向于完全失去，于是出现彻底退化的情况。还有前文解释过的节约原则可能会发挥作用，即组成任何部分或构造的材料如果对所有者没有用处，就要尽可能节省。而这倾向于造成残迹器官的完全消失。

因此，残迹器官的存在是由体制中长期存在的各部分的遗传倾向造成的。根据分类学谱系观点，我们就能理解分类学者为什么发现残迹器官与生理上高度重要的器官同等地有用，乃至更加有用了。残迹器官可以比作单词中的字母，在发音上已无用，而在拼写上仍保留，还可以用作词源派生的线索。我可以断言，残迹的、不完全的、无用的或者退化器官的存在对于通常的生物特创说来说，必定是个怪异难点，但根据变异传承的观点，这不仅不是难点，甚至是可以预料到的，可以由遗传法则加以解释。

提要。这一章试图表明，古往今来，一切生物群下有群；一切现存生物和灭绝生物由复杂的、放射状的、曲折的亲缘线联结成为一个大系统，这种关系的性质；学者在分类学中所遵循的法则和遇到的困难；性状如果是稳定的、广泛的，就给予价值，不管重要性是大是微，或像残迹器官那样毫无重要性；同功的即适应的性状和具有真实亲缘关系的性状之间在价值上广泛对立；其他这类法则。学者心目中的近似类型拥有共同的祖先，并且通过自然选择而变异，因而有灭绝以及性状分歧的可能性，按照这个观点，上述所有法则就是自然而然的了。我们在考虑这种分类学观点时，应该记住血统传承因素被普遍用来把同一物种的性别、龄期以及公认变种分类在一起，不管构造上有多大不同。如果把血统这一因素以生物相似的唯一确知原因扩大使用，即可理解什么叫作自然系统：它是力图按谱系进行排列，用变种、物种、属、科、目和纲等术语来表示所获得的差异诸级。

根据同样的变异传承学说，形态学中的全部大事就一目了然，无论观察同一纲的不同物种在不管有什么用处的同源器官中所表现的同形；还是观察同一动植物个体中同形式构造的同源部分。

根据连续微小的变异不一定或一般不在生命的初期发生并且在相应时期遗传的这一原理，我们就能理解胚胎学中的主要事实；即成熟时构造和机能上变得大不相同的同源器官在个体胚胎中是类似的；同纲不同种的同源部分或器官是类似的，虽然在成体中适合于尽可能不同的目的。幼虫是活动的胚胎，通过变异在相应的龄期遗传下去的原理，随着生活习性的变化而发生了特殊的变异。根据这同样的原理，并且记住，器官由于不使用或自然选择的缩小，一般发生在生物必须解决自己需要的生命时期，同时还要记住，遗传原则是多么强大。那么，残迹器官的发生及其最终退化，就没有无法解释的困难了，相反，其存在甚至是可以预期的。根据自然的分类必须按照谱系的观点，就可理解胚胎的性状和残迹器官在分类学中的重要性。

最后，本章讨论的若干类事实，依我看来是如此清晰地表明，这个世界上的无数物种、属和科，在各自的纲或群的范围之内，都是从共同祖先传下来的，并且都是在传承进程中发生了变异，即使没有其他事实或论证的支持，我也会毫不犹豫地坚持这个观点。

第十四章

回顾与结论

对自然选择学说难点的复述——支持自然选择学说的一般和特殊情况的复述——一般相信物种不变的原因——自然选择学说可以引申到什么程度——自然选择学说的采用对于博物学研究的影响——结束语。

因为全书是一篇绵长的争论，所以我在此把主要的事实和推论简略复述一遍，可能给予读者一些方便。

我不否认，有许多严重的异议可以提出来反对通过自然选择的变异传承学说。我努力全盘接受异议。比较复杂的器官和本能的完善并不依靠优于、等于人类理性的方法，而是依靠对于个体所有者有利的无数轻微变异的积累，初看没有比这更难以置信的了。然而，虽然在我们想象中这好像是不可克服的大难点，可是如果承认下述命题，这就不是真实的难点：任何器官或本能的级进完善，不管是现在存在的还是可能存在的，可以认为对于它的种类都是有利的，全部器官和本能都有极轻微程度的变异。最后，生存斗争导致构造、本能上有利偏差的保存。我认为，这些命题的正确性是无可争辩的。

毫无疑问，甚至猜想一下许多构造是通过什么样的中间级进而完善的，也有极端困难，特别对于已经不连续的、衰败的生物群来说，更加如此；但是我们看到自然界里有那么多奇异的级进，这一点“自然界里没有飞跃”的准则已经宣布了，所以应该慎言任何器官或本能，或者整个生物不可能通过许多级进的步骤而达到现在的状态。我们必须承认，有特别困难的事例来反对自然选择学说，其中最奇妙的一个就是同一蚁群中有两三种工蚁即不育雌蚁的明确等级；但是，我已经试图阐明这些难点是可以克服的。

物种在第一次杂交时普遍的不育性，与变种在杂交时普遍的能育性形成极其明显的对比，就此提请读者参阅第八章末所提出的事实复述。依我看来，事实决定性地表明这种不育性不是特殊的禀赋，有如两棵树木不能嫁接在一起一样；而只是基于杂交物种生殖系统的体质差异的偶然事件。使同样两个物种进行互交，即一个物种先用做父本，后用做母本，结果出现的大量差异里，可看到上述结论的正确性。

变种杂交的能育性及其混种后代的能育性不能看作是千篇一律的。我们只要记住，其体质或者生殖系统不可能得到深刻改变，普遍的能育性也就不足为奇了。而且，试验过的变种大多数是在家养状况下产生的；由于家养状况显然倾向于消除不育性，我们就不该希望又产生不育性。

杂种后代的不育性与物种第一次杂交的不育性大不相同，因为其生殖器的机能或多或少不灵了，而第一次杂交时两方面的器官都是完美无缺的。我们连续地看到，各种各样的生物都由于新的生活条件的轻微变化而扰乱了体质，从而变成某种程度的不育，所以看到杂种有某种程度的不育是不足为奇的，因为其体质由于两种体制的结合简直不可能不被扰乱。这种平行现象得到另一批平行而截然相反的事实的支持；即一切生物的活力和能育性由于生活条件的轻微变化而增加，而轻微变异类型或者变种的后代通过杂交会增加活力和能育性。所以，一方面生活条件的大变和大事变异的类型之间杂交，减少了能育性；另一方面，生活条件的小变和小变异的类型之间杂交，增加了能育性。

就地理分布而言，变异传承学说所遭遇的难点颇为严重。同一物种的一切个体、同一属或甚至更高级的群的一切物种都是从共同的祖先传下来的；因此，现在不管在地球上怎样遥远和隔离的地点发现，它们一定是在连续世代的过程中从某一地点迁徙到一切其他地点的。这是怎样发生的，我们甚至往往连猜测也都完全做不到。然而，我们既然有理由相信，某些物种曾经在极长的时间保持同一物种的类型（如以年代来计算是极其长久的），就不应过分强调同一物种的偶然的广泛散布；因为在很长久的时期里总有良好的机会通过许多方法来进行广泛迁徙的。不连续或中断的分布常常可以由物种在中间地带的灭绝来解释。不能否认，我们对于在现代时期内曾经影响地球的各种气候变化和地理变化的全部范围还是很无知的；而这些变化则往往有利于迁徙。作为一个例证，我曾经企图示明冰期对于同一物种和代表性物种在地球上的分布的影响曾是如何有效。我们对于许多偶然的输送方法还是极其无知的。至于生活在遥远而隔离地区的同属不同物种，因为变异的过程必然是缓慢的，所以迁徙的一切方法在很长的时期里便成为可能；结果同属物种广泛散布的难点就在一定程度上减小了。

按照自然选择学说，一定有无数的中间类型曾经存在过，以微细的级进把每一群中的一切物种联结在一起，就像现存变种那样，因此我们就可以问：为什么周围没有看到这些联结类型呢？为什么所有生物并没有混杂成不能分解的混沌状态呢？关于现存的类型，我们应该记住我们没有权利去希望（极少的例子除外）在它们之间发现直接联结的环节，只能在各个现存类型和某一灭绝、淘汰掉的类型之间发现这种环节。如果一个广阔的地区在长久时期内保持了连续的状态，并且其气候等生活条件从某一物种所占有的区域不知不觉地变化到为一个密切近似物种所占有的区域，即使如此，我们也没有正当的权利去希望中间地带常常找到中间变种。因为我们有理由相信，任何时期每一属中只有少数物种发生变化；而且一切变异都是逐渐完成的。我还阐明，起初也许在中间地带存在的中间变种，容易被任何方面的近似类型所淘汰；因为后者由于生存的数目较大，比起数目少的中间变种一般能以较快的速率发生变化和改进；结果中间变种长远看就要被淘汰和消灭掉。

世界上现存生物和灭绝生物之间以及各个连续时期内灭绝物种和更加古老物种之间，都有无数联结的环节已经灭绝。按照这一学说来看，为什么在每一个地质层中没有填满这等环节呢？为什么化石遗物的每一次采集没有为生物类型的级进和变化提供明证呢？这是因为我们并没有这种证据啊，而且这是反对我的理论的许多异议中最明显有力的异议。还有，为什么整群的近似物种好像是突然出现在地质诸阶段之中呢？（虽然这常常是一种假象。）为什么志留纪之下没有发现巨大的地层含有志留纪化石群的祖先遗骸呢？因为，按照我的理论，这样的地层一定在世界历史这古老而完全蒙昧的时代里已经沉积于某处了。

我只能根据地质记录比大多数地质学家所认为的更不完全这一假设来回答上述问题和严重异议。毋庸置疑，进行任何数量的生物变化，记录在案的时间是不够的；亘古以来的时间之长，绝非人类智力所能把握。全部博物馆内的标本数目与肯定生存过的无数物种的无数世代比较起来，是完全不足道的。即使研究生物是周密进行的，除非同样得到过去祖先和现在状态之间的许多中间环节，否则无法辨识一个物种是否是一个或多个物种的祖先，而由于地质记录的不完全，我们也没有太多希望来找到这么许多环节。我们可以举出无数现存的可疑类型，也许是变种呢；但是谁敢说将来会发现众多的化石环节，让学者能够按照通行的观点决定这些可疑类型是否应该叫作变种？只要任何两个物种间的大部分环节未知，若发现任何一个环节或中间变种，就会干脆被列为另一个物种的。只有世界的一小部分曾经过地质勘探。只有某些纲的生物才能在化石状态中至少以任何大量的数目保存下来。分布广的物种最常变异，变种起初又常是地方性的，由于这两个原因，我们要发现中间环节就更不可能。地方变种不等到相当的变异改进之后，是不会分布到遥远地区的；等散布开了，并且在一个地层中被发现的时候，就好像是在那里被突然创造出来似的，就干脆列为新物种。大多数地层在沉积中是断断续续的，我相信，延续的时间大概比物种类型的平均延续时间更短。连续的地质层都被长久的空白间隔时间所分开；因为含有化石的地质层，其厚度足以抵抗未来的陵蚀作用，只能在海底下降而有大量沉积物沉积的地方，才能得到堆积。在水平面上升和静止的交替时期，地质记录是空白的。在后面这样的时期中，生物的类型大概会有更多的变异性；在下降的时期，大概有更多的灭绝。

关于志留纪地质层以下缺乏富含化石的地层一点，我只能回到第九章提出的假说。地质记录不完整，大家都承认；但不完整到我要求的程度，很少人会承认。如果我们观察到足够悠长的间隔时间，地质学说就明白地宣告一切物种都变化了，而且是以我的理论所要求的方式发生变化，因为都是缓慢且以渐进方式变化的。我们在连续地质层里的化石遗骸中清楚地看到这种情形，它们的彼此关系一定远比时间相隔很远的地质层中的化石更加密切。

以上就是可以正当提出来反对我的理论的几种主要异议和难点的概要；我现在简要地复述了针对性的回答和解释。多年来我一直感到这些难点沉甸甸的，不怀疑它们的分量。但值得特别注意的是，更加重要的异议与我们坦白无知的那些问题有关；而且我们还不知道自己无知到什么程度。我们还不知道在最简单和最完善器官之间一切可能的过渡级进；也不能假装已经知道，悠久岁月里各种各样的分布方法，或者地质记录是怎样的不完全。尽管这几种难点是严重的，但在我的判断中，决不足以推翻变异传承学说。

现在让我们谈谈争论的另一面。在家养状况下可看到大量变异性。似乎主要是由于生殖系统尤其易于受生活条件变化的影响；所以这个生殖系统在没有变成无能的时候，不能繁殖跟亲类型一模一样的后代。变异性受许多复杂的法则支配——被相关生长、使用不使用，以及周围条件的直接作用所支配。我们要确定家养生物曾经发生过多少变异，难度很大；但是可以稳妥地推论，变异量是大的，而且变异能够长久地遗传下去。只要生活条件保持不变，就有理由相信，曾经遗传过许多世代的变异可以继续遗传几乎无限的世代。另一方面，有证据说，变异性一旦发生作用，就不会全部停止；即使最古老的家养生物也会偶尔产生新变种。

变异性实际上不是由人引起的；人只是无意识地把生物放在新的生活条件下，于是自然就对生物的体制发生作用，而引起变异。但是人能够并且确实选择了自然给予的变异，从而把变异按照任何需要的方式累积起来。这样，人可以使动植物适应自己的利益或爱好。可以有计划地或者无意识地这样做，就是保存当时对自己最有用的个体，但没有改变品种的任何企图。人肯定能借着在每一连续世代中选择那些非有训练的眼睛就不能辨识出来的极其微细的个体差异，来大大影响品种的性状。这种选择过程在形成最显著最有用的家养品种中起过重大作用。人所产生的许多品种在很大程度上具有自然物种的性状，这已由许多品种究竟是变种还是本土物种这一难解的疑问所示明了。

没有明显理由表明，家养状况下曾经如此有效地发生了作用的原理，为什么不能在自然状况下起作用。在不断反复的“生存斗争”中，受惠的个体或族群得到生存，从中我们可以看到最强有力和经常发生作用的选择手段。一切生物都依照几何级数高速率增加，必然会引起生存斗争。这种高增加率可用计算来证明，连续的特殊季节，以及在新区归化都会产生这种效果，详见第三章。产生出来的个体比可能生存得多。天平上的些微之差便可决定个体的生死存亡，——哪些变种或物种将增量，哪些将减量或最后灭绝。同一物种的个体彼此在各方面进行最密切的竞争，因此之间的斗争一般最为剧烈；同一物种的变种之间，斗争几乎也是同样剧烈，其次就是同属的物种之间；另一方面，在自然系统上相距很远的生物之间，斗争也常常是剧烈的。某些个体在任何年龄或任何季节比与其相竞争的个体只要占有最轻微的优势，或者对周围物理条件具有任何轻微程度的较好适应，结果就会改变平衡。

对于雌雄异体的动物，在大多数情形下雄者之间为了占有雌者，就会发生斗争。最强有力的雄者，或与生活条件斗争最成功的雄者，一般会留下最多的后代。但是成功往往取决于雄者具有特别武器，或者防御手段，或者魅力；轻微的优势就会导致胜利。

地质学清楚地表明，各个陆地都曾发生过巨大的物理变化，因此，我们可以预料生物在自然状况下曾经发生过变异，有如在家养状况下普遍发生变异的那样。如果在自然状况下有任何变异性的话，那么要说自然选择不曾发生作用，那就是无法解释的事实了。常常有人主张，变异量在自然状况下是有严格限制的量，但是这个主张是无法证实的。虽然只是作用于外部性状而且往往心血来潮，人类却能够在短暂的时期内由累积家养生物的个体差异而产生巨大的结果；并且人人都承认自然物种至少呈现个体差异。但是，除了个体差异外，所有学者都承认有自然变种存在，认为有足够的区别而值得分类学著作加以记载。没有人可以在个体差异和轻微变种之间，在特征明确的变种和亚种、物种之间划出明显的区别。请注意，学者给予欧洲、北美许多代表性类型的分级是有不同意见的。

倘若自然界存在变异性，而且有强有力的动因随时准备进行选择，我们为什么要怀疑，变异在任何方面有利于生物的，会在极其复杂的生活关系下得到保存、累积和遗传呢？人既能耐心选择对他有用的变异，为什么在变化着的生活条件下有利于自然生物的变异，自然不会加以选择呢？对于这种在悠久年代中发生作用并严格检查每一生物的整个体制、构造和习性——助长好的并排除坏的——的力量能够加以限制吗？对于这种缓慢而美妙地使每一类型适应于最复杂的生活关系的力量，我看是漫无边际的。哪怕我们不看得更远，自然选择学说本身依我看也是可信的。我已经尽可能公正地复述了对方提出的难点和异议，现在转而谈一谈支持这个学说的特殊事实和论点。

物种只是特征强烈显著的、稳定的变种，而且每一物种首先作为变种而存在，根据这一观点，便能理解，在一般假定由特殊创造行为产生出来的物种和公认为由次要法则产生出来的变种之间，为什么没有一条界线可定。根据这同一观点，我们还能理解在一个属的许多物种曾经产生出来且现今仍为繁盛的地区，为什么同样的物种要呈现许多变种；因为在物种工厂很活跃的地方，一般来说，可以预料还在活跃；如果变种是初始物种，情形就确是这样。还有，大属的物种提供较大数量的变种即初始物种，那么在某种程度上就会保持变种的性状；因为它们之间的差异量比小属物种的差异量为小。大属的密切近似物种显然在分布上要受到限制，并且围绕着其他物种聚成小群——这两方面都和变种相似。根据每一物种都是独立创造的观点，这些关系就是奇特的，但是如果所有物种都是首先作为变种而存在的话，那么这些关系便是可以理解的了。

各个物种都倾向于按几何级数繁殖而过量增加；而且其变异后代由于习性和结构上更加多样化而相应增量，便能在自然组成中攫取许多决然不同的场所，自然选择就不断倾向于保存任一物种分歧最大的后代。所以在长久连续的变异过程中，同一物种的诸变种所特有的轻微差异便趋于增大而成为同一属物种所特有的较大差异。改进了的新变种不可避免地要淘汰消灭掉改进较少的和中间的旧变种；这样，物种在很大程度上就成为确定的、界限分明的了。属于较大群的优势物种倾向于诞生优势的新类型；结果每一大群便倾向于变得更大，同时在性状上更加分歧。但是所有的群不能都这样继续增大，世界容纳不下它们，所以占优势的群体就要打倒较不占优势的群体。这种大群继续增大以及性状继续分歧的倾向，加上几乎不可避免的大量灭绝的可能，说明了一切生物类型都是按照群下有群来排列的，所有这些群都包括在我们周围到处可见、自始至终占有优势的少数大纲之内。把一切生物都归群的这一伟大事实，根据特创说，依我看是完全不能解释的。

自然选择仅能借着轻微的、连续的、有利的、变异的积累而起作用，所以不能产生巨变或突变；只能取短小缓慢的步骤。“自然界里没有飞跃”这一格言已被每次新增加的知识所进一步证实，因此，根据我这个学说，格言就简单明了了。我们能够理解，为什么自然界在多样性上是浪费的，但在创新上是吝啬的。但是如果每一个物种都是独立创造，那么，为什么这应当是自然界的法则，就没有人能解了。

依我看，根据我这个学说，还有许多其他的事实可以得到解释。这是多么奇怪的创造啊：啄木鸟形态的鸟会在地面上捕食昆虫；少游泳或不游泳的高地鹅具有蹼脚；鸫鸟潜水并吃水中的昆虫；海燕具有适于海雀或鹡鸰生活的习性和构造！如此等等，不一而足。但是根据各个物种都不断力求增量，而自然选择总是在使每一物种的缓慢变异着的后代适应于自然界中未被占据或占据得不好的地方的观点，上述事实就不足为奇，甚至是可以预测的了。

自然选择由竞争而起作用，使各地生物得到适应，只是相对于同住者的完善程度而言；所以任何一地的物种，虽然按通常的观点假定是为了那个地区创造出来而特别适应该地的，却被外地移来的归化生物所打倒淘汰，对此我们不必惊奇。如果自然界里的一切设计，就我们所能判断的来说，并不是绝对完善的；如果其中有些与我们的合适观念相反，我们对此也不必感到惊奇。蜜蜂的刺会引起蜜蜂自身的死亡；雄蜂为了一次交配而被产生出那么多，交配之后便被不育的姊妹们杀死；冷杉花粉的惊人浪费；蜂后对于能育的女儿们所具有的本能仇恨；姬蜂在毛虫的活体内求食；诸如此类的例子，也不足为奇。从自然选择学说看来，奇怪的事情实际上倒是未发现更多缺乏绝对完善的例子。

支配产生变种的复杂而未知的法则，就我们所能判断的来说，与支配产生明确物种的法则是相同的。在这两种场合里，物理条件似乎只产生了一点点直接的效果；可当变种进入任何新地点以后，有时便取得该地物种所固有的某些性状。对于变种和物种，使用和不使用似乎产生了一些效果；若看到以下情形，就难以反驳这一结论。例如，翅膀不能飞翔的大头鸭所处的条件几乎与家鸭相同；穴居的栉鼠有时是盲目的，某些鼹鼠通常是盲目的，而且眼睛上被皮肤遮盖着；栖息在美洲和欧洲暗洞里的动物是盲目的。对于变种和物种，相关生长似乎发挥了重要作用。因此，某一部分发生变异时，其他部分也必然要发生。长久亡失的性状有时会在变种和物种中复现。马属的若干物种及其杂种偶尔会在肩上和腿上出现条纹，根据特创说，这一事实将无法解释！如果相信这些物种都是从具有条纹的祖先传下的，就像鸽的若干家养品种都是从具有条纹的蓝色岩鸽传下来的那样，那么上述事实的解释将是何等的简单！

按照每一个物种都是独立创造的通常观点，为什么物种的性状，即同属的诸物种彼此相区别的性状比所共有的属的性状更多变异呢？比方说，一个属的任何一种花的颜色，为什么当所谓独立创造的其他物种具有不同颜色的花时，要比一切物种的花都同色时更易发生变异呢？如果说物种只是特征很显著的变种，其性状已经高度稳定了，那这种事实就能理解；因为这些物种从一个共同祖先分支出来以后在某些性状上已经发生变异了，这就是彼此赖以区别的性状；所以这些性状比长期未变遗传下来的属的性状就更易变异。特创说就不能解释在一属的单独一个物种里，以很异常方式发育起来因而可以自然地推想对于该物种有巨大重要性的部分，为什么显著易于变异；但根据我的观点，自从若干物种由一个共同祖先分支出来以后，这部分已经有大量的变异变化，可以预料一般还要发生变异。但如蝙蝠的翅膀，部分可能以最异常的方式发育起来，如果是许多附属类型所共有的，也就是说，如果已经遗传很长时间，就不会比其他构造更容易发生变异；因为在这种情形下，长久连续的自然选择就会使它恒定了。

看一看本能，某些本能虽然很神奇，可是按照连续的、轻微而有益的变异之自然选择学说，它们并不比肉体构造提供更大的难点。这样，我们便能理解为什么自然在赋予同纲的不同动物以各种本能时，是以级进的步骤进行的。我试图阐明过，级进原理对于蜜蜂美妙的建筑能力提供了多大的启示。在本能的改变中，习性无疑往往起作用；但肯定不是不可缺少的，就像在中性昆虫的情形中所看到的那样，并不留下后代去继承长久连续的习性的效果。根据同属的一切物种都是从共同祖先传下来、遗传了许多共同性状这一观点，我们便能了解近似物种处在极不相同的条件之下时，怎么还具有几乎同样的本能；为什么南美洲热带和温带的鸫像我英国的物种那样用泥土涂抹巢的内侧。根据本能是通过自然选择缓慢获得的观点，我们对某些本能并不完全、容易犯错，而且许多本能会使其他动物蒙受损失，就不必大惊小怪了。

如果物种只是特征很显著的、稳定的变种，便能立刻看出为什么杂交后代在类似亲体的程度和性质上——连续杂交而相互吸收等方面——就像公认的变种杂交后代那样遵循同样的复杂法则。如果物种是独立创造的，并且变种是通过次要法则产生出来的，这种类似就成为怪事了。

承认地质记录不完全到极端的程度，地质记录所提供的事实就强有力地支持了变异传承学说。新物种缓慢地在连续的间隔时间内出现；而不同的群经过相等的间隔时间之后的变化量是大不相同的。物种和整个物种群的灭绝，在有机世界的历史中作用非常显著，几乎不可避免地是自然选择原理的结果；因为旧的类型要被改进了的新类型淘汰。单独一个物种也好，整群的物种也罢，普通世代的链条一旦断绝，就不再出现了。优势类型逐渐散布，其后代缓慢变异，使得生物类型经过长久的间隔时间以后，看来好像是在全世界范围内同时发生变化似的。各个地质层的化石遗骸的性状在某种程度上是介于上、下地质层之间的，这一事实可以简单地由它们在传承链中处于中间地位来解释。一切灭绝生物都能与一切现存生物分类在一起，要么同群，要么属于中间群，这一伟大事实是现存生物和灭绝生物都作为共同祖先后代的自然结果。由于物种群从早期祖先传承下来时一般已在性状上发生了分歧，祖先及其早期后代往往在性状上比后期后代处于中间的位置；所以便能理解为什么化石越古，往往就越处于现存的类似群某种程度上的中间。现代类型一般被模糊地看作比古代灭绝类型为高，因为后来的、改进了的类型在生活斗争中战胜了较老的改进较少的生物。最后，同一大陆的近似类型——如澳洲的有袋类、美洲的贫齿类和其他这类例子——长久延续的法则也是可以理解的，因为在同一局促的地区里，现存生物和灭绝生物由于传承自然是近似的。

看一看地理分布，如果承认由于以前的气候和地理变化以及许多偶然和未知的散布方法，在悠长的岁月中曾经有过从世界的某一部分到另一部分的大量迁徙，那么根据变异传承学说，便能理解有关分布的大多数主要事实。为什么生物在整个空间内的分布和在整个时间内的地质演替会有这么动人的平行现象；因为在这两种情形里，生物通常都由世代的纽带所联结，而且变异的方法也是一样的。我们体会了想必曾经引起每一个旅行家注意的奇异事实的全部意义，即同一大陆上，在最不相同的条件下，炎热和寒冷下，高山和低地上，在沙漠和沼泽里，每一大纲里的生物大部分是显然相关联的；都是同一祖先和早期移住者的后代。根据以前迁徙的同一原理，在大多数情形里它与变异相结合，借冰期之助，便能理解最遥远的高山上的、最不相同的气候下少数植物的同一性，以及许多其他生物的密切近似性；同样地还能理解虽被整个热带海洋隔开的北温带和南温带海里的某些生物的密切相似性。虽然两个地区呈现同样的生活条件，如果长久时期内是彼此分开的，那么对于其生物的大不相同就不必大惊小怪；因为，由于生物和生物之间的关系是一切关系中最重要的，且这两个地区在不同时期内会从第三个地区或者彼此相互接受不同比例的移住者，地区的生物变异过程就必然是不同的。

依据这种迁徙，外加以后变异的观点，便能理解为什么只有少数物种栖息在海洋岛上，而其中许多物种是特殊类型。我们清楚知道那些不能横渡广阔海面的动物群的物种，如蛙类和陆栖哺乳类为什么不栖息在海洋岛上；另一方面，还可理解，像蝙蝠这些能够横渡海洋的动物，其特殊的新物种为什么往往见于远离大陆的岛上。海洋岛上有蝙蝠的特殊物种存在，却没有所有其他陆栖哺乳类，根据独立创造的学说，这情形就完全无法解释了。

任何两个地区有密切近似的或代表性物种存在，从变异传承学说的观点看，意味着同一亲类型曾经在这两个地区栖息过；并且，无论何地，如果有许多密切近似物种栖息在两个地区，必然还会在那里发现两地共有的某些同一物种。无论何地，如果有许多密切近似的而区别分明的物种发生，那么同一物种的许多可疑类型和变种也会同样在那里发生。各地的生物必与移入者最近根源地的生物有关联，这是具有高度一般性的法则。从加拉帕戈斯群岛、胡安·斐尔南德斯群岛（Juan Fernandez）等美洲岛屿上，几乎所有的动植物与邻近的美洲大陆都有触目惊心的关系，在佛得角群岛等非洲岛屿上，生物与非洲大陆也有关系，我们就可以从中看到这一点。我们必须承认，根据特创说，这些事实是得不到解释的。

我们已经看到，一切过去的和现代的生物构成一个自然大系统都可群下分群，而且灭绝的群往往介于现代群之间，这一点根据自然选择及其所引起的灭绝和性状分歧的学说，是可以理解的。根据这些同样的原理便能理解，每一纲里的物种和属的相互亲缘关系为何如此复杂和曲折。我们还能理解，为什么某些性状比其他性状在分类学上更有用；为什么适应的性状虽对于生物具有高度重要性，在分类学上却几乎无足轻重；为什么从残迹器官而来的性状虽对于生物没用，却往往在分类学上具有高度的价值；还有，胚胎的性状为什么往往是最有价值的。一切生物的真实亲缘关系，可以归因于遗传或传承的共同性。自然系统是一种依照谱系的排列，必须依最恒定的性状去发现传承路线，不管其在生活上多么不重要。

人的手、蝙蝠的翅膀、海豚的鳍和马的腿都由相似的骨骼构成，长颈鹿颈和象颈的脊椎数目相同，不计其数的这类事实，依据伴随着缓慢、微小而连续的变异的生物传承学说，立刻可以得到解释。蝙蝠的翅膀和腿，螃蟹的颚和腿，花的花瓣、雄蕊和雌蕊，它们虽然用于极不同的目的，但结构样式都相似。这些器官或部分在各个纲的早期祖先中原来是相似的，但以后逐渐发生了变异。根据这个观点，上述的相似性同样可以解释。连续变异不总是在早期年龄中发生，并且它的遗传是在相应的而不是在更早的龄期；依据这一原理，我们可清楚地理解，为什么哺乳类、鸟类、爬行类和鱼类的胚胎会如此密切相似，而在成体类型中又如此不相似。对于呼吸空气的哺乳类或鸟类的胚胎就像必须依靠发达的鳃来呼吸水中溶解空气的鱼类那样具有鳃裂和弧状动脉，不用大惊小怪。

不使用，有时借自然选择之助，往往倾向于使器官在生活习性或生活条件改变时废弃而缩小；根据这一观点便能理解残迹器官的意义。但是不使用和选择一般是在每一生物到达成熟期并且必须在生存斗争中发挥充分作用的时期，才能对每一生物发生作用，所以对于早龄期的器官没有什么影响力；因此器官在这早期不会大幅度缩小或成为残迹。比方说，小牛从具有发达牙齿的早期祖先遗传了牙齿，却从来不穿出上颚牙床；我们可以相信，由于舌和颚通过自然选择变得非常适于吃草，而无须牙齿的帮助，所以成年动物的牙齿在连续的世代中由于不使用而缩小了；可是在小牛中，牙齿却没有受到选择或不使用的影响，并且依据遗传在相应年龄的原理，从远古期一直遗传至今。带着毫无用处的鲜明印记的部分，例如小牛胚胎的牙齿或许多甲虫的联合鞘翅下的萎缩翅，竟会如此经常发生，根据每一生物以及它的一切不同部分都是特创的观点，这是多么的不可理解！可以说自然曾经煞费苦心地利用残迹器官以及同源的构造来泄露其变异计划，只是我们固执到不愿意理解而已。

上述事实和论据使我完全相信，物种曾经发生变化，而且仍然在缓慢变化，保存和积累连续的轻微有利变异。对此我已经做了复述。试问，为什么所有在世的最卓越博物学者和地质学者都拒绝物种的可变性观点呢？我们不能主张生物在自然状况下不发生变异；不能证明变异量在悠久年代的过程中是一种有限的量；在物种和特征显著的变种之间未曾有，也不能有清楚的界限。我们不能主张物种杂交必然是不育的，而变种杂交必然是能育的；不能主张不育性是创造的一种特殊禀赋和标志。我们只要把地球的历史想成是短暂的，几乎不可避免地就要相信物种是不变的产物；既然对于时间的推移已经有某种概念，就不会无根无据地去假定地质记录已经完美无缺，认为物种若有过变异，地质记录就会向我们提供有关物种变异的明证。

但是，我们天然地不愿意承认一个物种会产生其他不同物种，主要原因在于我们总是迟缓地承认自己不知道中间步骤的任何巨变。这就像那么多地质学者所感到的难点一样，如赖尔最初主张长排内陆岩壁的形成和巨大山谷的凹下都是由海岸波浪的缓慢作用所致。人脑不可能把握亿年之计的全部意义；而经过几乎无限世代累积的许多轻微变异，其全部效果如何更是不能累加领会的了。

虽然我坚信本书在提要形式下提出来的观点是正确的，但并不期望说服富有经验的博物学者，他们的思想装满了大量事实，而对于这些事实，长久以来其观点却与我正好相反。在“创造计划”“统一设计”之类的说法下，我们的无知多么容易被隐藏起来，而且还会拿只复述事实充当解释。无论何人，只要性情偏重尚未解释的难点，而不重视许多事实的解释，就必然要反对我的理论。思维灵活并且已经开始怀疑物种不变性的少数学者，可以受到本书的影响；但是我满怀信心地看着将来，后起之秀的博物学者，将会不偏不倚地看待问题的两个方面。凡是已被引导到相信物种可变的人，如果认认真真地表达自己的确信，就做了好事；只有这样，才能把这一问题上铺天盖地的偏见重负移去。

几位卓越的博物学者最近发表已见，认为每一属中都有许多公认的物种并非真实物种，而其他物种才是真实的，就是说，被独立创造出来的。依我看来，这是奇谈怪论。他们承认，许多类型直到最近还自认为是特创的且大多数学者也是这样看，因而具有真实物种的一切外部特征，他们承认这些类型是由变异产生的，却拒绝把同一观点引申到其他稍微不同的类型。然而，他们并不声称自己能够确定，甚至猜测，哪些是被创造出来的生物类型，哪些是由次要法则产生出来的。他们在某一种情形下承认变异是真实原因，而在另一种情形下却又武断否认，又不指明这两种情形有何区别。总有一天，这会被当作怪例来说明先入之见的盲目性。这些作者对奇迹创造行为并不比对通常的生殖感到更大的惊奇。但是他们是否真的相信，在地球历史的无数时期中，某些元素的原子会突然被命令骤变成活的组织呢？他们相信在每次假定的创造行为中都有一个或多个个体产生出来吗？所有无限多种类的动植物在被创造出来时，究竟是卵或种子，还是充分长成的成体？在哺乳类的情形下，是带着营养的虚假印记从母体子宫内被创造出来的吗？尽管可以正当地要求那些相信物种可变性的人对每一个难点都做出全面解释，但学者们自己方面却忽视物种初次出现的整个问题，所谓敬而远之的沉默。

可以问，我要把物种变异的学说扩展到多远。这个问题是难于回答的，因为所讨论的类型愈是不同，论点的力量就愈小。但是最有力的论点可以扩展到很远。整个纲的一切成员可以由亲缘链联结在一起，都能够按群下分群的同一原理来分类。化石遗骸有时倾向于把现存诸目之间的巨大空隙填充起来。残迹状态下的器官清楚地表明，早期祖先的这种器官是充分发达的；在某些情形里这必然意味着后代已发生过大量变异。在整个纲里，各种构造都是在同一样式下形成的，而且胚胎期的物种彼此密切相似。所以我不能怀疑变异传承学说笼络了同一大纲的一切成员。我相信动物至多是从四五种祖先传下来的，植物是从少于等于四五个的祖先传下来的。

类比法引导我更进一步，认为一切动植物都是从某一种原型传下来的。但类比法也可能会误导他人。然而，一切生物在化学成分、生发泡、细胞构造、生长和生殖法则上都有许多共同点。甚至在以下那样不重要的事实里也能看到这一点，即同一毒质常常同样地影响各种动植物；瘿蜂分泌的毒质能引起野蔷薇或橡树产生畸形。我因此以类比法推论，曾经在地球上生活过的一切生物，也许都是从某一原始类型传下来的，它才最初获得了生命。

本书有关物种起源的观点，或者类似的观点，一旦普遍接受，我们就能够隐约地预见到博物学将会发生重大革命。分类学者能和现在一样劳动，但不会再遭这个或那个类型本质上是否为真实物种这一朦胧疑问的不断骚扰。我有把握，这是如释重负；我是经验之谈。近 50 个物种的英国树莓类（bramble）是否为真实物种这一无休止的争论将结束。

分类学者只消决定（这点并不容易）任何类型是否充分恒定，能否与其他类型有区别，就能下定义了；如果能够下定义，只消决定那些差异是否充分重要，值得给以物种名。后述一点比现在的待遇远为重要；因为任何两个类型的差异不管如何轻微，如果不被中间级进混合在一起，大多数学者会认为这两个类型都足以提升物种的地位。从此以后，将不得不承认物种和特征显著的变种之间的唯一区别是：变种现在由公认或据信被中间级进联结起来，而物种却是以前被这样联结起来的。因此，在不拒绝考虑任何两个类型之间目前存在着中间级进的情况下，我们将被引导着更加仔细地去权衡，更加高度地去评价它们之间的实际差异量。十分可能，现在一般被认为只是变种的类型，今后可能会被认为值得给以物种名，比如报春花属和樱草；在这种情形下，科学语言和百姓语言就一致了。总而言之，我们必须用学者对待属那样的态度来对待物种，承认属只不过是图方便而做的人为组合。这或者不是令人振奋的展望；但是，对于物种这一术语没有发现的、不可能发现的本质，我们至少不必再做徒劳的探索。

博物学的其他更一般的部门将会大大地引起兴趣。学者所用的术语如亲缘关系、关系、模式的同一性、父性、形态学、适应的性状、残迹和萎缩器官等将不再是比喻，而会有明确的意义。当我们不再像未开化人把船看作是完全不可理解的东西那样地来看生物的时候；当我们把自然界的每一产品看成是都具有悠久历史的时候；当我们把每一种复杂的结构和本能看成是各个对于所有者都有用处的设计的综合，就像任何伟大的机械发明是无数工人的劳动、经验、理性甚至错误的综合的时候；当我们这样观察每一生物的时候，博物学的研究将变得——我根据经验来说——有趣得多！

在变异的原因和法则、相关法则、使用和不使用的效果、外界条件的直接作用等方面，将会开辟一片广大的、几乎未经前人踏过的研究领域。家养生物的研究价值将大大提高。人类培育出来一个新变种，比起在有记载的无数物种中增添一个物种，会成为远远更重要、更有趣的研究课题。分类学将尽可能按谱系进行；那时才能真的显示出所谓创造的计划。当我们看到确定目标时，分类学规则无疑会变得更加简单。我们不拥有谱系或族徽；必须依据各种长久遗传下来的性状去发现和追踪自然谱系中的许多分歧的传承线。残迹器官将会确凿无误地表明长久亡失的构造的性质。称作畸变，又可以富于幻想地称作活化石的物种和物种群，将帮助我们构成一张古代生物类型的图画。胚胎学则会揭露出每一大纲内原始类型的构造，不过多少有点模糊而已。

如果我们能够确定同一物种的所有个体以及大多数属的所有密切近似物种，曾经在不很遥远的时期内从一个祖先传下来，并且从某一诞生地迁移出来；如果更好地知道迁移的许多方法，而且依据地质学现在对于以前的气候变化和地平面变化所提出的见解以及今后继续提出的解释，那么我们就确能以令人赞叹的方式追踪出全世界生物过去的迁移情况。甚至在现在，如果把大陆相对两边海栖生物的差异加以比较，而且把该大陆上各种生物的性质与其看上去的迁移方法加以比较，那么我们就能对古地理状况多少提出一些阐述。

地质学这门高尚的科学，由于地质记录的极端不完全而黯然失色。埋藏着生物遗骸的地壳不能看作充实的博物馆，收藏的只是偶然的、片段的、贫乏的物品而已。每一含有化石的巨大地质层的堆积将被看作可遇不可求，而连续阶段之间的空白间隔是极长久的。但是通过以前和以后的生物类型的比较，就能多少可靠地测出这些间隔的持续时间。我们必须慎用生物类型的一般演替，把两个含有极少相同物种的地质层关联成严格属于同一时期。因为物种的产生和灭绝是由于缓慢发生作用的、现今依然存在的原因，而不是由于创造的奇迹行为和灾变；因为生物变化的一切原因中最重要的是一种几乎与变化的或者突变的物理条件无关的原因，即生物和生物之间的相互关系—— 一种生物的改进会引起其他生物的改进或灭绝；所以，连续地质层化石中的生物变化量大概可以作为一种合理的尺度来测定实际的时间过程。可是，许多物种在集体中可能长时期保持不变，然而在同一时期里，其中若干物种，由于迁徙到新的地区并与外地的同住者进行竞争，可能发生变异；所以对于把生物变化作为时间尺度的准确性，不得有过高的评价。在地球历史的早期，也许生命类型比较少而简单，变化速度可能比较缓慢；在生命曙光初照时，极少的最简单构造的类型存在，使得变化速度可能极度缓慢。现在知道的整个世界历史，尽管悠久得无法理解，但与最早的生物创造出来，即不计其数的灭绝和现存后代的祖先以来的世代相比，以后将看作区区的时间片段。

我看到了遥远将来重要得多的广阔研究领域。心理学将建筑在新的基础上，即每一智力和智能都是由级进而必然获得的。人类的起源及其历史也将由此得到说明。

作者们对于每一物种曾被独立创造的观点似乎心满意足。依我看来，世界上过去的和现在的生物之产生和灭绝就像决定个体生死的原因一样，是由于次要原因，这与我们所知道的造物主在物质上打下印记的法则更相符合。当我把一切生物不看作是特别的创造物，而看作是远在志留纪第一层沉积很久以前就生活着的某些少数生物的直系后代，依我看来，它们变得尊贵了。以古推今，可以稳妥地设想，没有一个现存物种会把原封不动的外貌传递到遥远的未来，并且现今生活的物种将很少把任何种类的后代传到极遥远的未来，因为依据一切生物分类的方式看来，每一属的大多数物种以及许多属的一切物种都没有留下后代，而是完全灭绝了。展望未来，可以预言，最后胜利并且产生占有优势的新物种，将是较大优势群的普通的、广泛分布的物种。既然一切现存生物类型都是远在志留纪以前生存过的生物的直系后代，便可肯定，通常的世代演替从来没有中断过，而且从来没有任何灾变曾使全世界变成荒芜。因此，我们可以多少安心地去眺望一个长久得同样无法把握的、稳定的未来。因为自然选择只是根据并且为了每一生物的利益而工作，所以一切肉体的和精神的禀赋都倾向于走向完善化。

凝视树木交错的河岸，许多种类的无数植物覆盖其上，群鸟鸣于灌木丛中，各种昆虫飞来飞去，蠕虫在湿土里爬动，并且默想一下，这些构造精巧的类型，彼此这样相异，并以这样复杂的方式相互依存，而它们都是由于在我们周围发生作用的法则产生出来的，这岂非有趣之事。这些法则就其最广泛的意义来说，就是伴随着“生殖”的“生长”；几乎包含在生殖以内的“遗传”；由于生活条件的间接、直接作用以及由于使用不使用所引起的“变异性”：“生殖率”如此之高以致引起“生存斗争”，因而导致“自然选择”，并引起“性状分歧”和较少改进类型的“灭绝”。这样，从自然界的战争里，从饥饿和死亡里，我们便能体会到最可赞美的目的，即高级动物的产生，直接随之而至。我们认为生命及其若干能力原来是由“造物主”注入少数类型或一个类型中去的，而且随着地球按照引力的既定法则持续运行，最美丽最奇异的类型从如此简单的始端，过去、曾经而且现今还在进化着，无穷无尽。这种生命观点是极其壮丽的。

附录

有关“物种起源”见解的发展史略

关于物种起源的见解的发展情况，我在这里扼要叙述。直到最近，大多数博物学者依旧相信物种是不变的产物，并且是分别创造出来的。许多作者对这一观点表示了支持。另一方面，少数学者相信物种经历着变异，而且现存生物类型都是既往生存类型所真正传下来的后裔。古代学者只是引经据典地谈论到这个问题，近代学者能以科学精神讨论这个问题的，首推布丰（Buffon），但他的见解在不同时期变动很大，也没有讨论物种变换的原因和途径，在此无须详述。

拉马克是深究这个问题的第一人，其结论引起了广泛的注意。这位名副其实的博物学家在 1801 年首次发表了他的观点；1809 年在《动物学哲学》（*Philosophie Zoologique*）里，1815 年又在《无脊椎动物志》（*Hist. Nat. des Animaux Sans Vertebres*）的引言里大大地扩充了自己的观点。他的这些著作主张包括人类在内的一切物种都是从其他物种传承下来的学说。他率先登高一呼，唤起了人们注意到有机界以及无机界的一切变化都是根据法则发生的，而不是神灵干预的结果这种可能性。拉马克关于物种渐变的结论，动因似乎主要是物种和变种难于区分，某些群中具有几近完全级进的类型，以及家养生物的相似。他把变异的途径，部分归因于物理的生活条件的直接作用，部分归因于现存类型的杂交，更重要的归因于使用和不使用，即习性的作用。他似乎把自然界中一切美妙适应都归因于用废的作用，如长颈鹿的长颈是由于取食树叶所致。但同时他还相信“向前发展”（progressive development）的法则；由于一切生物类型都倾向于向前走，为了解释今日简单生物的存在，他主张这些类型都是现在自发产生的。

依据其子写的“传记”，圣提雷尔早在 1795 年就推想所谓的物种是同一类型的各种退化产物。直到 1828 年，圣提雷尔才发表意见，认为自万物起源以来，同一类型没有永存不灭的。关于变化原因，他似乎主要倚重于生活条件，即“周围世界”。他慎于下结论，并不相信现存物种还在进行变异。正如其子所追记的：“假设未来必须提出这问题，这将是完全留给未来的一个问题。”

1813 年，韦尔斯（H. C. Wells）博士在皇家学会宣读过《一位白种妇女局部皮肤类似黑人皮肤的报告》，但论文直到他的名著《关于复视和单视的两篇论文》在 1818 年发表之后方才问世。文中明确承认了自然选择的原理，这是最早表态的认识；但他仅把这一原理应用于人种，而且只限于某些性状。他在指出黑人和黑白混血种对某些热带疾病具有免疫力之后说：“第一,一切动物多少都有变异的倾向；第二，农学家利用选择来改进驯养动物。”他接着说道：“人工选择所曾完成的，似乎自然也可以同样有效地做到，以形成人类的变种，适应于所居住的地方，只不过来得徐缓而已。最初散住在非洲中部的少数居民中，可能发生一些偶然的人类变种，其中有的人更适于抗拒当地的疾病。结果，这个种族的繁衍增多，而其他种族则衰减；不仅由于无力抗拒疾病的打击，也由于无力同更强壮的邻族进行竞争。如上所述，我认为这个强壮种族的肤色当然是黑的。但是，形成这些变种的同一倾向依然存在，于是随着时间的推移，愈来愈黑的种族就出现了：既然最黑的种族最能适应当地气候，那么在其发源地，即使不是唯一的种族，最终也会变成最占优势的种族。”然后他又把同样的观点引申到在气候较冷地区居住的白种人。我感谢美国的罗利（Rowley）先生，他通过布雷思（Brace）先生使我注意到韦尔斯先生著作中的上述一段。赫伯特牧师后来曾任曼彻斯特教长，1822 年，《园艺学报》(*Horticultural Transactions*）第 4 卷和他的著作《石蒜科》(*Amaryllidaceae*）一书（1837 年，19 页，339 页）宣称：

“园艺试验不可反驳地证明了植物学上的物种不过是比较高级和稳定的变种而已。”他把同一观点引申到动物方面。这位教长相信，每一个属的单一物种都是在原来可塑性很大的情况下被创造出来的；这些物种主要由于杂交，而且也由于变异，产生了现存的一切物种。

1862 年，葛兰特（Grant）教授在其讨论《淡水海绵》(*Spongilla*) 的著名论文结尾一段中 [《爱丁堡科学学报》(*Endinburg Philosophical Journal*)，第 14 卷，283 页] 明确宣称，他相信物种是由其他物种传下来的，并且在变异过程中得到改进。葛兰特教授于 1834 年在《柳叶刀》上发表他的第 55 次讲演，论述同一观点。

1831 年，帕特里克 · 马修（Patrick Mathew）先生发表了《造船木材及植树》的著作，明确提出关于物种起源的观点，同华莱士（Wallace）先生和我自己在《林奈学报》(*Linnean Journal*) 上所发表的观点（下详）以及本书所扩充的这一观点恰相吻合。遗憾的是，马修先生的这一观点只是很简略地散见于一部其他论题著作的附录中，直到马修先生本人在 1860 年 4 月 7 日的《园艺者记录》(*Gardener's Chronicle*) 中提请注意之前，并没有引起人们的注意。马修先生和我的观点差异是无关紧要的；他似乎认为世界上栖息者在陆续的时期内几近灭绝，其后又重新充满；他还指出“没有先前生物的模型或胚种”，也可能产生新类型。我不敢说对全文的一些章节都懂了，但他似乎认为生活条件的直接作用具有重大的影响。不过，他已清楚地看到了自然选择原理的十足力量。

著名的地质学家和博物学家冯布赫（Von Buch）在《加那利群岛自然地理描述》(*Description Physique des Isles Canaries*，1836 年，147 页）这一大作中明确地表示相信，变种可以慢慢到变为永久的物种，而物种就不能再进行杂交了。拉菲奈斯克（Rafinesque）在 1836 年出版的《北美洲新植物志》(*New Flora of North America*）第 6 页里写道：“一切物种可能一度都是变种，并且很多变种由于呈现固定和特殊的性状而逐渐变为物种”。但是往下去到了 18 页，他却写道：“原始类型，即属的祖先则属例外。”

1843 — 1844 年，霍尔德曼（Haldeman）教授在《美国波士顿博物学学报》(*Boston Journal of Nat. Hist. U. States*，第 4 卷，468 页）上对物种的发展和变异巧妙地举出了赞成和反对的两方面假设，他似乎倾向于物种有变异那一方面的。

1844 年，《创世遗迹》一书问世。在大事修订的第 10 版（1853 年）里，这位匿名的作者写道（155 页）：“经过仔细考察之后，我决定主张生物界的若干系列，从最简单最古老达到最高级最近代的过程，都是在上帝的意旨下，受着两种冲动的结果：第一是生物类型被赋予的冲动，这种冲动在一定时期内，靠生殖，通过直到最高级双子叶植物和脊椎动物为止的诸级体制，使生物前进，这些级数并不多，而且一般有生物性状的间隔作为标志，我们发现其间隔在确定亲缘关系上是一种实际的困难；第二是与生命力相联结的另一种冲动，这种冲动代复一代地按照外界环境、食物、栖息地的性质以及气候的作用使生物构造发生变异，这就是自然神学所谓的‘适应性’。”作者显然相信生物体制的进展是突然跃进式的，但生活条件所产生的作用则是逐渐的。他根据一般理由极力主张物种并不是不变的产物。但我无法理解这两种假定的“冲动”如何在科学意义上去阐明整个自然界里所看到的无数而美妙的相互适应。例如，无法理解就此能揭示啄木鸟何以变得适应于它的特殊习性。这一著作在最初几版中所显示的正确知识虽然很少，而且极其缺少科学上的严谨，但由于它的锋利而瑰丽的风格，还是立即广为流传。我认为这部著作在英国已经做出了卓越的贡献，唤起了人们对这一问题的注意，消除了偏见，这样就为接受类似的观点打下基础。

1846 年，资深地质学家窦马留斯 · 达罗（N. J. d'Omalius d'Halloy）在一篇短而精湛的论文［《布鲁塞尔皇家学会学报》（*Bulletins de l'Acad. Roy Bruxelles*），第 13 卷，581 页］里表达了他的见解，认为新的物种由变异传承而来的说法似较分别创造的说法更为确实可信，这位作者在 1831 年首次发表了这一见解。

欧文教授在 1849 年写道［《四肢的性质》（*Nature of Limbs*），86 页］：“原始型（archetype）的观念，远在实际例示这种观念的那些动物种存在之前，就在地球上有血有肉地在种种变态下表示出来了。至于这等生物现象有次序的继承和进展依据什么自然法则或次级原因，至今还一无所知。” 1858 年，他在“英国科学协会”（British Association）演讲时曾谈到，“创造力的连续作用，即生物依规定而形成的原理”（51 页）。谈到地理分布之后，他补充说（90 页）：“这些现象使我们对如下结论的信念发生了动摇：新西兰的无翅鸟（Apteryx）和英国的红松鸡（Red grouse）是在这些岛上特地分别创造出来的动物。还有，我们应该永远牢记，动物学者所谓‘创造’的意思就是‘他不知道是什么的过程。’” 他对这一观念做了扩充，补充说，红松鸡这样的情形“被学者用来作为这种鸟在这些岛上和为了这些岛而被特别创造的例证”时，他主要表示自己不知道红松鸡怎样在那里发生，而且专限于此；同时这种表示无知的方法也表示了他如下的信念：无论鸟和岛的起源都是由于伟大的第一“创造事业”。如果把同一演讲中这些词句相互参照解释，看来这位哲学家于 1858 年对下述信念已经发生了动摇，即“他不知道”无翅鸟和红松鸟怎样在它们各自的乡土上发生，也就是说，“不知道它们的发生过程”。

这一演讲是在华莱士先生和我关于物种起源的论文在林奈学会宣读（下详）之后发表的。当本书初版刊行时，我和其他许多人士一样，完全被“创造力的连续作用”所蒙蔽，以致我把欧文教授同其他坚定相信物种不变的古生物学者们放在一起，但后来发现这是我十分荒谬的误解［《脊椎动物的解剖》(*Anat. of Vertebrates*)，第3卷，796页］。在本书再版里，我根据以“无疑的基本型（type-form）”开始的一段话（同前书，第1卷，35页），推论欧文教授承认自然选择对新种的形成可能起过一些作用，至今我依然认为这个推论是合理的；但根据该书第3卷的798页，这似乎是不正确的，而且缺证据。我也曾摘录过欧文教授和《伦敦评论报》(*London Review*）编辑之间的通信，该报编辑和我本人都觉得欧文教授是申述，在我之前他已发表了自然选择学说；对于这一宣告我表示过惊奇和满意；但根据能理解的最近发表的一些章节（同前书，第3卷，798页）看来，我又部分地或全部地陷入了误解。使我感到安慰的是，其他人也像我那样发现欧文教授的引起争论的文章是难于理解的，而且前后不一致。至于欧文教授是否在我之前发表自然选择学说，这无关紧要，因为在这章《史略》里已经说明，韦尔斯博士和马修先生早已走在我们两人的前面了。

小圣提雷尔在1850年的讲演中［其提要曾在《动物学评论杂志》(*Revue et Mag.de Zoolog*；1851年1月）上发表］简略说明为什么相信物种性状“处于同一状态的环境条件下会保持不变，如果周围环境有所变化，则其性状也要随之变化”。他又说：“总之，对野生动物的观察已经阐明了物种的有限变异性。对野生动物变为家养动物以及家养动物返归野生状态的经验，更明确证明了这一点。这些经验还证实了如此发生的变异具有属的价值。”他在《博物学通论》(1859年，第2卷，430

页）中又扩充了相似的结论。

根据最近出版的通报，看来弗瑞克（Freke）博士于 1851 年就提出了学说，认为一切生物都是从一个原始类型传下来的［《都柏林医学通讯》(*Dublin Medical Press*)，322 页］。他的根据以及处理问题的方法同我的完全不同；现在（1861 年）弗瑞克博士发表了一篇论文，题为《依据生物的亲缘关系说物种起源》，那么再费力叙述他的观点，对我来说就是多余的了。

赫伯特·斯宾塞（Herbert Spencer）先生在一篇论文［原发表于《领导报》(*Leader*)，1852 年 3 月。1858 年在其论文集中重印］里，非常精辟而有力地对生物的“创造说”和“发展说”进行了对比。他根据家养生物的类比，根据许多物种的胚胎所经历的变化，根据物种和变种的难于区分，根据生物的一般级进变化的原理，论证了物种曾经发生过变异；并把这种变异归因于环境的变化。这位作者（1855 年）还根据每一智力都必然逐级获得的原理来讨论心理学。

1852 年，著名的植物学家 M. 诺丁（Naudin）在一篇讨论物种起源的雄文［原发表于《园艺学评论》(*Revue Horticole*)，102 页，后重刊于《博物馆新报》(*Nouvelles Archives du Muséum*)，第 1 卷，171 页］明确地表达了自己的信念，认为物种形成的方式同变种在栽培状况下形成的方式是类似的，并把后一形成过程归因于人类的选择力量，但他没有阐明选择在自然状况下是怎样起作用的。就像赫伯特教长那样，诺丁也相信物种在初生时，其可塑性比现在的物种大。他强调自己所谓的目的论（principle of finality），是“一种神秘的、不确定的力量，对某些生物而言，是宿命；对另外一些生物而言，是上帝的意志。为了所属类族的命运，这一力量对生物所进行的持续作用，便在世界存在的全部时期内决定了各个生物的形态、体量和寿命。正是这一力量促成了个体和整体的和谐，使它适应在整个自然机构中所担负的功能，这就是它之所以存在的原因”。

1853 年，著名地质学家凯萨林（Keyserling）伯爵［《地质学会会报》（*Bulletin de la Soc. Geolog*），第 2 编，第 10 卷，357 页］，提出正如假定由瘴气所引起的新病发生而且传遍全球，那么现存物种的胚在某一时期内，也可能从其周围的具有特殊性质的分子那里受到化学影响，而产生新类型。

同年，即 1853 年，沙福赫生（Schaaffhausen）博士发表了内容精辟的小册子［《普鲁士莱茵地方博物学协会讨论会纪要》（*Verhand. Des Naturhist. Vereins der Preuss Rheinlands*）］，主张地球上的生物类型是发展的。他推论许多物种长期保持不变，而少数物种则发生了变异。他以各级中间类型的毁灭来说明物种的区分。“现在生存的动植物并非由于新的创造而脱离了绝灭的生物，而可以看作是绝灭生物的继续繁殖下来的后裔。”

法国知名植物学家 M. 勒考克（Lecoq）在 1854 年写道［《植物地理学研究》（*Etuides sur Geograph Bot.*）第 1 卷，250 页］：“可见我们对物种的固定及其变化的研究，直接引导我们走入了两位卓越学者圣提雷尔和歌德所提倡的思想境地。”散见于勒考克这部巨著中的一些其他章节使人有点怀疑，他在物种变异方面究竟把自己的观点引申到怎样地步。

巴登 · 鲍威尔（Baden Powell）牧师在《各个世界的统一性文集》（*Essays on Unity of Worlds*，1855 年）中以熟练的方法对“创造的哲学”进行了讨论。其中最动人的是，他指出新种的产生是“常规而不是偶发现象”，或者，有如约翰 · 赫谢尔（John Herschel）爵士所表示的，这是“一种自然过程，同奇迹的过程正相反”。

《林奈学报》第 3 卷刊载了华莱士先生和我的论文，这是在 1858 年 7 月 1 日宣读的。正如本书引言所说的，华莱士先生以可称赞的说服力清晰地传播了自然选择学说。

深受所有动物学者爱戴的冯贝尔（Von Baer）约在 1859 年发表了他的信念，认为现在完全不同的类型是从单独一个祖先类型传下来的［参阅鲁道夫 · 瓦格纳（*Rodolph Wagner*）教授的著作《动物学的人类学研究》(*Zoologisch-Anthropologische Untersuchungen*)，51 页，1861 年］，这主要是以生物的地理分布法则为依据的。

1859 年 6 月，赫胥黎教授在皇家科学普及会做过讲座，题为“动物界的永久型”。关于这些个案，他说：“如果假定每一物种或每一个大类，都是出于创造力的个别行为，在长年累月的间隔期内，形成和安置于地面上，那么，就很难理解永久型这等事实的意义；最好想一想，这种假定既没有传统也没有圣经支持，而且也和自然界的一般类推法相抵触。相反，如果假定生活在任何时代的物种都是以前物种逐渐变异的结果，同时以此假定来考虑‘永久型’，那么，这些永久型的存在似乎阐明了生物在地质时期中所发生的变异量，和所遭受的整个一系列变化比较起来是微不足道的。这种假定即使没有得到证明，而且又被它的某些支持者可悲地损害了，但依然是生理学所能支持的唯一假定。”

1859 年 12 月，胡克（Hooker）博士的《澳洲植物志引论》(*Introduction to the Australian Flora*）出版。这部巨著的第一部分承认物种的传承和变异是千真万确的，并且用许多原始观察材料来支持这一学说。

1859 年 11 月 24 日，本书第一版问世。1860 年 1 月 7 日，本书的第 2 版刊行。

达尔文于 1859 年出版的《物种起源》，给人们的生活态度带来了一场革命，明确了自己在宇宙中的地位。这是有史以来出版的最重要的书籍之一，不管读者的专业是文还是理，这都是一本必读之书。由于初版 1250 册当天就被批发一空，人们后来买到的都是经过作者本人修改的再版书。达尔文生性谦虚，在序言中自称是被迫把作品匆匆出版，更由于进化论对于西方的价值体系冲击太大,《物种起源》再版时不断修订。译者决定选择初版，因为它最鲜活、最引人入胜，大胆，事关重大，是达尔文笔下的最佳杰作。当年激起西方世界思想巨变的，就是这个版本。

自从《物种起源》初版出版以后，争议始终不断，可谓世上争议最大的书。19 世纪的人们舒舒服服享受的各种必然的事，被达尔文推翻了！

在销售《物种起源》初版影印本的网页上，有一篇 psychephile 的帖子：

阅读《物种起源》，原因只有一个，那就是探索达尔文自己如何首先阐述有史以来最具革命性的科学理论。而达到这个目的只有一个手段，读他原来的论据，阅读 1859 年出版的第一版以最大力度、清晰简洁地提出的文字。所以，除非你碰巧有大款子买真正的第一版，影印本第一版是阅读达尔文“唯一”的方式，因为所有其他的《物种起源》平装本都是达尔文的最新版本。不过，哪怕你对生物学历史不感兴趣，或者你认为从《物种起源》可以学到完整的进化论，你应该得到这个版本，而绝不是后来的版本。达尔文以后的版本包含许多原版里都没有发现的错误，特别是其中有他原有的论据（通过自然选择进化）渐进减弱的过程，因为输入了拉马克主义（通过继承获得性的性状而进化）。在以后的版本中，达尔文被神秘的傻瓜物理学家们说服，认为他的“地质年代说”是错误的（好像是的），所以他不得不加快做一切事情的时机。

另外，历史上曾经发生“进化论”归属问题的公案。长久以来，达尔文和华莱士谁是“进化论之父”，科学界一直争论不休。最近还有好事者用反抄袭软件来评价他们相互之间的相似处。其实，只要看看当时的社会背景就可以判断，除了出于科学精神将自己的发现发表出来，我们很难看到其他“沽名钓誉”的动因：1881 年,《笨拙》画刊出版的年历画就把达尔文的祖宗画成猴子、爬虫等，也就是进化论的发现当时并未给他带来荣誉，直到后来被下葬到威斯敏斯特教堂。达尔文与华莱士各自独立发现了相同的科学理论，自然是惺惺相惜。此后自然选择理论也被称为达尔文主义——这个说法是华莱士首先使用的。

达尔文于是下决心发表了他的轰动理论，果然石破天惊。人类社会从此不同了。

王之光